高等职业教育系列教材

采用"项目+手册"式结构 | "教、学、做、评"一体化

计算机网络基础与应用

主　编	吴献文　肖素华　田卫红
副主编	言海燕　张　立　宁云智　王昱煜
参　编	肖忠良　傅宗纯　蔡小成　秦　金　颜珍平
	廖佳成　张彦俊　刘东升　王咏梅　侯　伟
主　审	刘志成

机械工业出版社
CHINA MACHINE PRESS

本书采用"项目+手册"式结构,分为教程与项目手册两部分,教程设计了"Internet 应用""双机互连网络""智能家庭网络"和"办公网络"4 个模块、11 个任务;项目手册包含"虚拟机的安装与使用""实训室网络结构规划"与"检测网络故障"3 个项目。本书按全国职业院校技能大赛"网络搭建与应用""网络系统与管理""信息安全管理与评估"赛项提取训练技能点、知识点和素养目标,基于实际项目和工作任务选取教材内容,遵循"项目驱动、理论实践一体化"模式,从用户应用需求出发,以学习者熟悉的家庭网、办公网等为载体,每个模块按"教学导航—背景描述—项目描述—项目实施(环境准备、知识链接、任务实施)—实施评价—技能延伸—练习与思考"等环节组织,与课堂教学组织相匹配,结合网络、必需软件安全应用等相关基本知识与技能,系统化设计了职业素养、规范、安全、版权、标准意识等素养目标,结合技术一起纳入评价。

本书可以作为高等职业院校计算机网络技术、信息安全技术应用等相关专业的教材,以及网络构建或网络安全方面毕业设计及实训指导书,还能帮助网络爱好者解答生活中网络使用或规划等方面的问题。

本书配有微课视频,读者扫描书中二维码即可观看,另外,本书配有丰富的数字化教学资源,需要的教师可登录机械工业出版社教育服务网(www.cmpedu.com)免费注册,审核通过后下载,或联系编辑索取(微信:13261377872,电话:010-88379739)。

图书在版编目(CIP)数据

计算机网络基础与应用 / 吴献文,肖素华,田卫红主编 . -- 北京:机械工业出版社,2025.3. --(高等职业教育系列教材). --ISBN 978-7-111-77997-1

Ⅰ . TP393

中国国家版本馆 CIP 数据核字第 202529T8R8 号

机械工业出版社(北京市百万庄大街 22 号　邮政编码 100037)
策划编辑:李培培　　　　　　责任编辑:李培培　侯　颖
责任校对:龚思文　张　薇　　责任印制:常天培
河北虎彩印刷有限公司印刷
2025 年 6 月第 1 版第 1 次印刷
184mm×260mm・14 印张・345 千字
标准书号:ISBN 978-7-111-77997-1
定价:59.90 元(含项目手册)

电话服务　　　　　　　　　　网络服务
客服电话:010-88361066　　　机　工　官　网:www.cmpbook.com
　　　　　010-88379833　　　机　工　官　博:weibo.com/cmp1952
　　　　　010-68326294　　　金　　书　　网:www.golden-book.com
封底无防伪标均为盗版　　机工教育服务网:www.cmpedu.com

Preface 前 言

随着信息化程度不断加深,计算机网络已成为人们生活、学习、工作的一部分,如物联网、移动互联网、全联网、人工智能等都与基础网络息息相关,正确、安全地使用网络已成为信息化时代的必备技能之一。

本书为湖南省教育科学"十四五"规划课题("三教"改革背景下高职督学课堂观察与评价研究 XJK21BDD010)的研究成果。本书以项目、任务实施的过程为参照,介绍网络应用所需的基础知识、操作步骤、操作技巧和规范等,通过截图方式固化操作效果,引导学习者自主完成操作任务;以"注意"等方式提醒学习者易错和易混的内容,帮助学习者养成良好的操作习惯。

一、教材特色

本书蕴含了编写教师们多年来对"计算机网络应用"课程教学经验、教学技巧的总结;对接全国职业院校技能大赛"网络搭建与应用""网络系统与管理""信息安全管理与评估"赛项;参照"中国计算机技术职业资格网"中软件水平考试"网络管理员"的职业标准和技能训练目标提取训练技能点、知识点和素养目标;基于实际项目和工作任务选取任务和项目,由浅入深、层层递进地围绕项目逐步展开讲解。探索将素养目标"常态化""实战化"融入专业技能的教学改革,培养充满激情和热情、踔厉奋发、笃行不怠的新一代网络技能人才。

1. 采用"项目+手册"式结构,遵循"项目驱动、理论实践一体化"模式,与课堂教学组织需求相融合,各个环节无痕融入规范、标准等素养训练。

本书采用"项目+手册"式结构,分为教程与项目手册两部分:教程设计了"Internet 应用""双机互连网络""智能家庭网络""办公网络"4 个模块,共 11 个任务;项目手册包含"虚拟机的安装与使用""实训室网络结构规划"与"检测网络故障"3 个项目,从环境搭建出发,附上项目任务书作为参考,便于实验实训的开展。

本书采用"项目驱动、理论实践一体化"模式,从用户应用需求出发,以学习者熟悉的家庭网、办公网等为载体,每个模块按"教学导航—背景描述—项目描述—项目实施(环境准备、知识链接、任务实施)—实施评价—技能延伸—练习与思考"等环节组织,与课堂教学组织相匹配;结合网络、必需软件安全应用等相关的基本知识与技能,系统化设计了职业素养、规范、安全、版权、标准意识等素养目标,结合技术一起纳入评价。

2. 以"任务卡"为引领、实践为主体，以"时效性、先进性、实用性"为准则讲解技术，依据理论实践一体化模式选择和编排教材内容。任务卡、任务、图表——对应，内容表述清晰直观。

围绕企业工作的实际需要，以"网络管理员"职业所需知识、技能训练为目标，以"适用、够用"为度，采用"任务卡"模拟真实的工作环境和工作进程，帮助学习者在学习项目前宏观地了解"操作任务"和"工作情境"等基本信息。"任务卡"与"任务"——对应，让学习者在学习项目前明确要"学什么、怎么学"，有利于提升学习效率和兴趣，树立学习目标。采用图表形式使得内容的表述更加清晰直观。

3. 以实践为主体，注重素养养成和知识积累，采用形成性考核。

全书以操作为主体，完全按照任务的完成过程来组织内容和评价方式，每个模块设计有"实施评价"环节，评价主体包括学习者自身、教师、小组长或小组成员等，正确、及时衡量学习者的学习过程和学习效果。

4. 教学内容"模块化"，项目实施"流程化"，"教、学、做、评"一体化。

教材编写时采用"模块化"思想，对知识、技能进行模块化整理。任务实施按照工作流程来完成，既保证了与实际岗位接轨，又有助于训练学习者的工作态度和工作作风。边讲边练，讲练结合，讲完某一项技能或某个知识点，学习者马上实践，练完即评，出现了问题再查阅有关原理和知识点，然后再练，重新评价，形成一个"讲—练—发现问题—再讲—再练—解决问题"的小循环，有利于培养学习者自主学习、发现问题、解决问题的能力。

二、教学建议

1. 本书按模块化、项目化组织，教师和学习者可根据教学目标或实际需求对相关项目、任务进行适当的增减和组合，进行个性化设计，以满足不同环境、不同对象、不同需求。

2. 项目实践视具体情况安排在课内或课外完成。课程结束后，可以增加一个课程设计或实训（24~32 课时）。

3. 课堂教学建议在理论实践一体化教学场地完成，以实现讲练结合，边学边做，每次授课至少保证 30%~50%的课堂同步实践时间。如条件不满足，可将理论与实践分开实现，讲一次实践一次。如果受教学环境影响或避免初学者对真实设备的损坏，建议采用虚拟机来构建满足任务要求的虚拟环境，待养成了基本的操作规范后再在真实环境中继续提升技能。

4. 需团队完成的任务建议以 2~3 人或 4~6 人分组，每组选一个组长，负责材料领取和任务分解、设计成果上交等工作，培养团队协作精神。

三、致谢

本书由湖南铁道职业技术学院吴献文、肖素华及湖南潇湘职业学院田卫红任主编，湖南铁道职业技术学院言海燕、湖南木森教育科技有限公司张立、湖南铁道职业技术学院宁云智、王昱煜任副主编，湖南娄底职业技术学院肖忠良、湖南铁道职业技术学院傅宗纯、蔡小成、秦金、颜珍平、廖佳成、王咏梅、侯伟、湖南省国防科技工业局技术开发中心刘东升、中山职业技术学院张彦俊等参与部分项目的编写、校对、整理，以及素材资料的收集、内容重构与优化、图片处理等工作，由刘志成教授主审。本书在编写过程中还得到了北京神州数码云科信息技术有限公司丁明勇工程师、360数字安全科技集团有限公司赵真汝、中国移动通信集团湖南有限公司张国忠、湖南铁道职业技术学院信息安全教研室全体成员的大力支持和帮助，在此一并表示感谢。

  由于计算机网络技术的发展迅速，信息化建设日新月异，且作者水平有限，书中难免有疏漏之处，恳请专家和读者批评指正！编者 E-mail：wxw_422lxh@126.com。

编　者

目 录 Contents

前言

模块 1　Internet 应用 ... 1

【教学导航】 ... 1
【背景描述】 ... 1
【项目描述】 ... 3
【项目实施】 ... 3
　任务 1　计算机接入 Internet ... 3
　　1.1　环境准备 ... 3
　　1.2　知识链接 ... 3
　　　1.2.1　专业术语 ... 3
　　　1.2.2　传输介质 ... 4
　　　1.2.3　TCP/IP 通信协议 ... 8
　　　1.2.4　IP 地址 ... 8
　　　1.2.5　网络适配器 ... 12
　　　1.2.6　网络信息模块 ... 13
　　1.3　任务实施 ... 13
　　　1.3.1　选择传输介质 ... 13
　　　1.3.2　选择网线 ... 14
　　　1.3.3　接入 Internet ... 15
　任务 2　信息检索与安全 ... 19
　　2.1　环境准备 ... 19
　　2.2　知识链接 ... 19
　　　2.2.1　信息检索及常用工具 ... 19
　　　2.2.2　搜索引擎 ... 20
　　　2.2.3　浏览器 ... 22
　　　2.2.4　搜索引擎与浏览器的关系 ... 22
　　　2.2.5　HTTP 通信协议 ... 23
　　2.3　任务实施 ... 24
　　　2.3.1　设置浏览器安全 ... 24
　　　2.3.2　屏蔽网页广告 ... 28
　　　2.3.3　搜索引擎使用技巧 ... 30
　　　2.3.4　信息检索安全防范 ... 35
【实施评价】 ... 36
【技能延伸】 ... 37
【练习与思考】 ... 38

模块 2　双机互连网络 ... 40

【教学导航】 ... 40
【背景描述】 ... 40
【项目描述】 ... 40
【项目实施】 ... 41
　任务 3　网络连接与测试 ... 41
　　3.1　环境准备 ... 41
　　3.2　知识链接 ... 41
　　　3.2.1　计算机网络的发展历程 ... 41
　　　3.2.2　计算机网络的功能 ... 42
　　　3.2.3　相关标准化组织 ... 43
　　3.3　任务实施 ... 43
　　　3.3.1　选择线缆与制作标准 ... 43
　　　3.3.2　制作与测试线缆 ... 44
　　　3.3.3　连接与检查计算机状态 ... 45
　　　3.3.4　配置 IP 地址 ... 46
　　　3.3.5　测试连通性 ... 47
　任务 4　资源共享与安全 ... 48
　　4.1　环境准备 ... 48
　　4.2　知识链接 ... 49
　　　4.2.1　OSI 参考模型 ... 49
　　　4.2.2　TCP/IP 参考模型 ... 49
　　　4.2.3　局域网参考模型 ... 49

4.2.4　相关标准化组织 ……………… 50
　　4.2.5　Wireshark 软件 ………………… 50
4.3　任务实施 …………………………… 51
　　4.3.1　应用 TCP/IP 参考模型 ………… 51
　　4.3.2　共享资源 ……………………… 55
　　4.3.3　设置资源的访问安全 ………… 60
【实施评价】 ……………………………… 61
【技能延伸】 ……………………………… 62
【练习与思考】 …………………………… 63

模块 3　智能家庭网络 …………………………………………………………… 66

【教学导航】 ……………………………… 66
【背景描述】 ……………………………… 66
【项目描述】 ……………………………… 67
【项目实施】 ……………………………… 67
任务 5　体验无线网络 …………………… 67
5.1　环境准备 …………………………… 67
5.2　知识链接 …………………………… 67
　　5.2.1　智能家居 ……………………… 67
　　5.2.2　无线设备 ……………………… 68
　　5.2.3　无线网络拓扑结构 …………… 70
5.3　任务实施 …………………………… 71
　　5.3.1　做好用户调查 ………………… 71
　　5.3.2　分析家庭无线网络需求 ……… 72
　　5.3.3　选购无线设备 ………………… 72
任务 6　构建智能家庭网络 ……………… 74
6.1　环境准备 …………………………… 74
6.2　知识链接 …………………………… 74
　　6.2.1　组网模式 ……………………… 74
　　6.2.2　家庭网络技术发展 …………… 75
　　6.2.3　无线局域网标准 ……………… 76

6.3　任务实施 …………………………… 78
　　6.3.1　规划智能家庭网络 …………… 78
　　6.3.2　使用胖 AP 构建家庭智能
　　　　　网络 ………………………… 80
　　6.3.3　配置家庭智能网络
　　　　　设备 ………………………… 80
　　6.3.4　测试家庭智能网络 …………… 84
任务 7　防护家庭网络安全 ……………… 87
7.1　环境准备 …………………………… 87
7.2　知识链接 …………………………… 87
7.3　任务实施 …………………………… 88
　　7.3.1　设置"安全"选项 …………… 88
　　7.3.2　隐藏 SSID ……………………… 89
　　7.3.3　过滤 MAC 地址 ……………… 91
　　7.3.4　关闭远程管理与通用即插
　　　　　即用功能 …………………… 91
　　7.3.5　提高安全意识 ………………… 92
【实施评价】 ……………………………… 93
【技能延伸】 ……………………………… 93
【练习与思考】 …………………………… 96

模块 4　办公网络 …………………………………………………………………… 98

【教学导航】 ……………………………… 98
【背景描述】 ……………………………… 98
【项目描述】 ……………………………… 98
【项目实施】 ……………………………… 99
任务 8　设计办公网络拓扑结构 ………… 99
8.1　环境准备 …………………………… 99
8.2　知识链接 …………………………… 99
　　8.2.1　网络拓扑结构 ………………… 99

　　8.2.2　常见的网络设备 ……………… 100
8.3　任务实施 …………………………… 104
　　8.3.1　做好用户调查 ………………… 104
　　8.3.2　分析办公网络需求 …………… 105
　　8.3.3　设计办公网络拓扑结构 ……… 107
任务 9　构建办公网络 …………………… 108
9.1　环境准备 …………………………… 108
9.2　知识链接 …………………………… 108
　　9.2.1　局域网的定义与通信标准 …… 108

9.2.2　局域网的工作模式 ············ 110
9.2.3　局域网的传输方式与介质
　　　访问控制方法 ················ 110
9.3　任务实施 ··························· 112
9.3.1　选购办公网络设备 ············ 112
9.3.2　连接与配置设备 ··············· 114
9.3.3　测试办公网络的连通性 ······ 115

任务10　管理办公网络 ············· 115

10.1　环境准备 ························ 115
10.2　知识链接 ························ 115
10.2.1　子网掩码 ······················ 115
10.2.2　子网的划分 ··················· 116
10.2.3　VLSM ························· 117
10.2.4　IPv4地址编址方法 ········· 117
10.3　任务实施 ························ 117
10.3.1　划分等长子网 ················ 117
10.3.2　划分可变长子网 ············· 119
10.3.3　定位与排除故障 ············· 121

任务11　防护办公网络安全 ······ 124

11.1　环境准备 ························ 124
11.2　知识链接 ························ 124
11.2.1　VLAN简介 ···················· 124
11.2.2　VTP简介 ······················ 125
11.2.3　交换机命令模式 ············· 126
11.3　任务实施 ························ 126
11.3.1　安全隔离同一交换机上的
　　　　办公网络 ····················· 126
11.3.2　安全隔离不同交换机上的
　　　　办公网络 ····················· 128

【实施评价】································ 132
【技能延伸】································ 132
【练习与思考】····························· 133

参考文献　136

模块 1　Internet 应用

21 世纪是科技的时代，物联网、云计算、大数据、区块链、数字化、5G、移动互联网、工业互联网等新名词不断涌现，它们与计算机网络存在什么样的联系，是机遇还是挑战，需要进一步深入探讨。

信息技术的普及、网络及多媒体等技术的飞速发展，使网络成为人们工作与生活不可或缺的一部分，人们使用网络提高工作效率、丰富生活。截至 2024 年 6 月，我国网民规模达 10.9967 亿人。我国互联网在诸多领域中的应用不断深化，用户规模持续增长。

- 商务交易类应用：如网络支付、网络购物、网上订外卖、在线旅行预订等。
- 公共服务类应用：如网约车、互联网医疗等。
- 网络娱乐：如网络视频、网络直播、网络音乐、网络文学等。
- 即时通信：如微信、QQ、钉钉在线群聊、飞书智能伙伴等。
- 线上办公：如金山办公、腾讯会议等。

【教学导航】

知识目标	1. 了解计算机网络的发展、功能与组成 2. 了解 Internet 的应用现状、常见的传输介质 3. 知道主流浏览器的种类和使用方法 4. 熟悉搜索技巧
技能目标	1. 在规定时间内，能够熟练地接入 Internet 2. 会辨别双绞线质量好坏，根据成本、性能要求能选择合适的入网传输介质 3. 会使用搜索引擎快速、准确地搜索和获取需要的资料 4. 能正确配置 TCP/IP，连通网络
素养目标	1. 培养质量意识：任务完成后进行检测，确认达到任务目标；选择质量好的材料；关注细节 2. 有成本意识：充分利用已有资源，提高利用率；能辨别材料的好坏，在满足性能的前提下选择物美价廉的材料 3. 保持技术、标准的先进性：不选用过时的产品；要有前瞻性，学会做长远考虑 4. 认识事物的两面性：快捷、准确的检索能提高工作效率，但也可能带来不安全性，要提高数据安全意识

【背景描述】

中国互联网络信息中心（China Internet Network Information Center，CNNIC）第 54 次《中国互联网络发展状况统计报告》指出：截至 2024 年 6 月，我国网民规模达 10.9967 亿人，较 2023 年 12 月增长 742 万人，互联网普及率达 78%。网络购物、网络直播、网约车、在线旅行预订、互联网医疗等用户持续增长。这些都需要在互联网基础资源建设的基础之上进一步优化互联网接入环境。

1. 互联网接入设备使用情况

截至2024年6月，我国手机网民规模达10.96亿人，使用手机上网的比例为99.7%，使用台式计算机、笔记本计算机、电视和平板计算机上网的比例分别为34.2%、32.4%、25.2%和30.5%；使用智能网联汽车、智能家居设备和个人可穿戴设备上网的比例分别为10.4%、21.9%和24.2%，其中，使用智能网联汽车上网的网民规模达到1.15亿人，具体情况如图1-1所示。

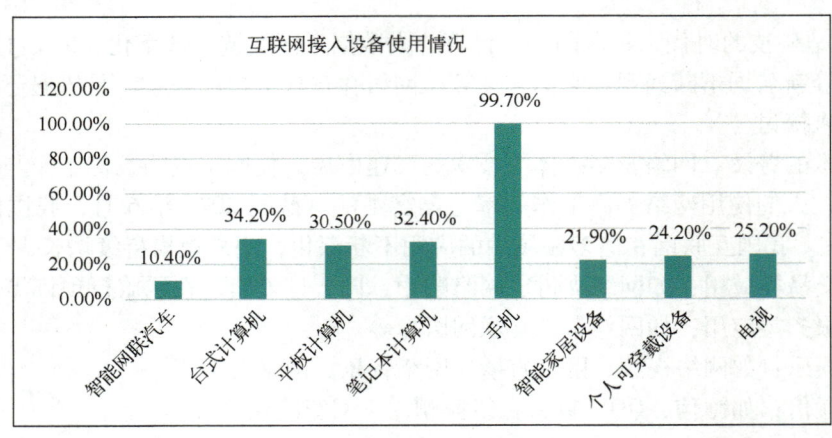

图1-1　互联网接入设备使用情况

（图片来源：CNNIC 中国互联网络发展状况统计调查）

2. 互联网宽带接入端口数量

截至2024年6月，我国互联网宽带接入端口数达到11.69亿个。其中，光纤接入（FTTH/0）端口达到11.30亿个，占互联网宽带接入端口的96.6%；具备千兆网络服务能力的10GPON端口数达2597万个，较2023年12月净增295.1万个。

3. 光缆线路总长度

截至2024年6月，我国光缆线路总长度达6712万km，较2023年12月净增279.9万km。其中接入网光缆、本地网中继光缆和长途光缆线路所占比重分别为62.7%、35.6%和1.7%。

4. 网民数字素养与技能发展状况

截至2024年6月，至少掌握一种数字素养与技能的网民占比达90.1%；至少熟练掌握一种数字素养与技能的网民占比达57.8%；近六成网民达到数字素养与技能初级水平。在使用数字产品和服务方面，能熟练"使用计算机或手机搜索、下载、安装及配置软件"的网民占比达40.5%；在创造数字内容方面，能熟练"复制、粘贴计算机或手机的信息"的网民占比达45.6%；在网络安全防护方面，能熟练"在互联网上搜索信息并辨别真假"的网民占比达28.9%。

在职业为制造生产型企业人员的网民群体中，能够熟练"使用智能工业生产工具"的网民占比为15.6%；在职业为农林牧渔劳动人员的网民群体中，能够熟练"使用智能农业生产工具"的网民占比为6.9%；在20~29岁网民群体中，能够熟练"使用编程语言编写计算机程序"的网民占比为9.4%；在60岁及以上网民群体中，能够熟练"使用手机应用老年模式"的网民占比为 8.1%。

【项目描述】

小明在某校担任实训室管理员,管理一栋楼的实训室。某任课教师上课时发现教师机上不了网,小明需要赶赴现场解决问题。

他主要需要完成的操作如下。

1)查看教师机网卡工作状态,判断网卡是否能正常工作。

2)检查网卡 TCP/IP 的配置情况,判断配置参数是否合理。

3)查看网线及其连接情况。首先检测网线的质量,质量不好会影响其连接设备的网速;然后检查网线的类型是否与连接网络匹配,如使用的是千兆路由器,连接网络是 200 Mbit/s 的带宽,而选用的网线是百兆带宽的,则最终的网速只可能是 100 Mbit/s,网线成为整个网络的瓶颈,需要更换网线或现场制作网线。

4)将教师机重新接入 Internet,测试是否能正常工作。

5)如果还是不成功,根据故障现象快速、准确地查找资料,解决问题。

6)解决问题后,做好总结,记录故障现象和解决办法,方便以后参考。

【项目实施】

任务 1 计算机接入 Internet

1.1 环境准备

本任务由个人单独完成,每人准备如下。

1. 硬件资源

1 台笔记本计算机(安装了网卡、操作系统,支持有线或无线连接);网线 1 根;双绞线若干(五类、超五类、六类、超六类、七类、超七类、八类),以及与之匹配的信息面板等;网线测试工具,如测线仪等;万用表。

2. 软件资源

操作系统及与系统相匹配的驱动程序。

1.2 知识链接

1.2.1 专业术语

1. 互联网

互联网(Internet),又称网际网络,是"互相连接在一起的网络",即网络与网络之间以一组通用的协定相连,形成逻辑上单一的、覆盖全世界的全球性网络。也可以说是广域网、局域网及单机按照一定的通信协议组成的国际计算机网络。互联网 1969 年发源于美国,是由 ARPA（美国国防部研究计划署）与几所大学的 4 台主要计算机连接而成的。

现在，与互联网相连的不仅有计算机，还包括手机、智能家电等。所有的这些设备都称为主机（Host）或者端系统（End System）。

2. 网络互联

将计算机网络互相连接在一起的方法称作"网络互联"。

3. 万维网

万维网（World Wide Web）是基于超文本相互链接而成的全球性系统，是互联网支持的服务之一，互联网并不等同万维网。

4. 因特网

判断是否接入因特网（Internet），首先查看计算机是否安装了 TCP/IP，其次查看其是否拥有一个公网地址。

5. 计算机网络

计算机网络就是利用通信线路和通信设备，把地理上分散、具有独立功能的多个计算机系统互相连接起来，按照网络协议进行数据通信，使用功能完善的网络软件（网络通信协议、网络操作系统等）实现资源共享的计算机系统的集合。

6. 移动互联网

移动互联网是基于移动通信技术、广域网、局域网及各种移动终端，按照一定的通信协议组成的互联网络。从广义上讲，手持移动终端通过各种无线网络与互联网结合就产生了移动互联网，包括移动终端、移动网络和应用服务三个要素，其架构包括业务体系和技术体系。

7. 人工智能

人工智能（Artificial Intelligence，AI），是研究、开发用于模拟、延伸和扩展人的智能的理论、方法、技术及应用系统的一门新的技术科学。

人工智能的快速发展和广泛应用，给社会带来了翻天覆地的变化，改变了人类以往的劳动、生活、交往和思考等方式，能够从根本上给人们的生活带来便利。

8. 全联网

目前，物联网的发展进入了 2.0 时代，又称"全联网"时代。

全联网是一个一体化集成的"人、机、物"无处不在、始终在线的、世界上最大的超系统。其中，"人"是指计算机化的人，"机"是指计算机互相连接组成的互联网、"物"是指物物相连组成的物联网，三者共同构成了全联网。

1.2.2 传输介质

在有线网络中，常见的传输介质包括双绞线、同轴电缆、光纤等。其中，同轴电缆正逐步退出应用领域，光纤比双绞线价格贵，双绞线是使用更广泛的。

1. 双绞线

按照 ISO/IEC 11801 标准，双绞线可分为一类线（电话网）、二类线（令牌网）、三类线、四类线（基于令牌的网络）、五类线、超五类线、六类线、七类线、超七类线、八类线等。目前市面上一类线至四类线已基本被淘汰，五类线不太常使用，常用的主要是超五类和六类网线，七类线由于价格昂贵、端口不再使用 RJ45 等原因使用得不太广泛。

（1）双绞线的分类

1）按电气性能划分。目前主要是五类、超五类、六类线、超六类、七类、超七类、八类线等。网线数字越大、版本越新、带宽越高、线径越粗，但价格也会相应有所提高，具体见表 1-1。

表 1-1 双绞线按电气性能划分

网线类型	标识	物理结构	裸铜直径/mm	绝缘线径/mm	线缆直径/mm	最高传输速率	最高传输频率/MHz	屏蔽状态	应用
五类	CAT5		0.51（24AWG）			100 Mbit/s	100	屏蔽/非屏蔽	10BASE-T 或 100BASE-T 桌面交换机与计算机连接
超五类	CAT5E	抗拉棉线		0.92	5	1000 Mbit/s	100		家用或小型办公网络，1000BASE-T
六类	CAT6	十字骨架	0.57（23AWG）	1.02	6.53	1000 Mbit/s	250		大型企业或传输速率高于 1Gbit/s 的应用
超六类	CAT6A	RJ45 口	0.62			10 Gbit/s	500		
七类	CAT7	非 RJ45 口	0.57（23AWG）	7.8		10 Gbit/s	S/FTP Cat.7（HSYVP-7）最高传输频率 600	每对线都有屏蔽层，四对线合在一起有公共大屏蔽层	万兆位以太网、高速和带宽密集型应用
超七类	CAT7A		0.58（22AWG）	8		10 Gbit/s	1000		
八类	CAT8	I 类 RJ45 口；II 类 TERA/GG45 口	0.64（AWG22）		8.4	40 Gbit/s	2000		短距离数据中心的服务器、交换机、配线架及其他设备的连接，主要用作网络设备互联的跳线

在普通家用环境下，超五类、六类可支持到万兆。八类线的最大传输距离为 30 m、五类的为 100 m、超五类的为 300 m、六类的为 200 m。

双绞线可以实现 PoE（Power over Ethernet）供电，方便给 AP、监控摄像头等设备供电，这是光纤不具备的。

2）按是否屏蔽划分。双绞线的屏蔽方式有多种，具体见表 1-2。

表 1-2 双绞线按屏蔽方式划分

屏蔽方式	中文含义	英文全称	线对屏蔽	总屏蔽	ISO/IEC 11801
UTP	非屏蔽双绞线	Unshielded Twisted Pair	无	U-非屏蔽	U/UTP
FTP（ScTP）	铝箔屏蔽双绞线	Foiled Twisted Pair	无	F-铝箔屏蔽	F/UTP
STP	屏蔽双绞线	Shielded Twisted Pair	无	S-编织屏蔽	S/UTP
SFTP	双屏蔽双绞线	Shielded Foiled Twisted Pair	无	SF-铝箔加编织屏蔽	SF/UTP
FFTP	扩展六类双层屏蔽双绞线	Foil Shielded Twisted Pair	铝箔	F-铝箔屏蔽	F/FTP
ASTP	铠装型双屏蔽双绞线	Armored Shielded Twisted Pair	铝箔	AF-钢带铠装	AF/FTP
SSTP	双层铜箔屏蔽双绞线	Shield Shielded Twisted Pair	铝箔	SF-铝箔加编织屏蔽	SF/FTP

(2) 双绞线的结构

网络中连接网络设备的双绞线由 4 对铜芯线绞合在一起，如图 1-2 所示，有 8 种不同的颜色，适合于短距离的信息传输。其使用长度不超过 100 m，当传输距离超过几千米时，信号因衰减可能会产生畸变，这时就要使用中继器（Repeater）来放大信号。

双屏蔽双绞线的结构如图 1-3 所示。

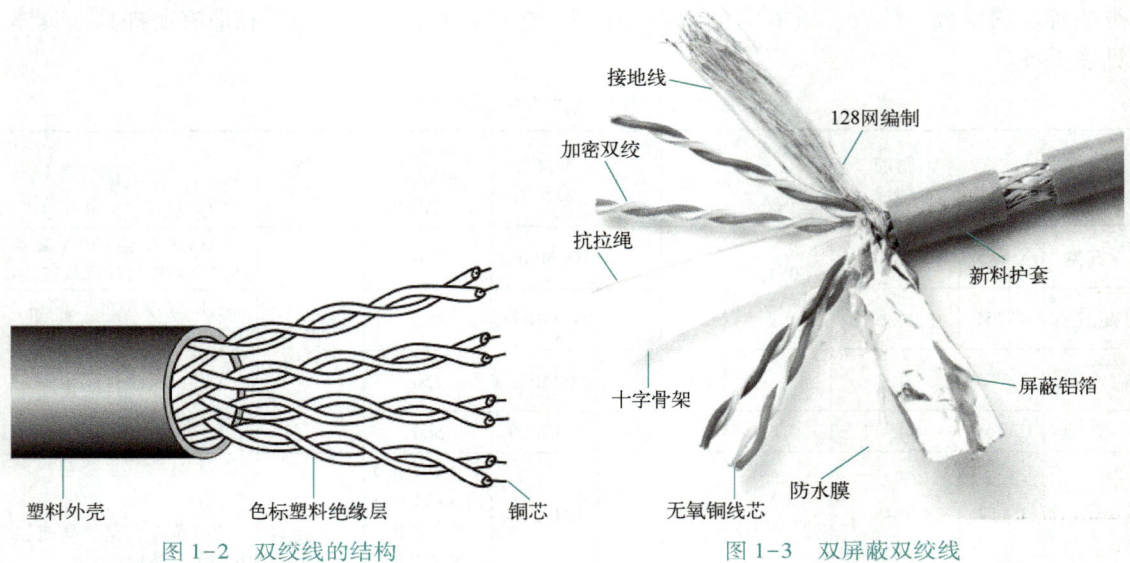

图 1-2 双绞线的结构　　　　　　　　图 1-3 双屏蔽双绞线

(3) 双绞线的标识

在双绞线外包裹层上，一般每隔 2 英尺（ft，1 ft = 0.3048 m）就有一段文字标识，说明与此线缆有关的信息。以 AMP 公司的线缆为例，如"AMP SYSTEMS CABLEE138034 0100 24 AWG（UL）CMR/MPR OR C（UL）PCC FT4 VERIFIED ETL CAT5 044766 FT 9907"的具体含义见表 1-3。

表 1-3 双绞线外皮标识

标识	AMP	0100	24	AWG	UL	FT4	CAT5	044766	9907
含义	公司名称	100Ω	线芯是 24 号的	美国线缆规格	通过认证的标准	4 对线	五类线	线缆当前处在的英尺数	生产年月

AWG 前面的数字越小，说明线缆的直径越大、线缆越粗、电阻越低，价格通常就越高。某线缆的标识如图 1-4 所示，各项的含义如图中说明。

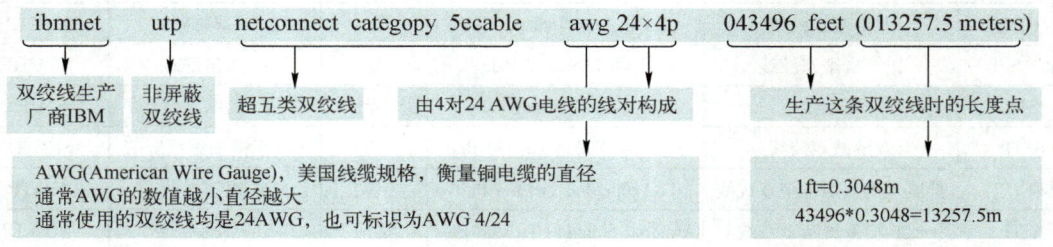

图 1-4 线缆标识的含义说明

2. 光纤

（1）传输原理

光纤（Optical Fiber）是光导纤维的简写，是一种由玻璃或塑料制成的纤维，可作为光传导工具，以光脉冲的形式进行长距离的信号传输。传输原理是"光的全反射"。

（2）组成

光纤由纤维芯、包层和保护套组成。

（3）尺寸表示

光纤的尺寸用"芯径/包层"来表示。如 10/125 μm 光纤指的是光纤纤芯的直径是 10 μm，包层的直径是 125 μm。

（4）分类

光纤的分类具体见表 1-4。

表 1-4 光纤的分类

类别	单模光纤	多模光纤
英文全称	SM（Single Mode）	MM（Multiple Mode）
光路	一条	多条
纤芯直径	8～10 μm	50 μm 和 62.5 μm 两种
传输距离	无中继的传输几十甚至数百公里	取决于光纤的类型和数据传输速率
应用	陆地长途通信及海底跨洋通信	宽带信息小区

（5）标识

光纤的型号标识一般由 7 部分组成：分类型号、加强构件代号、结构特征代号、护层代号、铠装层代号、光纤芯数、光纤类型，如图 1-5 所示。

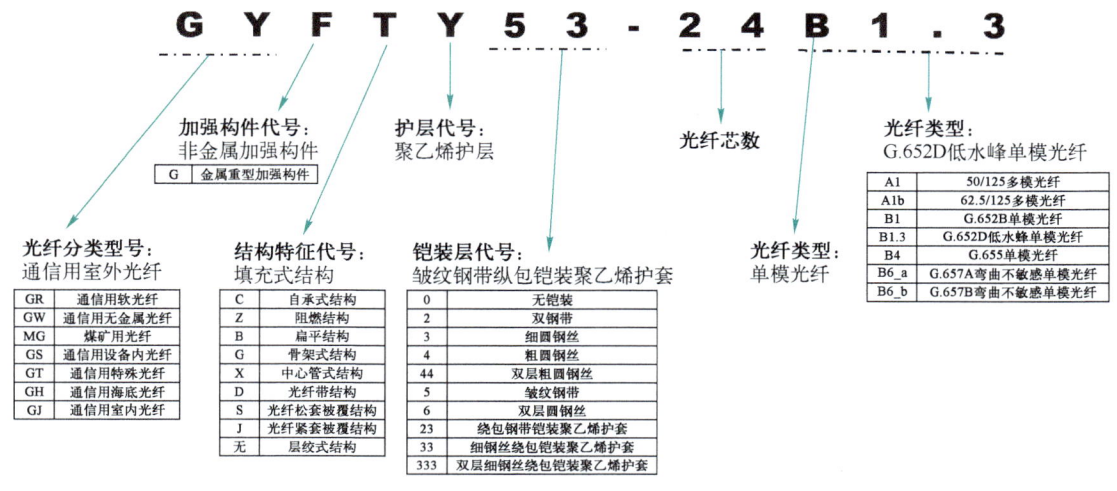

图 1-5 光纤标识的含义

（6）光纤接口类型

光纤接口又称为光纤活动连接器，常用的为 FC、SC、ST 和 LC，具体见表 1-5。

表 1-5 常见的光纤接口类型

接口类型	英文全称	材质	接口形式	应用
ST	Straight Tip	金属	卡扣式	光纤配线架，10Base-F
SC	Smart Card	塑料	推拉式	可卡在光模块上，常用于交换机，100Base-FX
LC	Lucent Connector	塑料	推拉式	可卡在光模块上，用于连接 SFP 光模块
FC	Ferrule Connector	金属	螺纹	高可靠性、长距离的连接或城域光纤网络中

（7）光纤跳线

光纤跳线根据直径分为 2.0 mm 和 3.0 mm，一般带有 LC 接头的跳线或尾纤的直径是 2.0 mm，其他光纤的直径为 3.0 mm。关于外护套的颜色，单模为黄色、多模千兆为橙色、万兆 OM3 为湖蓝色、万兆 OM4 为玫红色或湖蓝色，OM5（WBMMF（宽带多模光纤））为水绿色。

OM3 与 OM4 是 850 nm 激光、50 um 芯径多模光纤。OM3 光纤的传输距离可以达到 300 m，多用于楼宇内的万兆传输；OM4 的传输距离可以达到 550 m。

3. 无线传输介质

（1）微波

微波是指频率为 300 MHz～300 GHz 的电磁波，是无线电波中一个有限频带的简称，即波长在 1 mm～1 m（不含 1 m）之间的电磁波，是毫米波、厘米波、分米波的统称。

由于微波是沿直线传播的，故其在地面的传播距离有限。

（2）卫星通信

卫星通信是利用地球同步卫星作为中继来转发微波信号的一种特殊微波通信形式。卫星通信可以克服地面微波通信距离的限制，三颗同步卫星可以覆盖地球上的全部通信区域。

（3）无线电波

无线电波是指在自由空间（空气和真空）传播的射频频段的电磁波。

（4）红外线

红外线是波长介于微波和可见光之间的电磁波，是比红光长的非可见光，波长在 760 nm～1 mm 之间。

1.2.3 TCP/IP 通信协议

1. TCP

TCP（Transmission Control Protocol）是传输层的一种面向连接的通信协议，用于支持大批量的数据传输。

2. IP

IP（Internet Protocol）是网络层的一种面向无连接的通信协议。为使主机统一编址，网络协议定义了一个与底层物理地址无关的编址方案——IP 地址，用该地址可以定位主机在网络中的具体位置。IP 是 TCP/IP 协议簇网络层中最核心的协议。

1.2.4 IP 地址

互联网协议地址（Internet Protocol Address）又称为网际协议

地址，缩写为 IP 地址，是 IP 提供的一种统一的地址格式，为互联网上的每一个网络和每一台主机分配一个逻辑地址，方便寻址，如图 1-6 所示。

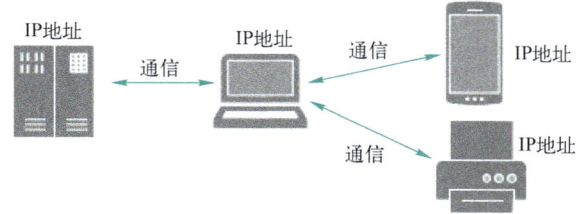

图 1-6　通过 IP 地址连接设备进行通信

1. IP 地址版本

IP 地址主要由互联网名称和数字地址分配机构（Internet Corporation for Assigned Names and Numbers，ICANN）进行分配。有 IPv4 和 IPv6 两个版本，见表 1-6。

表 1-6　IP 地址不同版本对比

IP 版本	地 址 数 量	二进制位数
IPv4	地址快耗尽	32
IPv6	无数 IP 地址	128

2. IP 地址的表示方法

（1）IPv4 地址的表示方法

目前编址方案采用较多的仍然是 IPv4 版本，正在向 IPv6 地址过渡。

IPv4 地址用 4B 共 32 位二进制数表示。常用的表示方法有两种，见表 1-7。

表 1-7　IPv4 地址的表示方法

表示方法	含　　义	示　　例
点分十进制法	将每个字节的二进制数转化为 0～255 之间的十进制数，各字节之间采用"●"分隔	192.168.1.2
后缀标记法	在 IP 地址后加"/"，"/"后的数字表示网络号位数	192.168.1.2/24，其中 24 表示网络号位数是 24 位

1）点分十进制法。计算机中，IP 地址是 32 位二进制代码。为了提高可读性，常在每 8 位处插入一个空格。为了书写方便，可用 4 个十进制数字表示，数字之间用点分隔，这种表示方法叫作点分十进制法（Dotted Decimal Notation）。显然，192.168.1.2 比 11000000 10101000 00000001 00000010 书写起来要方便得多。点分十进制法示例如图 1-7 所示。

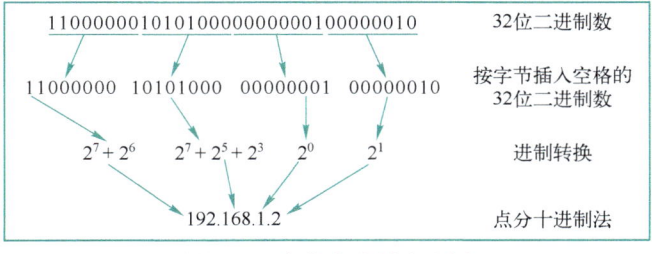

图 1-7　点分十进制法示例

2)后缀标记法。后缀标记法示例如图 1-8 所示。

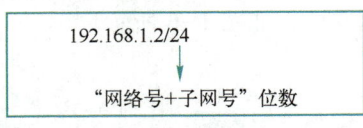

图 1-8　后缀标记法示例

(2) IPv6 地址的表示方法

IPv6（Internet Protocol Version 6）被称作下一代互联网协议，其地址的标准表示方法是将 128 位地址以 16 位为一分组，每个 16 位分组写成 4 个十六进制数，中间用冒号分隔，称为"冒号分十六进制"格式，例如 21DA:00D3:0000:2F3B:02AA:00FF:FE28:9C5A 是一个完整的 IPv6 地址。IPv6 的地址表示有一些特殊情形，见表 1-8。

表 1-8　IPv6 地址的特殊表示法

特殊情形	处理办法	实　例
分组中前导位为 0	去除 0，但每个分组必须至少保留一位数字	21DA:D3:0:2F3B:2AA:FF:FE28:9C5A
较长的零序列	将相邻的连续零位合并，用双冒号"::"表示，但"::"符号在一个地址中只能出现一次	(1) 1080:0:0:0:8:800:200C:417A 可表示为 1080::8:800:200C:417A (2) 0:0:0:0:0:0:0:1 可表示为 ::1 (3) 0:0:0:0:0:0:0:0 可表示为 ::
与 IPv4 混合	x:x:x:x:x:x:d.d.d.d，其中 x 是地址中 6 个高阶 16 位分组的十六进制值，d 是地址中 4 个低阶 8 位分组的十进制值（标准 IPv4 表示）	(1) 0:0:0:0:0:0:13.1.68.3 可表示为 ::13.1.68.3 (2) 0:0:0:0:0:FFFF:129.144.52.38 可表示为 ::FFFF:129.144.52.38
URL 中使用文本 IPv6 地址	文本地址应用符号"["和"]"来封闭	FEDC:BA98:7654:3210:FEDC:BA98:7654:3210 写作 URL 示例为 http://[FEDC:BA98:7654:3210:FEDC:BA98:7654:3210]:80/index.html

3. IPv4 地址的组成

Internet 包括了多个网络，每个网络又拥有多台主机，IP 地址由网络号和主机号两部分组成，如图 1-9 所示。

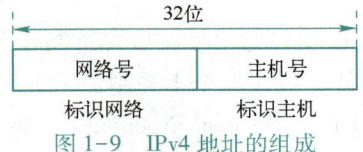

图 1-9　IPv4 地址的组成

4. IPv4 地址的分类

本模块中涉及的 IP 地址是指"分类的 IP 地址"，即将 IP 地址划分为若干个固定类，每一类地址都由两个固定长度的字段组成：一是网络号（Net-ID），标志主机（或路由器）所连接到的网络；二是主机号（Host-ID），标志该主机（或路由器）。

为适应不同大小的网络，Internet 定义了 5 种类型的 IP 地址，即 A、B、C、D、E 类。最常用的是 A 类、B 类和 C 类地址，它们都是单播地址（一对一通信）；D 类地址（前 4 位是 1110）用于多播（一对多通信）；E 类地址（前 4 位是 1111）保留为以后用。各类 IP 地址中的网络号字段和主机号字段如图 1-10 所示。

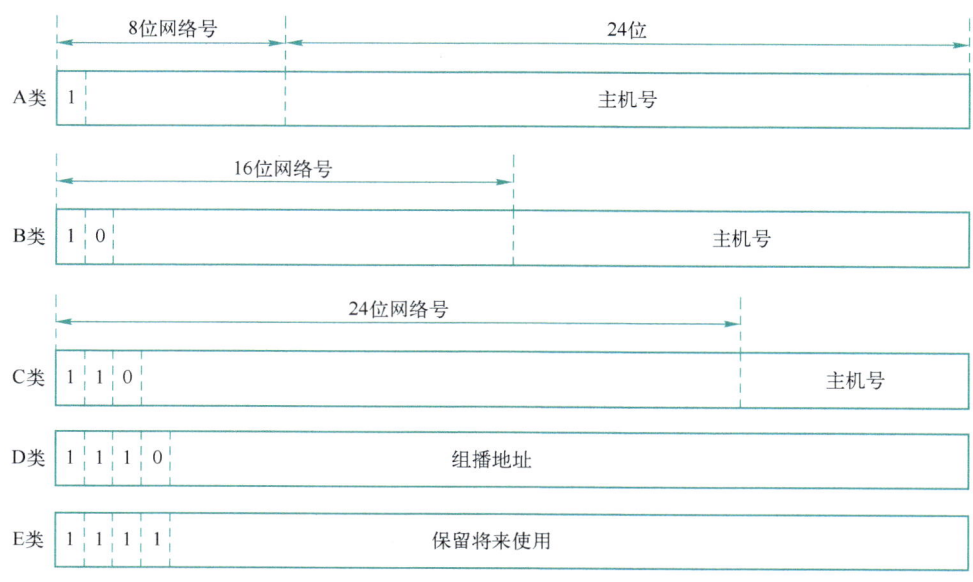

图 1-10　各类 IP 地址中的网络号字段和主机号字段

5. 特殊 IP 地址

IP 地址除了可表示主机的一个物理连接外，还有几种特殊的表现形式，见表 1-9。

表 1-9　特殊的 IP 地址

地　址	含　义	实　例
网络地址（全 0 地址）	主机地址全为 0	192.168.1.0 表示 C 类网络的所有主机
直接广播地址（全 1 地址）	主机地址全为 1，向指定网络广播	192.168.1.255 表示向 C 类网络的所有主机发送广播
有限广播地址	32 位 IP 地址均为 1，表示向本网络进行广播	255.255.255.255
回送地址	用于网络软件测试以及本地计算机间通信的地址	127.0.0.1

6. 公网地址与私有地址

IP 地址按使用范围可分为公网地址和私有地址，具体如图 1-11 所示。

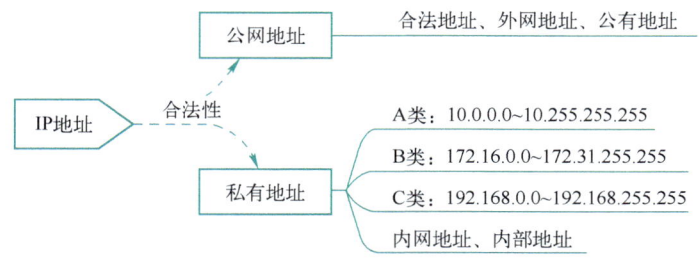

图 1-11　公网地址与私有地址

私有地址（内部网络地址，简称内网地址）是指为了避免单位任选的 IP 地址与合法的 Internet 地址（公网地址）发生冲突，因特网工程任务组（Internet Engineering Task Force，

IETF）分配具体的 A 类、B 类和 C 类地址供单位内部网使用。与之相对应的就是符合分类原则的能在 Internet 上实现通信的地址，即公有地址（外网地址或合法地址）。

内部私有地址可在不同内部网络中重复使用，可节省 IP 地址，隐藏内部网络结构。

1.2.5 网络适配器

网络适配器（Network Adapter），又叫网络接口卡（Network Interface Card），俗称网卡，是计算机与外部网络的连接点，主要任务是收、发网络数据。

常见网卡包括有线和无线网卡两种，任何一台计算机都必须通过网卡与网络进行连接。

1. MAC 地址

每块网卡都有一个编号，即网卡的 MAC（Media Access Control）地址（Physical Address，俗称物理地址），由 48 位二进制组成，其中前 24 位描述的是有关厂商的信息，后 24 位是网卡的编号。

MAC 地址与网络无关，具有唯一性，被烧录在网络适配器上，是固化的，不能随便更改和擦除。无论接入网络何处，MAC 地址都不变。

2. MAC 地址的表示方法

MAC 地址采用 6B（48 位）或 2B（16 位）表示，一般采用 6B（12 个十六进制数）的 MAC 地址。每两个十六进制数之间用冒号隔开为一个字节，如图 1-12 所示。

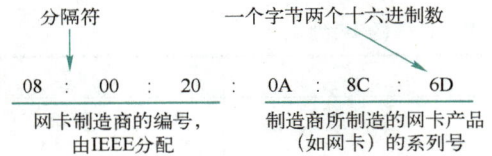

IP 地址与 MAC 地址比较

图 1-12　MAC 地址的表示

 网卡制造商确保所制造的每个以太网设备都具有相同的前 3 字节和不同的后 3 字节。这样就可保证世界上每个以太网设备都具有唯一的 MAC 地址。

3. 查看 MAC 地址的方法

按<Win+R>组合键，打开"运行"对话框。在该对话框的文本框中输入"cmd"命令，按<Enter>键进入命令提示符界面。在命令提示符下输入"ipconfig/all"命令，按<Enter>键出现图 1-13 所示的界面，从中可以看到目前所使用的网络适配器的物理地址。

认识与查询 MAC 地址

绑定 MAC 地址

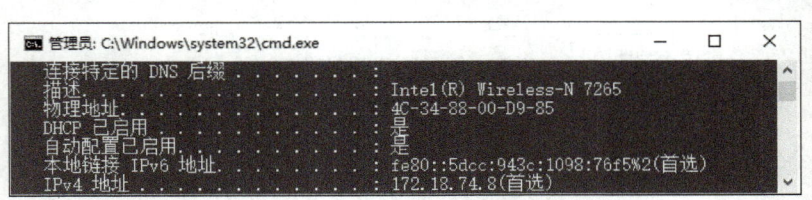

图 1-13　查看 MAC 地址

1.2.6　网络信息模块

常用的网络信息模块有两种：一种是传统的手工打线模块，如图 1-14 所示，其制作过程比较烦琐，本任务中以此为例进行详细介绍；另一种是图 1-15 所示的免打线模块，不需要手工打线，只需把双绞线按色标卡入相应卡槽，用手轻轻一按即可，制作简单，因此本任务中不对其进行详细介绍。

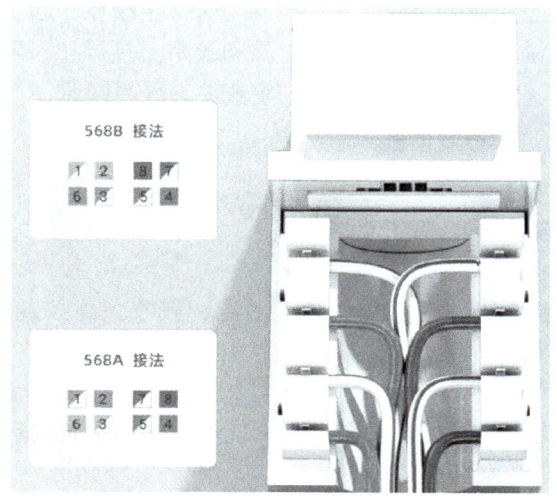
图 1-14　手工打线网络信息模块

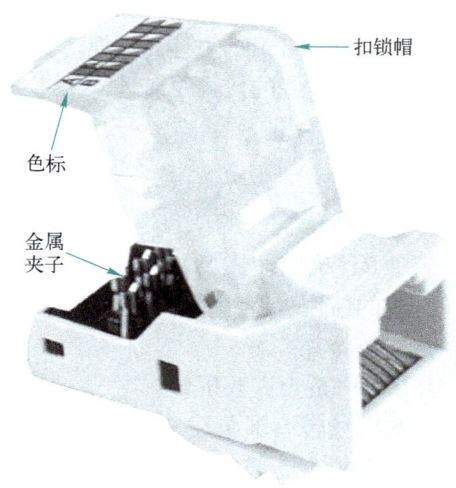
图 1-15　免打线网络信息模块

1.3　任务实施

接入 Internet 需要根据一定的标准，使用合适的传输介质，进行合理的配置，将设备和 Internet 服务提供商联结起来，高效使用网络。

1.3.1　选择传输介质

（1）有线还是无线

对于使用网络的位置固定不变、布线比较方便、使用时间长的场景选择有线传输介质。有线传输介质通常能够提供更稳定和快速的传输速度，适合需要大带宽的任务，如高清视频传输和在线游戏。

对于需要在一定范围内自由移动、不适合布线或危险场景选择无线传输介质。无线连接则是通过无线网络信号进行联网。其优势在于方便使用，无须布线，但传输速度可能会因受到信号强度和其他网络设备的干扰而有所影响。

（2）连接距离长短

一般情况下，首先会根据连接设备的距离远近选择合适的线缆。双绞线适用于短距离传输，连接距离不超过 100 m。若大于 100 m 则需要增加中继器。根据以太网中继规则，最多可以安装 4 个中继器。理论上最大传输距离为 500 m，但传输延迟会增加，不利于通信。如果是长距离传输通常选择光纤。

（3）连接接口

查看被连接设备的接口形式，选择与接口匹配的传输介质。如果是无线连接，则需要确定是否安装了无线网卡，有则可以连接，否则不能连接。如六类线、超六类线都兼容 RJ45 接口，而七类或超七类的某些产品就没有这种接口。

1.3.2 选择网线

网线通常是指双绞线，双绞线的材质主要是绝缘铜导线，它们两两逆时针扭绞在一起。网线制作标准中，对于绞距等都有规定。一般来说，劣质的网线会在材质和绞距上打折扣，采用它的结果就是网线的传输距离近，网速不达标。选对网线，可以在一定程度上提高网速。

1. 选择网线类型

步骤 1：确定购买需求。

首先要明确自己的项目定位，结合预算选择最合适的网线类型。

步骤 2：确定使用场景。

网线的应用场景很多，需要确认布线物理环境是否存在暴晒、水淹、鼠咬、高频磁场、紧密空间等特殊环境。

步骤 3：是否需要屏蔽。

屏蔽网线带有屏蔽层，抗干扰性更好。屏蔽网线主要用在有强干扰和需要高带宽的环境中，如智能楼宇、服务器机房、数据中心等较为复杂的环境。

步骤 4：是否满足升级需求。

网络布线是个费时费力的大工程，一旦安装完成，短时间内不会轻易变动，因此要从长远考虑，一个布线系统至少要做好使用 10 年的准备，能够支持 4~5 代网络设备的性能更新，避免日后网络升级出现问题，选择网线要具有前瞻性。

步骤 5：技术现状。

尽量能与新技术和标准匹配。如随着无线网络标准 802.11ac（提供双千兆端口）应用于市场，线路运行更高速；新的室内无线网络系统依赖于 10GBASE-T 局域网技术和超六类铜缆远程供电。

TIA-4966 推荐在新建教育设施内、TIA-1179 推荐在医疗设施的新设备中使用超六类铜缆，在 100 m 范围内支持 10GBASE-T，增强了以太网 POE 供电性能。

2. 判别网线质量

（1）非专业人员

作为普通用户，没有专门的检测设备，如何辨别网线的好坏？

1）通过"用眼看"辨别网线的好坏。

步骤 1：剪出单根线芯，把铜芯小心地拉出来，查看铜芯的光泽度。

步骤 2：看每对线的绞距，绞距不一，有利于减少线对之间的窜扰，可提高传输速率。如果 4 根线对间绞距相同，可以断定其制作工艺比较差。再如，超六类网线的线芯绞距比六类线更密些。

步骤 3：看单对线绞距是否均衡，均衡的为优质网线。

步骤 4：看双绞线外包裹层上的标识是否清晰，如果不清晰或者容易模糊，说明网线质量不好。正规厂家的产品标识上标有长度,做工程时方便识别一箱线用了多少米,还剩多少米。例如超五类网线标有 CAT5E 字样每箱应该有 305 m（1000 ft）。

步骤 5：是否有检测报告。网线的专业测试报告是福禄克（FLUKE）测试,如果可以提供 FLUKE（福禄克）测试报告,就说明网线的质量是没有问题的。

2）通过"用手拉"辨别网线的好坏。

步骤 1：在保持线芯胶料完整的情况下慢慢拉,若是好的 PE 胶料,人用手是很难拉断的,感受胶料的好坏,质量好的线芯,一般铜芯也会是无氧铜。

步骤 2：尝试反向拉内部线对和包裹层,如果容易分离,或者容易断,都不好。

3）通过使用简单工具辨别网线的好坏。

例如,使用磁铁靠近网线,判断其线芯是否为铜,能吸住说明其为非铜芯线。

（2）专业人员

如果是专业人员则可使用专业工具进行测试。如用万用表测试线缆的电阻,国标网线 305 米单芯电阻为 28 Ω 左右,市场上的假超五类网线的电阻有的可达 50 Ω。

1.3.3 接入 Internet

1. 检查计算机网卡是否工作正常

<u>网卡包括驱动程序和硬件。驱动程序使网卡和计算机操作系统兼容,没有安装驱动程序的网卡是不能与其他计算机通信的。</u>

目前,计算机的网卡基本是与主板集成在一起的,除特殊应用,一般无须额外安装,因此主要考虑驱动程序安装得是否正确。

（1）在设备管理器中查看

这里以 Windows 10 操作系统为例进行说明。

步骤 1：右击"此电脑",在弹出的快捷菜单中选择"属性"快捷菜单,打开图 1-16 所示的"设置"窗口。

图 1-16 "设置"窗口

步骤 2：单击右下方的"设备管理器"项，打开图 1-17 所示的"设备管理器"窗口，其中显示所有设备列表。查看"网络适配器"项，图 1-17 所示表示网卡正常。若不能正常使用，可右击网卡，在打开的快捷菜单中选择"更新驱动程序"命令，完成更新再进行测试。

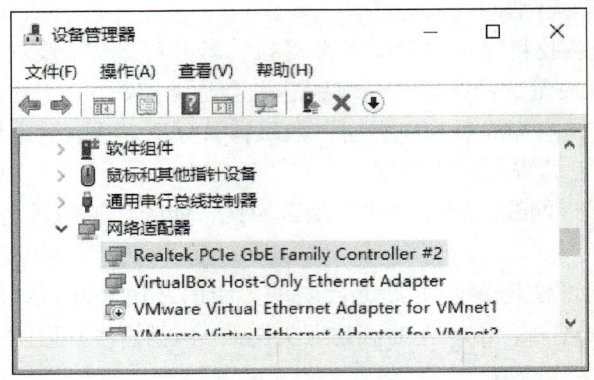

图 1-17 "设备管理器"窗口

 如果相应网卡前有黄色的问号，说明没有安装网卡驱动；如果有感叹号，说明该驱动已经安装，但不能正常使用，应将其卸载然后重新安装。

（2）ping 测试

ping 是用来检查网络是否畅通以及网络连接速度的命令。

网络上的所有设备都有唯一确定的 IP 地址，给目标 IP 地址发送一个数据包，对方就要返回一个同样大小的数据包，根据返回的数据包就可以确定目标主机是否存在。

步骤 1：在计算机桌面上单击"开始"按钮，选择"运行"命令，打开"运行"对话框如图 1-18 所示。

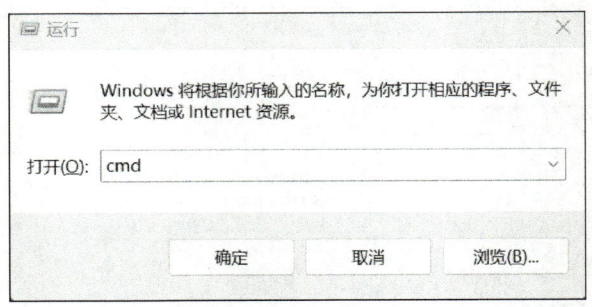

图 1-18 "运行"对话框

步骤 2：在文本框中输入"cmd"，单击"确定"按钮，进入命令提示符界面。

步骤 3：在命令提示符下输入"ping 127.0.0.1"命令，按<Enter>键，查看结果，如图 1-19 所示。

如图 1-19 所示表明连通成功，网卡工作正常。其中，127.0.0.1 是主机环回地址，即数据包不离开计算机（主机）发送，也就是说不是发送到本地网络或 Internet，只是在自身上"环回"。发送数据包的计算机成为收件人。RFC 1122 明确指出"内部主机环回地址，这种形式的地址不得出现在主机之外。"

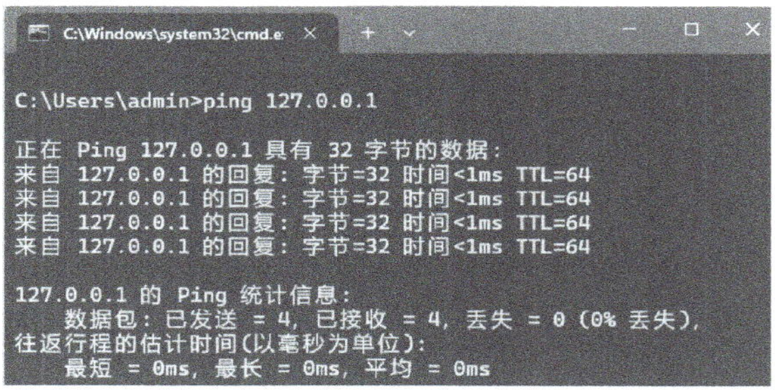

图 1-19 "ping"测试结果

IPv6 也有一个环回地址。它的完整表示是 0000：0000：0000：0000：0000：0000：0000：0001，但为了方便起见，它通常被缩写为::1。

2. 检查计算机是否安装了 TCP/IP

TCP/IP 是广泛应用的通信协议，没有安装或者安装不正确都不能实现正常通信，因此，首先需要确定是否正确安装了该协议。

步骤 1：打开"控制面板"，单击"网络和共享中心"选项，进入图 1-20 所示的"网络和共享中心"界面。

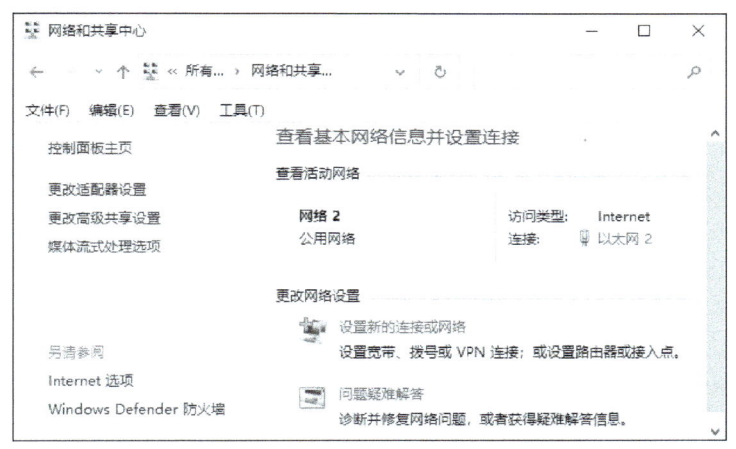

图 1-20 "网络和共享中心"界面

步骤 2：单击左侧窗格中的"更改适配器设置"选项，在弹出的窗口中选择对应的网卡，右击，在快捷菜单中选择"属性"命令，弹出图 1-21 所示的"以太网 属性"对话框。

步骤 3：在"此连接使用下列项目"列表框中查看是否有"Internet 协议版本 4（TCP/IPv4）"项目，有则说明已经安装，如果没有则需要安装。单击下方的"安装"按钮，在弹出的对话框中根据提示逐步完成安装。

3. 连接硬件设备

本任务是将计算机连接到实训室的交换机上，通过交换机连接到校园网络，然后连接到公网。

首先，将网线的一端连接到计算机的网口（通常位于计算机的后部或侧面，RJ45 口），将另一端连接到实训室的交换机上（若是家庭或宿舍网络，则是连接到路由器的 LAN 口上）。

4. 配置 TCP/IP

配置 TCP/IP 有手工和自动两种配置方式，如对网络结构不太清楚则可选中"自动获得 IP 地址"单选按钮，让系统自动分配地址。本任务采用手工配置方式，具体操作如下。

在图 1-21 所示的对话框中，选中"Internet 协议版本 4（TCP/IPv4）"项目，单击"属性"按钮，弹出图 1-22 所示的"Internet 协议版本 4（TCP/IPv4）属性"对话框。在该对话框中，可以根据需要更改 IP 地址。对该对话框中的各项具体说明如下。

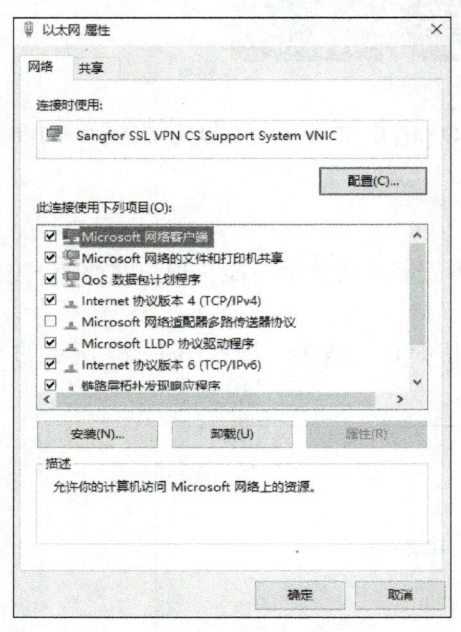
图 1-21 "以太网 属性"对话框

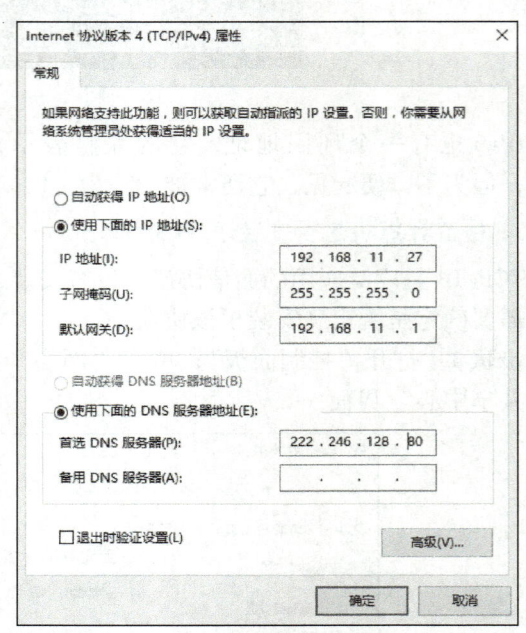
图 1-22 "Internet 协议版本 4（TCP/IPv4）属性"对话框

（1）IP 地址

可以输入"192.168.11.27"（本实训室局域网 IP 地址段）之类的 IP 地址。此时需要注意的是，IP 地址和网络中的路由器或者其他计算机应保持在同一个区域，而且 IP 地址不能重复，只需确保 IP 地址最后一位不同即可。

（2）子网掩码

局域网同一网段中的所有计算机及路由器的子网掩码都要保持一致，一般设置为 255.255.255.0 即可（根据 IP 地址所在网段确定）。

（3）默认网关

一般默认网关设置为网络中路由器或者服务器的 IP 地址，例如这里设置为"192.168.11.1"（根据 IP 地址所在网段确定）。

（4）首选 DNS 服务器

设置 DNS 服务器时需要询问网络管理员或者使用当地网络服务商提供的 DNS 地址，否则会导致无法正常运行浏览网页之类的网络应用。

5. 测试

在校园网络可以访问外网的前提下，尝试在本机上使用浏览器访问 www.baidu.com，若访问结果如图 1-23 所示，则说明访问成功，已正确接入了 Internet。

图 1-23　测试结果

任务 2　信息检索与安全

2.1　环境准备

本任务由个人单独完成，每人准备如下。

1. 硬件资源

准备一台笔记本计算机（安装了网卡、操作系统，支持有线或无线连接）。

2. 软件资源

安装了操作系统、浏览器等软件。

2.2　知识链接

2.2.1　信息检索及常用工具

数字化时代，面对海量信息时，如何高效地获取所需的信息成为一个重要的技能。

1. 信息检索

信息检索（Information Retrieval）是用户进行信息查询和获取的主要方式，是查找信息的方法和手段。狭义的信息检索仅指信息查询（Information Search），即用户根据需要，采用一定的方法，借助检索工具，从信息集合中找出所需要信息的过程。广义的信息检索是指信息按一定的方式进行加工、整理、组织和存储，再根据信息用户特定的需要将相关信息准确地查找出来的过程。所以，广义的信息检索又称信息的存储与检索。

一般情况下，信息检索指的就是广义的信息检索。

2. 检索工具

针对不同的检索需求，选择合适的检索工具才能实现高效、准确的检索。常用的检索工具见表2-1。

表2-1 常用检索工具

类型		示例
网络数据库		中国知网、万方、维普、书香中国、Web of Science 等（包括图书、期刊、专利、标准、报纸、学术视频、试题库等各类型资源的数据库）
搜索引擎		百度、搜狗、必应等
具有内置检索功能	网站	政府机构类网站（如教育部、知识产权局、文化旅游局等） 资讯类网站（如人民网、新浪网等）、购物类网站（如淘宝、京东等） 社交类网站（如豆瓣、知乎等）、视频类网站（如爱奇艺、优酷等）
	App	微信、地图类App、购物类App、生活服务类（如大众点评网）等
开放资源平台		中文科技论文在线、国家科技成果网、国家知识产权局专利检索系统、Open Access Library（OA图书馆）等

2.2.2 搜索引擎

搜索引擎是最常用的检索工具，它能帮助用户在海量信息中快速、准确地找到所需的内容。

1. 搜索引擎的用户规模及使用率

截至2024年6月，我国搜索引擎用户规模达8.24亿人，占网民整体的75%，如图2-1所示。

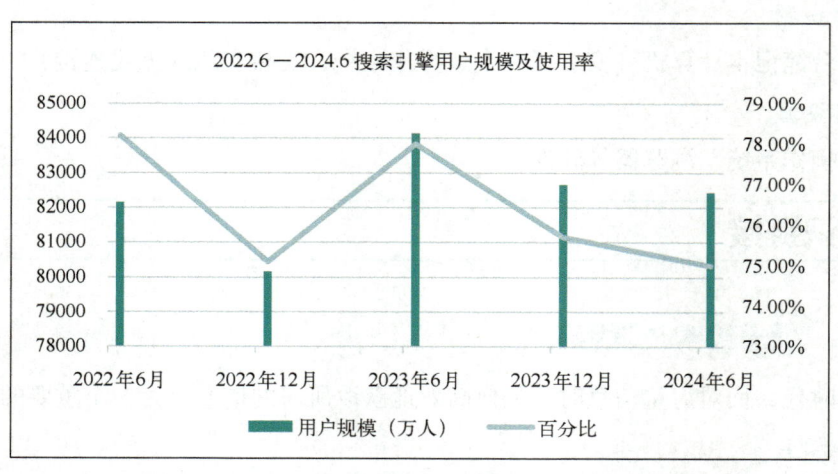

图2-1 2022.6—2024.6 搜索引擎用户规模及使用率
（图片来源：CNNIC 中国互联网络发展状况统计调查）

2. 搜索引擎产品智能化

2024年上半年，搜索引擎持续融合人工智能技术，推动搜索服务效能不断提升。

（1）利用人工智能技术提升精准度

百度搜索中已有11%的搜索结果由人工智能生成，首条结果满足问答需求的比例已达70%。

搜索结果的精准性进一步带动了用户的使用需求，百度搜索日均新增问答需求超过 5000 万。

"360 AI 搜索"帮助用户获取和理解多语言信息，实现多语言搜索；打破文档格式限制，实现多模态搜索；运用 AI 助手，实现多任务搜索。

（2）搜索引擎拓展应用场景边界，丰富生成类型

从垂直领域来看，网易有道推出 AI 家庭教师，通过深度学习和大模型技术，为学生提供个性化、全时段的在线学习支持；从处理形式来看，百度"文心一言"依据描述内容生成对应的高质量图像，实现了从文本形式到图文视觉形式的转换，满足了用户多样化需求。

3. 搜索引擎的定义

搜索引擎是一种计算机程序，是根据用户需求采用一定算法，运用特定策略从互联网检索出指定信息，反馈给用户的一门检索技术。

搜索引擎依托于如网络爬虫、检索排序、网页处理、大数据处理、自然语言处理等多种技术，为用户提供快速、高相关性的信息检索服务。

搜索引擎技术的<u>核心模块一般包括爬虫、索引、检索和排序</u>等，还可添加其他一系列辅助模块，为用户创造更好的网络使用环境。

4. 搜索引擎的工作流程及关键技术

搜索引擎的工作流程及关键技术如图 2-2 所示。

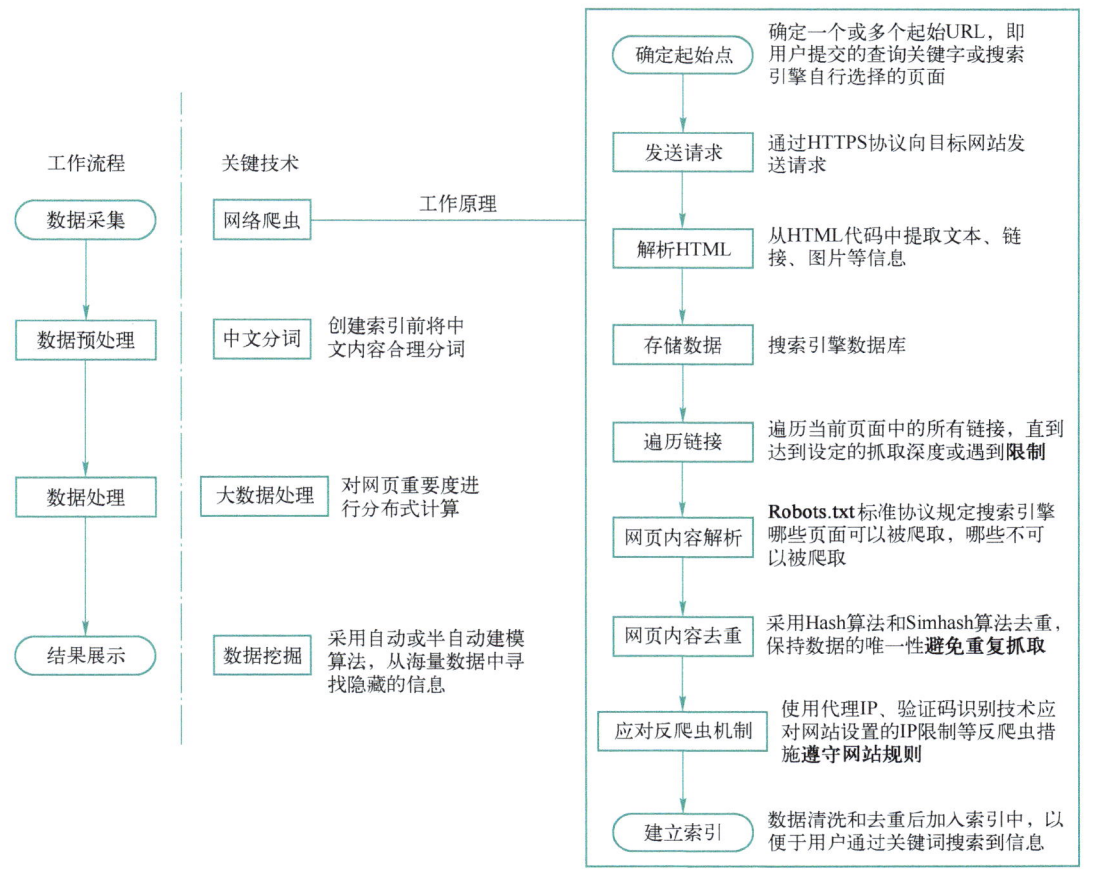

图 2-2　搜索引擎的工作流程及关键技术

2.2.3 浏览器

浏览器是浏览网页的主要工具。世界上第一个图形化浏览器出现在 20 世纪 90 年代。其具体发展历程如图 2-3 所示。

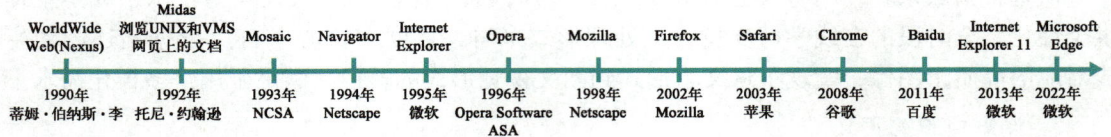

图 2-3 浏览器的发展历程

应用比较普遍的浏览器包括 IE（Internet Explorer）、Microsoft Edge、Chrome、Firefox、Safari、Baidu 等，其具体情况见表 2-2。

表 2-2 常见浏览器

名 称	公 司	应 用 平 台
IE	微软	Windows
Microsoft Edge	微软	Chromium
Chrome	谷歌	Windows、Linux 系统及移动端（如 Android）
Firefox	开源组织 Mozilla	Windows、Linux、macOS
Safari	苹果	macOS、iOS
Baidu	百度	Windows、macOS、Android、iOS

除此之外，常见的浏览器还有傲游浏览器、腾讯的 QQ 浏览器等。用户使用的移动端浏览器如手机端的 UC 等，其最主要的功能为浏览网页，同时还提供其他功能，如导航、社区、多媒体影音、天气、股市等，为用户提供全方位的移动互联网服务。

2.2.4 搜索引擎与浏览器的关系

搜索引擎和浏览器的主要区别在于它们的功能和使用方式。浏览器是一种软件应用程序，主要用于访问和查看互联网上的网页内容，用户通过在浏览器的地址栏中输入网址（URL）或单击链接来浏览网页，浏览器负责解析 HTML、CSS 和 JavaScript 等网页语言，并将网页内容渲染成用户可以看到的格式。除此之外，浏览器还提供书签管理、隐私保护、多标签浏览等功能。

以在 Firefox（火狐）浏览器上使用百度搜索引擎为例，如图 2-4 所示。在 Firefox 浏览器的地址栏中输入"www.baidu.com"，打开百度搜索引擎，在其搜索框中输入关键词，搜索引擎会返回包含相关信息的网页链接，以便用户查找需要的信息。

简而言之，浏览器是用户用来访问互联网的工具，而搜索引擎是帮助用户在互联网上查找信息的工具。两者相辅相成，共同构成了日常上网体验的基础。

图 2-4　用火狐浏览器打开百度搜索页面

2.2.5　HTTP 通信协议

1. 简介

HTTP（HyperText Transfer Protocol，超文本传送协议）是属于浏览器和 Web 服务器之间的通信协议，建立在 TCP/IP 基础之上，用于传送浏览器到服务器之间的 HTTP 请求和响应。它不仅需要保证传送网络文档的正确性，同时还需确定文档显示的先后顺序。

2. 工作过程

HTTP 在 Web 浏览器到服务器之间的工作过程具体可以分为 4 部分，如图 2-5 所示。

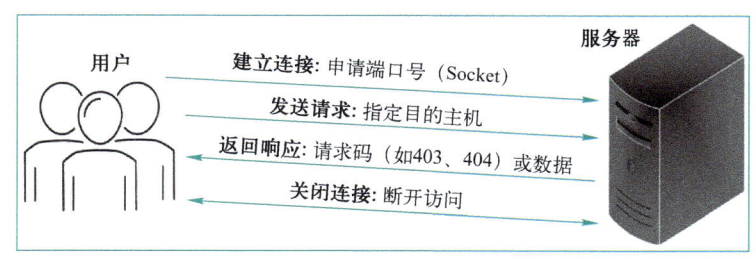

图 2-5　HTTP 的工作过程

1）建立连接。HTTP 的建立是通过申请 Socket（套接字）实现的，用户通过 Socket 在服务器上申请一个端口号，然后在网络中通过该端口号传送数据。

2）发送请求。用户和服务器之间建立连接后，可以向指定的目的主机发送请求。

3）返回响应。服务器对用户提交的请求进行处理，并返回请求码（如 404）或数据。

4）关闭连接。通信结束后，通信双方均可通过关闭套接字来关闭连接，断开访问。

其中，HTTP 在建立连接的过程中，会通过"三次握手"来建立稳定的连接，即客户端和服务器之间要传送三次有效的数据以保证通信的可靠性。

3. 常见状态码

在 HTTP 连接过程中，返回的常见状态码及其含义见表 2-3。

表 2-3 常见的状态码及其含义

状态码	含义
301	永久性重定向，表示请求的资源被分配了新 URL，之后使用更改的 URL
302	临时性重定向，表示请求的资源被分配了新 URL，本次访问使用新的 URL
401	请求未经授权
403	用户没有访问权限
404	访问文件不存在或访问链接（URL）错误
500	服务器错误，一般是服务器数据处理出现问题

4. 统一资源定位符

（1）URL 地址格式

URL（Uniform Resource Locator，统一资源定位器）表示从互联网上得到的资源的位置和访问方法。以使用较多的百度 URL 为例进行说明，如图 2-6 所示。

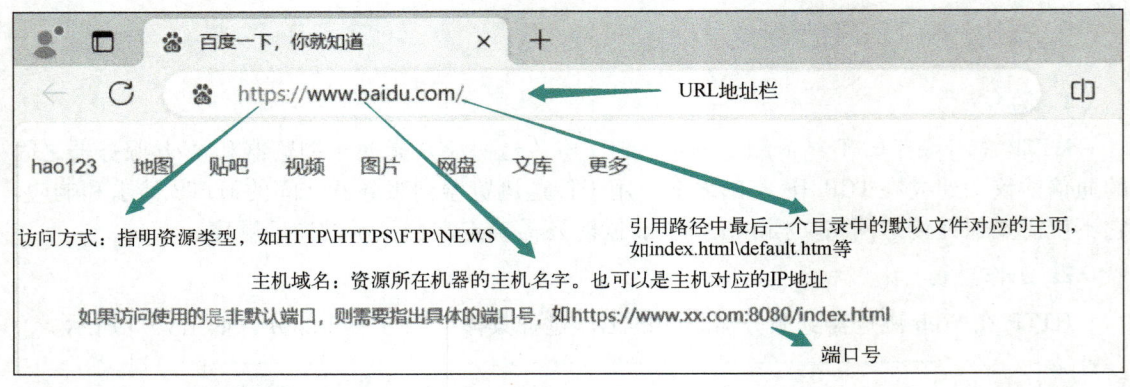

图 2-6 URL 地址格式

（2）URL 服务类型与端口号

常见的 URL 服务类型与默认端口号见表 2-4。

表 2-4 常见的 URL 服务类型与默认端口号

访问方式	服务类型	默认端口号	传输协议
http://	WWW 服务	80	HTTP
telnet://	远程登录服务	23	Telnet
ftp://	文件传输服务	21	FTP
mailto://	电子邮件服务	25	SMTP
news://	网络新闻服务	119	NNTP

2.3 任务实施

2.3.1 设置浏览器安全

浏览器是上网必备的工具，在浏览器的使用过程中有可能因为操作失误造成一些安全隐患，如打开浏览了某个网页便出现账号被盗、路由器被黑等现象。而且，目前浏览器除提供浏览功能外，已经发展成为提供全方位服务的综合性工具，其安全性受到了更大挑战。如何保证浏览器安全就显得非常重要。本任务以 Microsoft Edge 为例进行具体说明。

1. 设置浏览器安全级别

打开 Microsoft Edge 浏览器，在右上角会看到 ··· 图标按钮，单击该按钮，在弹出的菜单中选择"设置"命令，打开"设置"界面。在界面左侧列表中选择"隐私、搜索和服务"选项，在对应的右侧窗格中找到"增强 Web 安全性"选项区域（见图 2-7），根据实际选择"平衡"或"严格"选项。

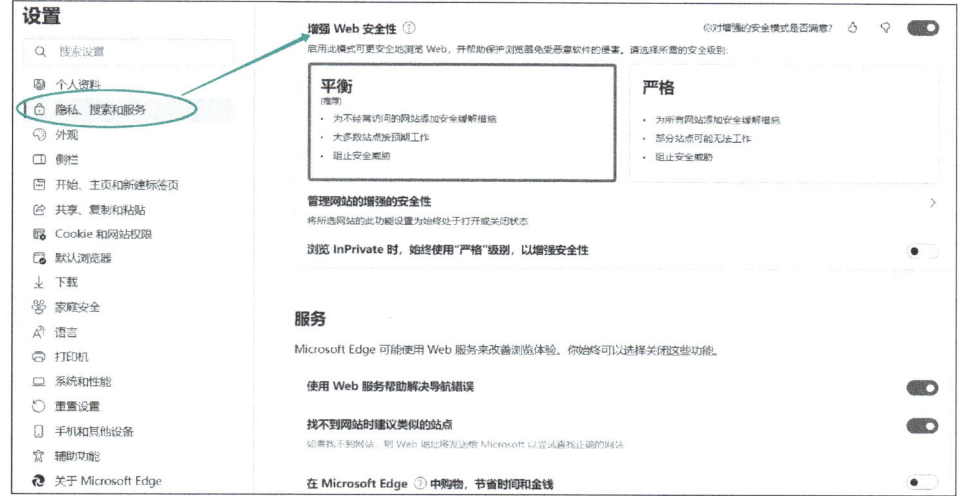

图 2-7 "设置-增强 Web 安全性"界面

2. 清除浏览数据

浏览器的历史记录、Cookie 等都会泄露用户信息。定时清除浏览数据，如运行过的程序、浏览过的网站、查找过的内容等，能够保护用户隐私。

1）在图 2-7 所示的界面中，在右侧窗格找到"清除浏览数据"选项区域，如图 2-8 所示。

图 2-8 "清除浏览数据"选项区域

2）单击"清除浏览数据"选项区域下"立即清除浏览数据"右侧的"选择要清除的内容"按钮，打开图2-9所示的"清除浏览数据"对话框，选择需要清除的数据项，单击"立即清除"按钮即可。

如有需要，可单击"选择每次关闭浏览器时要清除的内容"右侧的扩展按钮"〉"，然后选择要清除的数据类型。

3）在下面的"清除Internet Explorer的浏览数据"选项区域中，单击"立即清除浏览数据"右侧的"选择要清除的内容"按钮，打开图2-10所示的"删除浏览历史记录"对话框，选择需要清除的数据项，单击"删除"按钮，即可及时清除上网痕迹。

图2-9 "清除浏览数据"对话框

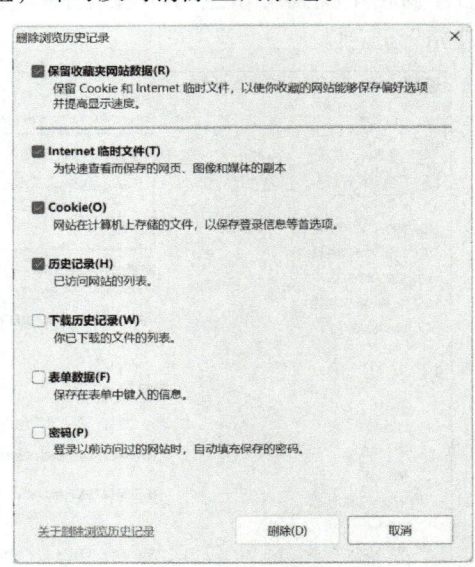

图2-10 "删除浏览历史记录"对话框

3. 安全性设置

在图2-7所示界面的右侧窗格中找到"安全性"选项区域，如图2-11所示。在其中可对"Microsoft Defender Smartscreen""阻止可能不需要的应用"等进行设置，提高浏览器的安全性。

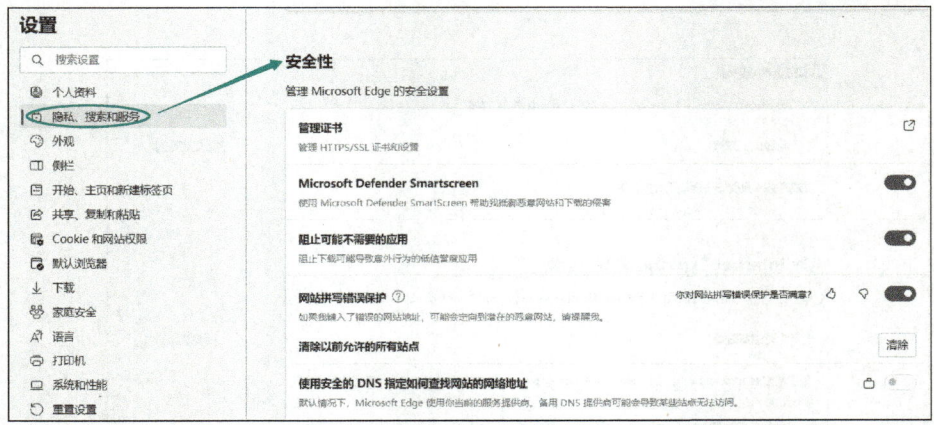

图2-11 "安全性"选项区域

4. 同源策略

浏览器的同源策略是一个重要的安全策略,用于限制一个源的文档或者它加载的脚本如何能与另一个源的资源进行交互,可以帮助阻隔恶意文档,减少可能被攻击的媒介。例如,可以防止互联网上的恶意网站在浏览器中运行 JS 脚本,从第三方网络邮件服务(用户已登录)或公司内网(因没有公共 IP 地址而受到保护,不会被攻击者直接访问)读取数据,并将这些数据转发给攻击者。

如果两个 URL 的协议、端口(如果有指定的话)和主机都相同,则说这两个 URL 是同源的。例如,对于 URL 地址 http://store.company.com/dir/page.html 来说,其同源与否的示例见表 2-5。

表 2-5 同源与否示例

URL 地址	是否同源	原 因
http://store.company.com/dir2/other.html	同源	只有路径不同
http://store.company.com/dir/inner/another.html	同源	只有路径不同
https://store.company.com/secure.html	不同源	协议不同
http://store.company.com:81/dir/etc.html	不同源	端口不同(http://默认端口是 80)
http://news.company.com/dir/other.html	不同源	主机不同

5. 特殊区域的安全限制

步骤 1:在"设置"界面左侧列表中选择"默认浏览器"选项,对应的右侧窗格如图 2-12 所示。

特殊区域安全限制

图 2-12 "默认浏览器"窗格

步骤 2:在右侧窗格的"Internet Explorer 兼容性"选项区域中,单击"Internet 选项"右侧的图标按钮,打开图 2-13 所示的"Internet 属性"对话框。在该对话框中可对不同域进行安全设置,以提高浏览器的安全性。

区域或者安全域的概念仅有 Internet Explorer 使用，它限制了不同站点的安全策略。在 Internet Explorer 中用户可见的 4 个区域分别是：Internet、本地 Intranet、受信任的站点、受限制的站点。选择需要更改安全设置的区域，拖动"该区域的安全级别"选项区域中的滑块，即可为其设置适当的安全级别。

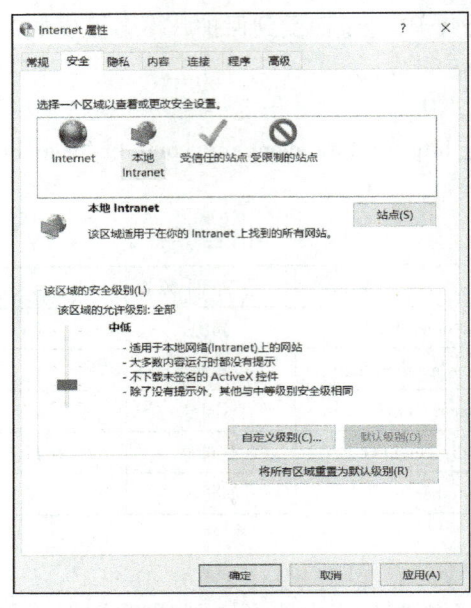

图 2-13 "Internet 属性"对话框

2.3.2 屏蔽网页广告

浏览网页过程中会不断弹出广告，影响使用者的心情，用户会希望能将其拦截。拦截的工具有很多种，如 uBlock Origin、AdGuard、ABP、AdBlock 等，本任务中以 AdBlock 为例说明具体的拦截方法。

步骤 1：在 Microsoft Edge 浏览器中，单击右上角的 ··· 图标按钮，在弹出的菜单中选择"扩展"命令，打开图 2-14 所示的"扩展"界面。

图 2-14 "扩展"界面

屏蔽浏览器网页广告

步骤 2：单击"打开 Microsoft Edge 扩展网站"超链接，打开图 2-15 所示的"Edge 加载项"界面。

图 2-15　"Edge 加载项"界面

步骤 3：单击 AdBlock 右侧的"获取"按钮，会弹出图 2-16 所示的"将"AdBlock—最佳广告拦截工具"添加到 Microsoft Edge？"对话框。

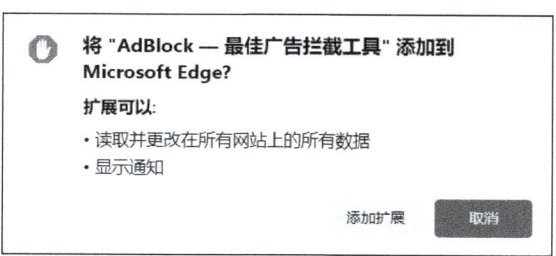

图 2-16　"将"AdBlock—最佳广告拦截工具"添加到 Microsoft Edge？"对话框

步骤 4：单击"添加扩展"按钮，若弹出图 2-17 所示的"AdBlock—最佳广告拦截工具 已添加到 Microsoft Edge"提示对话框，说明拦截工具 AdBlock 已经安装成功。

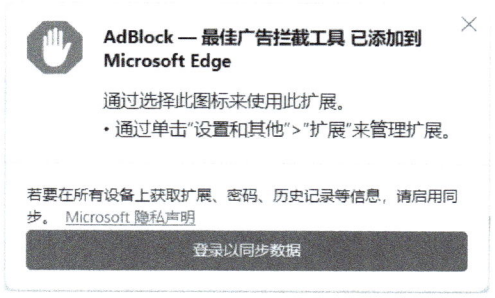

图 2-17　AdBlock 安装成功提示对话框

步骤 5：进行拦截规则设置。在图 2-18 所示的 AdBlock Plus 设置界面，可"添加""移除""维护"过滤列表，实现有选择性地拦截广告。

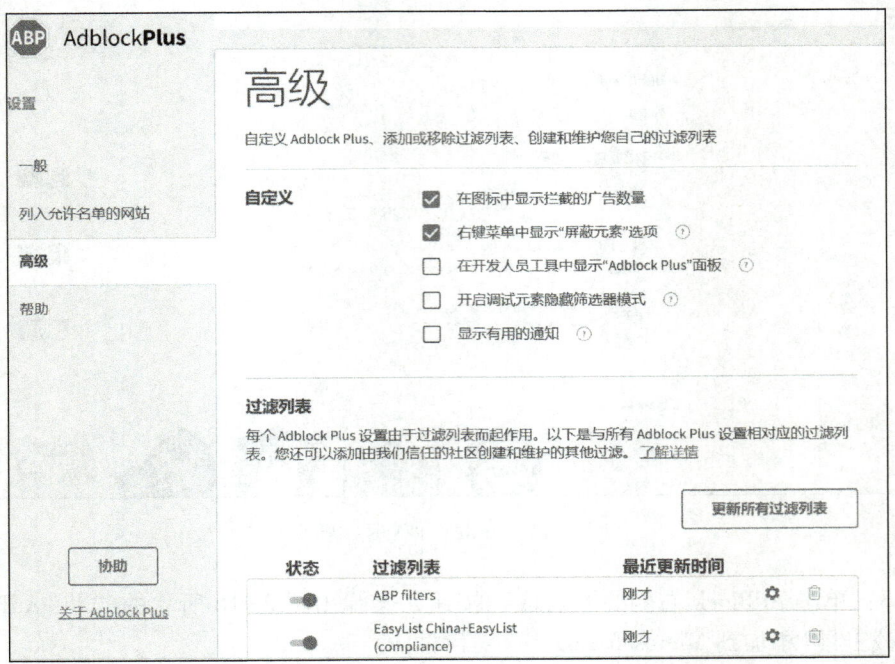

图 2-18　AdBlock Plus 设置界面

2.3.3　搜索引擎使用技巧

1. 搜索引擎的使用

搜索引擎有很多种，本任务中以人们比较熟悉的、全球领先的中文搜索引擎"百度"为例，讲解检索的基础方法。

通常，搜索引擎仅提供一个检索框用来输入检索词，如图 2-19 所示。一次输入的检索词只能出现在同一个字段中。

图 2-19　百度检索界面

 检索前应了解所用检索工具的各种功能，不要只局限于使用各类工具的初级检索，多了解和使用其高级检索功能，会让检索更精确、高效。

2. 搜索引擎的检索技巧提升

（1）多个关键词组合搜索

使用多个关键词通过布尔逻辑组合检索可以提高搜索结果的准确性，实现精确查找，获得较高的查全率和查准率。

如何组合呢？一般通过逻辑运算符（AND、OR、NOT）来确定关键词之间的关系（布尔逻辑检索），具体如图2-20所示。

逻辑"与"	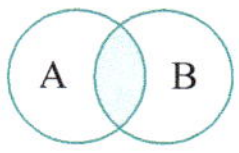 A B	AND	A and B，表示检索包含检索词A和检索词B的文献
逻辑"或"	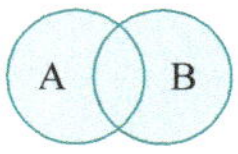 A B	OR	A or B，表示检索包含检索词A或检索词B或同时包含检索词A和B的文献
逻辑"非"	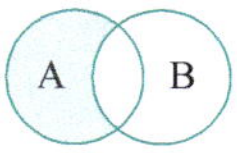 A B	NOT	A not B，表示检索包含检索词A但不包含检索词B的文献

图2-20 布尔逻辑检索

1）三种运算符可同时在一个检索式中使用，构成复合逻辑检索式，也可单独使用。

2）逻辑算符优先级为：NOT>AND>OR（不同的数据库运算优先次序可能不同）。

3）优先运算用()表示，如（无人机 OR 无人驾驶飞机）AND 关键技术，则无人机或者无人驾驶飞机被优先列出。

也可以通过丰富的检索字段、文档格式、来源、学科等多种条件进行限制，如图2-21所示。

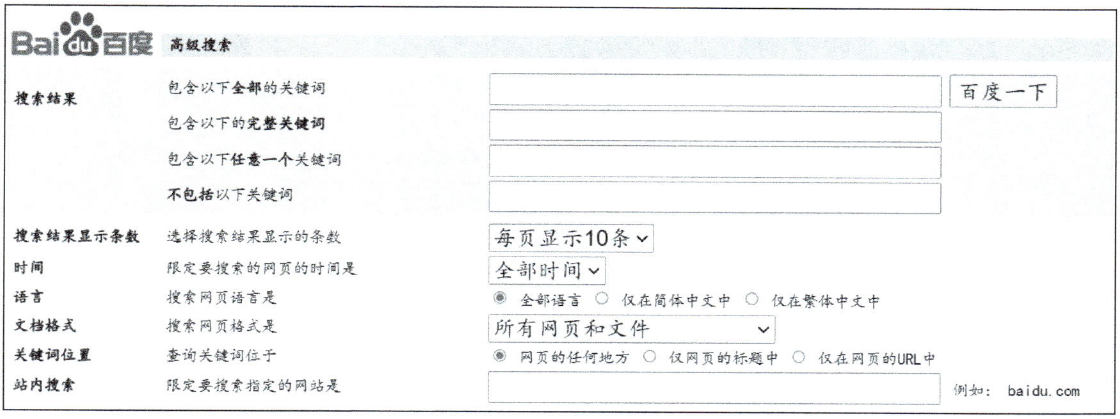

图2-21 百度高级检索

（2）精确检索

精确检索是使用双引号（""）将检索用的词组、短语、句子引起来，检索词不被拆分，以准确找到完全匹配的信息。在一些专业数据库中，也可以使用"精确匹配"功能来实现精确检索。

【例 2-1】需要检索"huawei"相关信息，如图 2-22 所示精确定位华为信息。

图 2-22　精确检索的结果

（3）使用文件类型限定符

如果只希望搜索特定文件类型的信息，如 PDF 或 PPT，可以采用"filetype：限定符"的形式检索。

【例 2-2】需要获取跟信息安全相关的 PPT 课件，可输入"信息安全 filetype：ppt"或者简化形式"信息安全：ppt"进行检索。结果如图 2-23 所示，关于信息安全的 PPT 文件类型的网页将被检索出来。

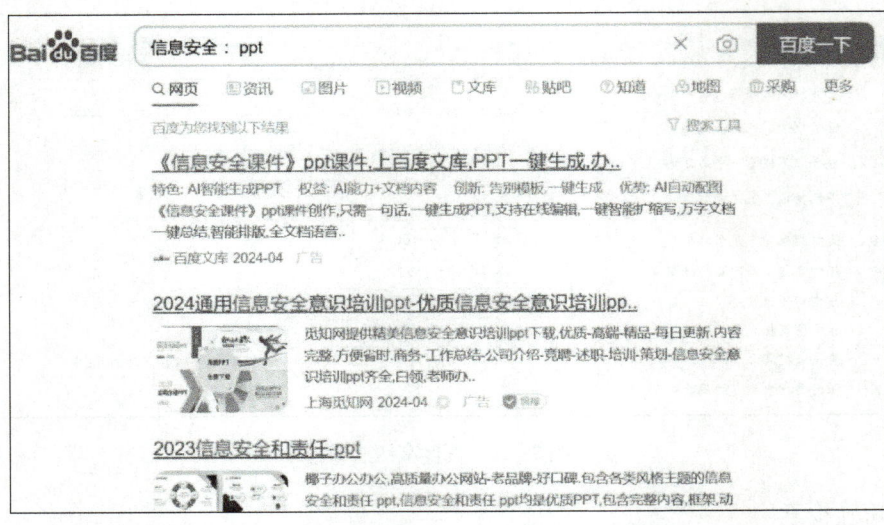

图 2-23　使用文件类型限定符的检索结果

(4) 截词检索

截词检索是指利用某个单词的词干部分或局部进行检索,即在检索词中保留相同的部分,用截词符号代替可变化的部分。使用该方法可以防止漏检,提高查全率。其主要用于西文检索。

- 截词符:不同检索系统使用的截词符不同,通常有 *、?、#、$ 等。
- 截词分类:根据截词符在检索词中的位置可分为前截词、中间截词和后截词,具体见表 2-6。

表 2-6 截词分类

分 类	截词符的位置	示 例
前截词	检索词的开头	"*ology",可检索出 biology、geology 等词尾相同的词
中间截词	检索词的中间	"wom?n",可检索出 woman、women 等首尾相同的词
后截词	检索词的结尾	"comput*",可检索出 computer、computers、computing 等词头相同的词

【例 2-3】当只知道小部分需要检索的内容时,可使用截词检索。例如输入 "*io?g*",检索结果如图 2-24 所示。搜索引擎会将最匹配检索词的结果列举出来,在没有完全匹配的网页时,搜索引擎会根据"经验"(网页排名),"猜想"(算法)用户想要检索的内容。

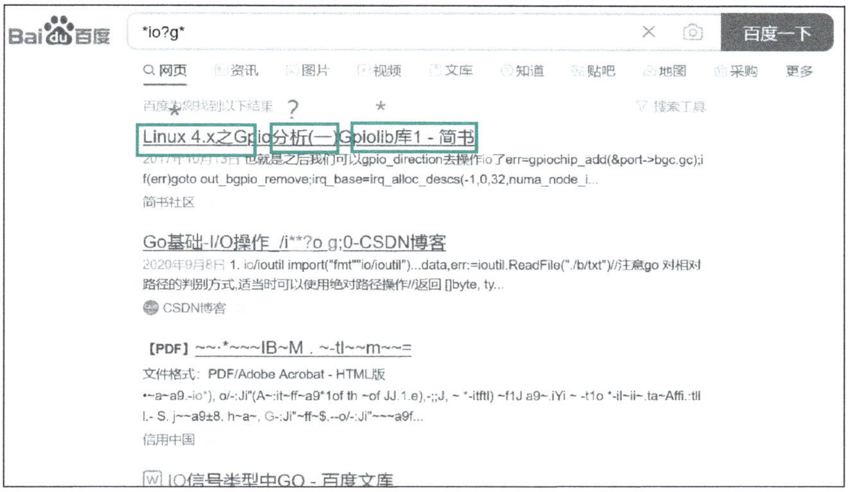

图 2-24 使用截词检索的检索结果

(5) 命令检索

1) "site:[域]":返回与特定域相关的检索结果。

【例 2-4】输入命令 "site:csdn.net test",在 csdn.net 域中查找含有 test 的内容。检索结果如图 2-25 所示。

2) "link:[Web 页面]":查找与 Web 页面相链接的站点。此方法可能泄露目标站点业务关系。

【例 2-5】输入命令 "link:www.csdn.net",查看和 www.csdn.net 相链接的所有站点。检索结果如图 2-26 所示。

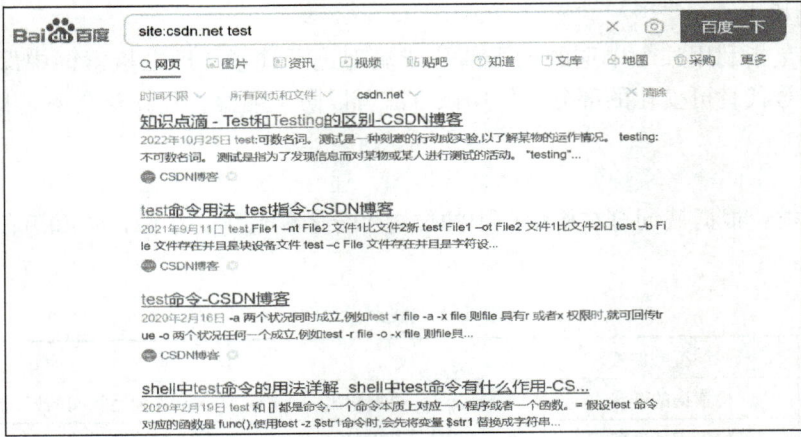

图 2-25　使用命令"site：csdn.net test"的检索结果

图 2-26　使用命令"link：www.csdn.net"的检索结果

3）"intitle：[条件]"：用于检索标题中含有特定文本的页面。

【例 2-6】输入命令"site：www.csdn.net intitle:"index of""，可查看 www.csdn.net 站点中是否有通过 Web 服务器获得的索引目录。检索结果如图 2-27 所示。

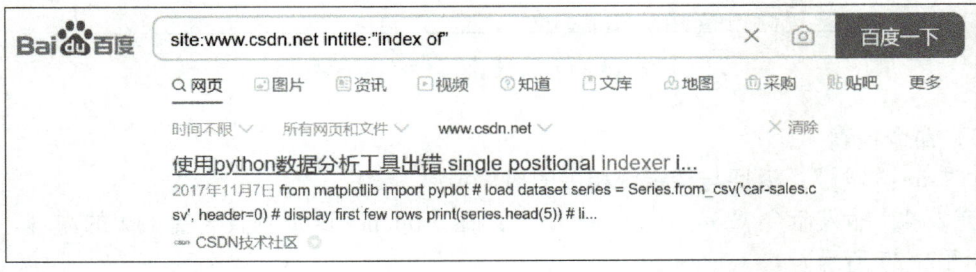

图 2-27　使用命令"site：www.csdn.net intitle:"index of""的检索结果

4）"related：[站点]"：显示与特定的检索页面类似的 Web 页面。

【例 2-7】输入命令"related：www.csdn.net"，检索结果如图 2-28 所示。

模块 1 Internet 应用

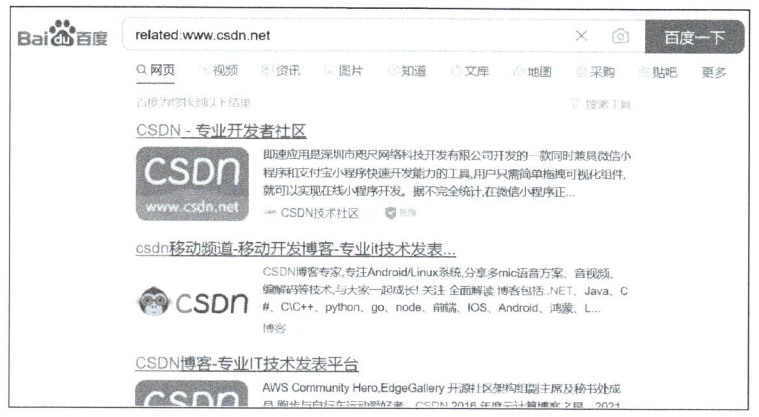

图 2-28　使用命令"related:www.csdn.net"的检索结果

5)"cache:[页面]":显示来自于百度快照的页面。对于查找最近被移出或当前不可用的页面时,此命令非常有用。

【例 2-8】输入命令"cache:www.csdn.net",查找 www.csdn.net 中最近被百度抓取的页面。检索结果如图 2-29 所示。

图 2-29　cache:www.csdn.net 的检索结果

2.3.4　信息检索安全防范

在信息检索过程中,可能会面临一些安全问题,特别是在使用网络检索工具时,一些威胁可能导致信息泄露、数据损坏或系统崩溃等严重后果。例如,在使用搜索引擎或在线检索工具检索时,输入的搜索内容可能被记录下来,从而泄露某些个人信息(如兴趣爱好、偏好习惯等)。黑客可以利用手段对个体进行信息收集进而建立个体社工库,针对个体进行钓鱼攻击或其他形式的网络攻击。

在检索时可以采取以下几种措施来保护个人隐私。

(1) 使用隐私模式或无痕模式

浏览器通常提供隐私模式或无痕模式,可以在浏览网页时不保留历史记录、Cookie 等个人信息,从而保护隐私。

（2）辨别虚假信息

搜索结果中可能存在虚假或不准确信息误导用户，导致用户做出错误的决策或采取不恰当的行动而泄露个人信息。

（3）不登录账号

如果不需要登录账号进行搜索，最好避免登录，以减少个人信息被跟踪的风险。

（4）谨慎使用个性化推荐功能

搜索引擎可能会根据个人搜索历史提供个性化的搜索结果或广告推荐，应选择关闭这些个性化推荐功能，以减少个人信息泄露的可能。

（5）不点恶意链接

搜索结果中可能存在一些恶意链接（如伪造的钓鱼网站），单击这些链接可能会导致隐私泄露、计算机感染病毒或被植入恶意软件等。

（6）使用加密搜索引擎

考虑使用一些专注于隐私保护的加密搜索引擎，如 DuckDuckGo、Startpage 等，它们不会追踪用户搜索记录或个人信息。

【实施评价】

接入 Internet 有利于提高工作效率、了解新技术、促进资源共享等。通过本任务的学习，能根据实际情况选择正确的传输介质，采用合适、安全的浏览器进行信息检索，能快速、准确、熟练地获取所需信息，做好网络安全防范，避免数据和个人信息的泄露。

任务实施情况小结见下表。请根据个人实际实施情况进行填写。

表 2-7 任务实施情况小结

序号	知识	技能	态度	重要程度	自我评价	老师评价
1	• 互联网相关术语 • 认识 TCP/IP 通信协议、IP 地址、网络适配器等	○ 根据实际应用情况，选择合适的传输介质 ○ 熟练配置 TCP/IP，顺利接入 Internet，使用畅通的网络	○ 耐心细致 ○ 遵循标准、充分利用现有设备 ○ 有成本意识，着重考虑性价比	★★★		
2	• 了解信息检索常用工具 • 熟悉常用搜索引擎及其特征 • 了解端口与服务的关系	○ 根据所需检索的信息，巧妙设计关键字，使用合适的技巧，快速、准确获取所需的信息 ○ 安全配置浏览器，确保信息安全	坚持就是胜利，不用急于求成。检索达人不是一天练成的，要在实践中不断积累经验、提升检索技巧	★★★★★		
任务实施过程中已经解决的问题及解决方法与过程							
问题描述				解决方法与过程		
1.						
2.						
任务实施过程中未解决的主要问题							

【技能延伸】

技能延伸任务描述：访问网站域名地址，HTTP 服务默认是 80 号端口，如何能够知道应用过程中有没有更改端口号呢？

1. 获取端口号的方式

获取端口号的方式主要有两种，如下图所示。这里主要介绍如何使用系统内部命令查看端口信息。

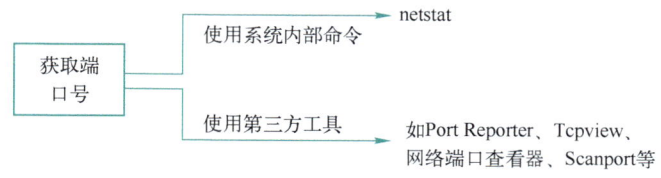

图　获取端口号的方式

2. 获取端口号

（1）netstat -a

使用"netstat -a"命令可查看本地系统开放的端口，如下图所示。使用该命令还可检查系统上有没有被安装木马。如果在机器上运行 netstat 命令时发现了诸如 Port 12345（TCP）NetBus、Port 31337（UDP）Back Orifice 之类的信息，则很有可能感染了木马。

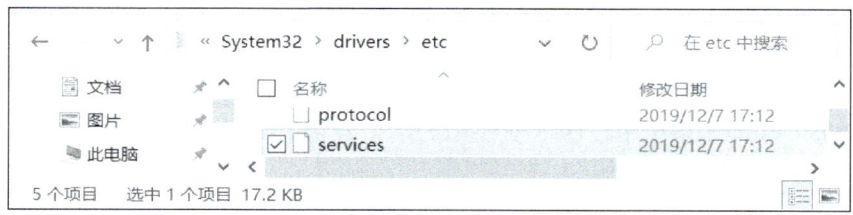

图　运行"netstat -a"命令

（2）查看系统文件

Windows 系统将一些常用端口与服务记录在 C：\WINDOWS\System32\drivers\etc\services 文件中，查看该文件则可了解常用端口的分配情况。

步骤 1：查看 services 文件，如下图所示。

图　查看 services 文件

步骤 2：选中该文件并右击，采用记事本形式打开。services 文件内容如下图所示，可看到常用服务对应的端口号。

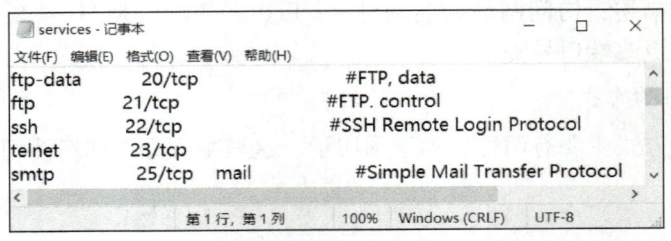

图　services 文件内容

【练习与思考】

一、选择题

1. 单模光纤的光源是（　　）。
   A．激光　　　　　B．发光二极管　　　　C．LED 灯　　　　D．以上都不对
2. 支持安全 Web 服务的协议是（　　）。
   A．HTTPS　　　　B．WINS　　　　　　C．SOAP　　　　　D．HTTP
3. 安全电子邮件使用（　　）协议。
   A．PGP　　　　　B．HTTPS　　　　　　C．MIME　　　　　D．DES
4. 以下关于钓鱼网站的说法中，错误的是（　　）。
   A．钓鱼网站仿冒真实网站的 URL 地址　　B．钓鱼网站是一种网络游戏
   C．钓鱼网站用于窃取访问者的机密信息　　D．钓鱼网站可以通过 Email 传播网址
5. 下列关于 HTTP 和 HTTPS 的说法中错误的是（　　）。（2023 年下半年网络工程师考试真题）
   A．HTTPS 的响应速度比 HTTP 更快　　　B．HTTPS 需要 SSL 证书
   C．HTTP 是明文传输　　　　　　　　　　D．两者都属于 TCP 连接
6. 在双绞线中，STP 和 UTP 分别代表（　　）。
   A．非屏蔽双绞线和屏蔽双绞线　　　　　　B．铠装线缆和非铠装线缆
   C．屏蔽双绞线和非屏蔽双绞线　　　　　　D．三类线和五类线

二、判断题（在正确项后打√，错误项后打×）

1. 单模光纤一定比多模光纤传输得快。（　　）
2. 相同设备用交叉线，不同设备用直通线。（　　）
3. 现在的网络传输只有光纤没有双绞线。（　　）
4. 仅有两台机器，不论用何种技术使其彼此通信，也叫互联网。（　　）
5. 在 Windows 操作系统中，DNS 所使用的端口号是 35。（　　）

三、思考题

1. 常见的有线传输介质有哪些？
2. 单模光纤和多模光纤的区别是什么？

3. 说明 URL 地址 "https://127.0.0.1:8080/content/index.shtml" 各部分的含义。
4. 怎样辨别双绞线质量的好坏？
5. 某公司各部门的网络连接结构如下图所示。网络中心机房设在公司总部大楼内；数据中心由于业务需求，要求千兆到桌面，同时要求数据中心汇聚交换机到核心交换机以千兆链路聚合；人力资源采用 PoE 部署无线网络。

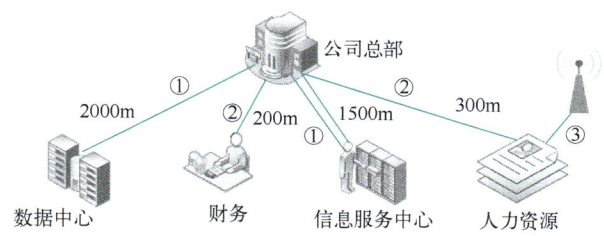

图　某公司各部门的网络连接结构

（1）图示中的①②③标识的传输介质分别要选用下列哪种？（不能重复选择。）
① 单模光纤　② 多模光纤　③ 六类双绞线　同轴电缆
（2）应至少选用单模光纤（　　）根，多模光纤（　　）根。

模块 2　双机互连网络

本模块主要解决大容量数据迁移的困扰，即在不增加成本的前提下，通过网络来传输文件、共享信息资源，提供方便、快捷的解决方案。

【教学导航】

知识目标	1. 了解计算机网络的发展、功能与组成 2. 了解 OSI、TCP/IP、局域网参考模型的层次结构 3. 知道网络适配器设备，了解网卡的作用 4. 熟悉 IP 地址的分类、格式、表示方法 5. 掌握 ANSI/EIA/TIA-568 标准
技能目标	1. 在规定时间内，能按照标准熟练制作符合要求的双机互连线缆，会正确选择合适的工具测试连通性，能排除故障 2. 学会区分不同类别的 IP 地址，根据需求规划出合乎要求的网络地址 3. 根据网络结构做好 IP 地址规划，熟练掌握 TCP/IP 及网络配置，并能判断安装是否正确、协议配置是否正常，并能在特殊情况下（无测试工具）测试网络的连通性 4. 会根据实际情况，选择合适的工具分析参考模型的应用，并做出合理的判断 5. 会辨别水晶头和双绞线质量的好坏，能根据成本、性能要求选择合适的材料
素养目标	1. 有强烈的安全意识和责任心，能保障资源共享安全；培养质量意识，任务完成后进行检测，确认达到任务目标 2. 有成本意识，充分利用已有资源，提高利用率；将水晶头使用个数作为检测指标，尽量不浪费材料，节约成本；能辨别材料的好坏，在满足性能的前提下选择物美价廉的材料 3. "会、熟、快、美"逐级递进训练，快速、正确地选择合适的工具（压线钳、剥线钳、打线钳等），在规定时间内制作出规范、美观、通信顺畅的网线；制作完成后有序归还工具，整理工作台 4. 按标准、规范操作，没有规矩不成方圆。遵循网线制作标准（ANSI/EIA/TIA-568）和通信协议（TCP/IP）

【背景描述】

近期因为更新办公用的笔记本计算机，很多同事都为数据迁移而苦恼，有的说要购买大容量移动硬盘，有的说需要云存储，这些办法无一例外的都需要增加成本。此外，将旧计算机中的数据移到移动硬盘或其他存储介质，再将第三方存储介质中的数据移到新计算机中，需要双倍的时间来完成数据迁移，不是很方便。

可不可以在不增加成本、无人值守的前提下，将旧计算机中的数据直接迁移到新计算机中呢？

【项目描述】

计算机硬件更新后，最重要的就是数据迁移，这一过程中一不小心可能就会造成数据丢失，导致严重的后果。为了保证数据安全、快捷地迁移，可将两台计算机连接成一个简单网络进行数据传输，主要任务如下。

1. **网络连接与测试**

1）将两台计算机通过传输介质连接成一个网络。

2）测试网络的连通性,确认该网络环境可以实现可靠的数据传输。

2. **资源共享与安全**

在该网络环境下安全、可靠地传输数据。

【项目实施】

任务 3　网络连接与测试

3.1　环境准备

本任务的环境按小组分配,每小组需要准备的工具如下。

1. **硬件资源**

2 台笔记本计算机(安装了网卡和操作系统)、1 把压线钳、1 把剥线钳、每人 2 个水晶头、每组 1 个网络测试仪。

2. **软件资源**

ANSI/EIA/TIA 568A 标准和 ANSI/EIA/TIA 568B 标准、虚拟机软件等。

3.2　知识链接

3.2.1　计算机网络的发展历程

计算机网络的发展受到数据通信与网络技术发展的影响,大致经历了 4 个阶段,具体如图 3-1 所示。

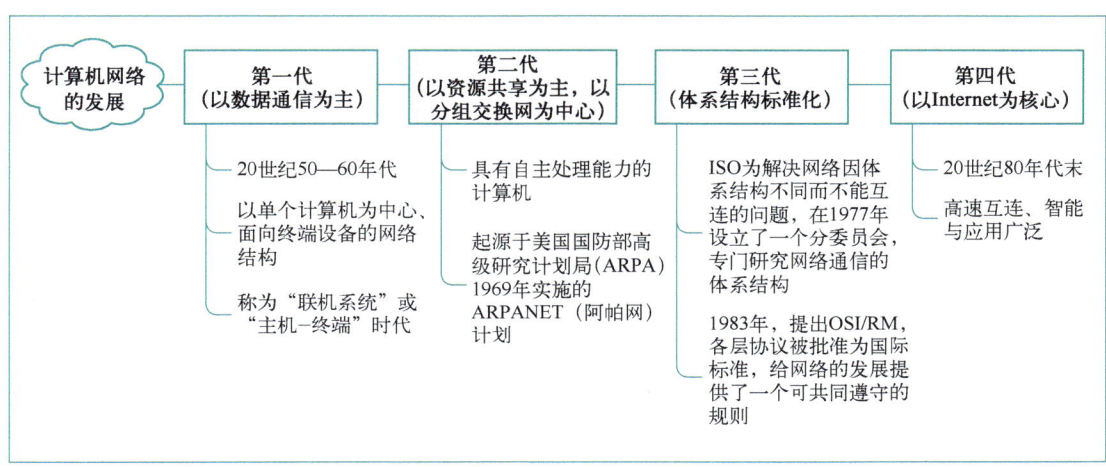

图 3-1　计算机网络的发展节点

1. 第一代计算机网络——以数据通信为主

第一代计算机网络处于 20 世纪 50—60 年代，是计算机发展的早期。1954 年，美国军方的半自动地面防空系统将远距离的雷达和测控仪器所探测到的信息，通过通信线路汇集到某个基地的一台计算机上进行集中的信息处理，再将处理好的数据通过通信线路送到各个终端设备。

这种以单个计算机为中心、面向终端设备的网络结构就是计算机网络的雏形。从严格意义来说，这只是一种联机系统，也称为主机-终端时代。

2. 第二代计算机网络——以资源共享为主，以分组交换网为中心

第二代计算机网络起源于美国国防部高级研究计划局（ARPA）于 1969 年开始实施的 ARPANET（阿帕网）计划。ARPANET 是一个将多个主机通过通信线路互连起来，为用户提供服务的分布式系统。在第二代计算机网络中，通信双方都是具有自主处理能力的计算机，而不是终端机。

3. 第三代计算机网络——体系结构标准化

第三代计算机网络于 1983 年开始，是体系结构标准化的网络。国际标准化组织（ISO）为解决网络因体系结构不同而不能互连的问题，于 1977 年设立了一个分委员会，专门研究网络通信的体系结构。1983 年，该分委员会提出了开放系统互连参考模型（OSI/RM），其中各层使用的协议被批准为国际标准，给网络的发展提供了一个可共同遵守的规则，从此计算机网络的发展走上了标准化的道路。

4. 第四代计算机网络——以 Internet 为核心

从 20 世纪 80 年代末开始至今属于第四代计算机网络。此阶段 Internet 迅猛发展，将分散在世界各地的计算机和各种网络连接起来，形成了覆盖世界的大网络，让世界进入了以 Internet 为核心的信息时代，出现了以高速互连、智能与应用广泛为特点的网络。

3.2.2 计算机网络的功能

计算机网络的功能

计算机网络的主要功能如下。

1. 信息交换

信息交换是计算机网络最基本的功能，实现计算机网络中各个节点之间的系统通信。用户可以在网上传送电子邮件、发布新闻消息、进行电子购物、电子贸易、远程电子教育等。计算机网络快速传送计算机与终端、计算机与计算机之间的各种信息，包括文字信件、新闻消息、咨询信息、图片资料、报纸版面等。

2. 资源共享

这里的"资源"指的是网络中所有的软件、硬件和数据。"共享"指的是网络中的用户能够部分或全部地使用这些资源。

硬件资源的共享可以提高设备的利用率，避免设备的重复投资，如利用计算机网络建立网络打印机。软件资源和数据资源的共享可以充分利用已有的信息资源，减少软件开发过程中的劳动，避免大型数据库的重复设置。

3. 分布式处理

分布式处理是指当计算机网络中的某台计算机系统负荷过重时,将其处理的任务传送到网络中的其他计算机系统中,以提高整个系统的利用率。对于大型的综合性科学计算和信息处理,通过适当的算法,将任务分散到网络中不同的计算机系统上进行分布式处理,可提高处理问题的实时性。例如通过国际互联网中的计算机分析地球以外空间的声音等。

3.2.3 相关标准化组织

在综合布线方面,国际上比较有影响力的组织见表3-1。

表 3-1 综合布线方面的国际组织

序号	组 织 名 称	英 文 全 称	简写
1	美国国家标准研究所	American National Standards Institute	ANSI
2	美国电信工业协会	Telecommunication Industry Association	TIA
3	电子工业协会	Electronic Industries Alliance	EIA

在北美乃至全球,双绞线标准中应用最广的是 ANSI/TIA/EIA-568A 和 ANSI/EIA/TIA-568B(实际上应为 ANSI/EIA/TIA-568B.1,简称为 T568B)。

3.3 任务实施

本任务主要需要分析连接两台笔记本计算机需要制作什么标准的网线,硬件连接完成后检查是否能进行数据传送任务实施的。具体流程如图 3-2 所示。

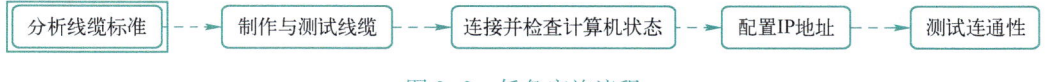

图 3-2 任务实施流程

3.3.1 选择线缆与制作标准

要连接两台计算机,首先需要选择合适的传输介质和相应的标准。

1. 选择线缆

从任务描述中可发现是两台计算机相连,从线缆的成本、获取方便程度、实现的可能性等角度考虑,使用双绞线(Twisted Pair,TP)比较合适。它是综合布线工程中最常用的传输介质,由两根具有绝缘保护层的铜导线组成,按一定密度互相绞合在一起,可有效降低信号干扰程度。

目前常用的双绞线有 CAT5、CAT5e、CAT6A、CAT7 等。各类型双绞线的比较见表3-2。

表 3-2 各类型双绞线的比较

线缆类型	最高频率带宽	最高传输率	使用场合	最大网段长	连接器
五类线(CAT5)	100 MHz	100 Mbit/s	100BASE-T \ 1000BASE-T	100 m	RJ 形式

（续）

线缆类型	最高频率带宽	最高传输率	使用场合	最大网段长	连接器
超五类线（CAT5e）	100 MHz	1000 Mbit/s	性能比五类线高	300 m	超五类水晶头
六类线（CAT6）	1~250 MHz	>1 Gbit/s	千兆位以太网	永久链路的长度不能超过 90 m，信道长度不能超过 100 m	六类水晶头，由内部的分线件和外壳组成
超六类（CAT6a）	500 MHz	10 Gbit/s	10GBASE-T	100 m	超六类水晶头
七类线（CAT7）	600 MHz	10 Gbit/s	万兆位以太网	100 m	TERA、GG45 或 ARJ45 等非 RJ 型接口

不同类型的双绞线的标注方法不同。

1）标准类型：用 CATx 的方式标注，如常用的五类线和六类线，在线的外皮上标注为 CAT5、CAT6。

2）改进版：用 CATxe 的方式标注，如超五类线就标注为 CAT5e（注意字母 e 是小写，而不是大写）。

本任务主要完成近距离数据的可靠、高速传输，周围环境干扰小，因此选用 CAT5 非屏蔽双绞线。

2. 选择制作标准

制作网线通常使用 ANSI/EIA/TIA-568A 标准和 ANSI/EIA/TIA-568B 标准。标准中的双绞线传输信号时只用了 2 对线接收、2 对线发送，按线序排列为 1-3、2-6。在本任务中，两台计算机直连，不通过交换机，因此采用交叉线缆，信号可以直达对方。

交叉线是线缆两端采用不同的标准，即一端采用 568A 标准，另一端采用 568B 标准。本任务中线缆的制作标准与线序排列见表 3-3。

认识网线制作标准

表 3-3 制作标准与线序排列

标准		芯线颜色与序号							
A 机	568A	1	2	3	4	5	6	7	8
		绿白	绿	橙白	蓝	蓝白	橙	棕白	棕
B 机	568B	3	6	1	4	5	2	7	8
		橙白	橙	绿白	蓝	蓝白	绿	棕白	棕

因此，数据传送时 A 机 1 号线数据发送到 B 机的 3 号线，交叉后，B 机 3 号线正好也是 A 机 1 号线，同理，A2 发送到 B6；反过来 B 机对 A 机的收发也就是对应的了。

3.3.2 制作与测试线缆

选择了合适的线缆及制作标准后，就可以开始动手制作了。

1. 制作交叉线

交叉线缆的制作参照模块一中直通线的制作步骤，只是线缆两端需要遵循不同的标准，

制作符合标准的网线

即其中一端的制作与直通线相同,另一端的线序则是 1 和 3 的线序交换,2 和 6 的线序交换,如图 3-3 所示。

2. 测试线缆

使用网络测试仪进行测试,主测试器和远端测试器分别模拟一台计算机,其中一端按 1、2、3、4、5、6、7、8 的顺序闪动绿灯,另一端按 3、6、1、4、5、2、7、8 的顺序闪动绿灯,如图 3-4 所示。

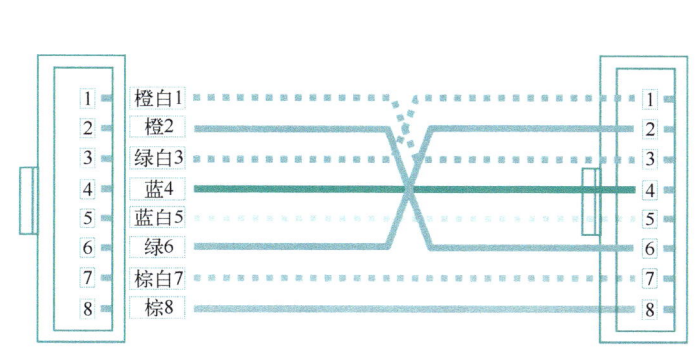

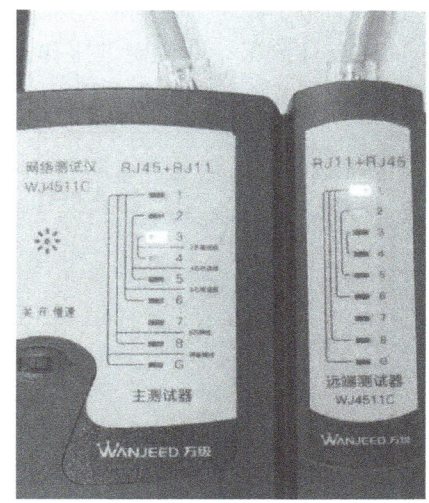

图 3-3　交叉线缆的制作　　　　　　图 3-4　交叉线缆的测试

如果闪灯情况与上述一致则表示网线制作成功,可以进行数据的发送和接收了。如果出现红灯或黄灯,则说明存在接触不良等现象,最好用压线钳重新压紧两端水晶头后再次测试,如果故障依旧存在,就要检查芯线的排列顺序等,如有问题就需要重做。

3.3.3　连接与检查计算机状态

网线制作完成后,用其将两台笔记本计算机连接起来,检测环境是否已准备成功。

1. 连接计算机

将按标准制作好的交叉线两端分别插入两台计算机的网卡接口,与使用网络测试仪相似。连接拓扑结构如图 3-5 所示。

图 3-5　连接拓扑结构

2. 查看设备工作情况

检查计算机中的硬件是否能正常使用,具体步骤如下。

步骤 1：单击"开始"→"设置"按钮，在搜索框中搜索"控制面板"，在打开的"控制面板"中双击"设备管理器"，打开图 3-6 所示的"设备管理器"窗口，其中显示了所有设备的列表。

步骤 2：单击展开各硬件前的"▸"图标，查看其下是否出现 项，有则表示该硬件工作不正常。

步骤 3：选中工作不正常的硬件，右击，弹出图 3-7 所示的快捷菜单，选择"更新驱动程序"命令，则进入更新驱动程序向导，等待更新完成后重新查看该硬件，如果没有了黄色的感叹号标识，则说明其工作正常了。如还未解决问题，则可选择"卸载设备"命令，然后重新安装该硬件的驱动程序来尝试解决这个问题。

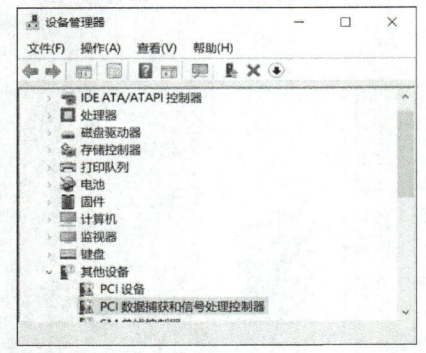

图 3-6 设备管理器

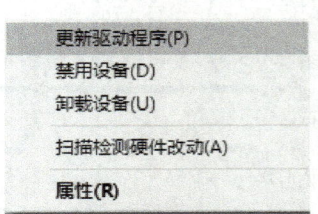

图 3-7 "更新驱动程序"命令

本任务重点查看"网络适配器"的工作情况。

3. 查看协议工作情况

TCP/IP 是被广泛应用的通信协议，没有安装或者安装不正确都不能实现正常通信。因此，首先需要确定是否正确安装了该协议。具体操作请参见任务 1 中的相关内容。

3.3.4 配置 IP 地址

配置 IP 与连通性测试

计算机的物理连接完成后，需要确认是否连接成功，而要确认是否与对方计算机连接成功首先需要知道对方计算机的 IP 地址，就像要给张三打电话需要他的电话号码一样。

1. IP 地址的规划

本任务中是两台计算机直接连接，只需要考虑两台计算机的 IP 地址处于同一网段即可；另外，不需要与 Internet 和其他设备通信，只需选用私有地址。因此，一台计算机配置 IP 地址为 192.168.1.10，另一台计算机的 IP 地址配置为 192.168.1.133。

 两台计算机的 IP 地址要处于同一网段。

2. 配置 IP 地址

配置 IP 地址有手工配置和自动配置两种方式，本任务中主要采用手工配置方式。具体配置方法如下。

- IP 地址：一台计算机的 IP 地址为 192.168.1.10，另一台的为 192.168.1.133。此时需要注意两台计算机的 IP 地址要保持在同一个网段，不重复即可。
- 子网掩码：局域网同一网段中的所有计算机的子网掩码都要保持一致。本任务中规划的地址为标准 C 类网络内部地址，所以此处两台计算机的子网掩码均设置为 255.255.255.0。

按照图 1-20 和图 1-21 对应的操作打开图 3-8 所示的"Internet 协议版本 4（TCP/IPv4）属性"对话框，配置 IP 地址和子网掩码，单击"确定"按钮，配置完成。本任务中其他项可不设置。

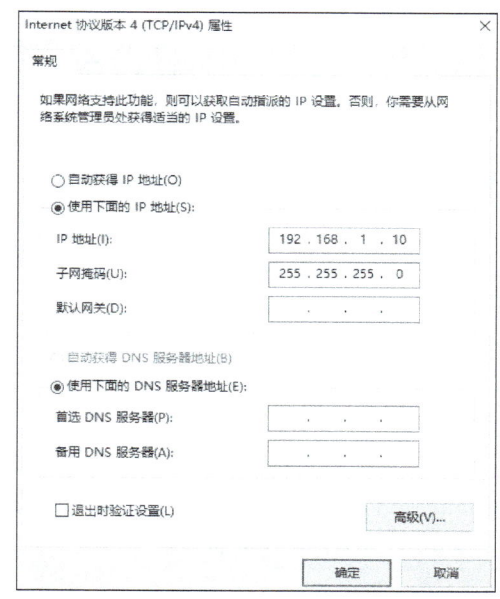

图 3-8　"Internet 协议版本 4（TCP/IPv4）属性"对话框

3.3.5　测试连通性

选择任意一台计算机，在命令提示符下输入"ipconfig/all"命令，查看自身的 IP 地址（192.168.1.10 或 192.168.1.133），然后通过 ping 命令来测试两者的连通性。具体操作步骤如下。

步骤 1：在 192.168.1.10 的计算机上依次单击"开始"→"运行"命令打开"运行"对话框，输入"cmd"按<Enter>键进入命令提示符界面，输入"ping 192.168.1.133"命令，按<Enter>键查看结果。

如果结果显示如图 3-9 所示，则表明连通成功；如果出现"Request timed out."，则表示网络不通，需要进一步检查。

图 3-9　连通性测试

步骤 2：在 192.168.1.133 的计算机上执行相同的操作，输入"ping 192.168.1.10"命令，然后按<Enter>键查看结果。

双方测试完成都能连通就说明双机互连成功，可以通信了。

　说明：也可以直接在"运行"对话框中输入"ping 被测试计算机的计算机名"，单击"确定"按钮后，会出现与上面相同的结果。

任务 4　资源共享与安全

4.1　环境准备

本任务实施环境按小组准备,每小组需要准备的工具如下。

1. 硬件准备

每人一台计算机(安装好操作系统)。

2. 软件准备

1)在真实机(192.168.0.253)上安装 1 台虚拟机(192.168.0.40),操作系统可根据自身的熟悉程度选择。真实机为客户机,虚拟机上安装 Wireshark 工具软件。

2)准备 Wireshark 软件。

为了能搭建一个理想的实验环境,建议不要在主机的物理系统中运行或安装额外的工具,把所有测试要用到的工具和应用程序都安装到虚拟机中可以降低实验对主机系统的影响。

3. 配置

本任务的网络拓扑结构如图 4-1 所示。

图 4-1　网络拓扑结构

在环境准备过程中,要测试真实机到虚拟机、虚拟机到真实机的双向连通性。如果出现在虚拟机上可以 ping 通真实机,而在真实机上测试却发现 ping 不通虚拟机的情况,需要做如下几种尝试。

尝试 1:查看虚拟机地址和真实机地址是不是相同的,如果虚拟机是静态地址,而真实机是自动获取的,则将虚拟机的静态地址改成自动获取,重新测试。

尝试 2:查看虚拟机的防火墙是否启用,如果启用了则将其关闭。重新测试,当虚拟机开启防火墙时,真实机不能 ping 通虚拟机,关闭虚拟机防火墙则可以 ping 通。当防火墙再次启用时,真实机依然不能 ping 通虚拟机。

4.2 知识链接

4.2.1 OSI 参考模型

在 20 世纪 70 年代,各大计算机生产商的产品都拥有自己的网络通信协议,导致不同厂家生产的计算机系统难以连接。为了实现不同厂商生产的计算机系统之间及不同网络之间的数据通信,国际标准化组织(ISO)制定了 OSI/RM(开放系统互连/参考模型)。

OSI 参考模型的结构层次如图 4-2 所示。

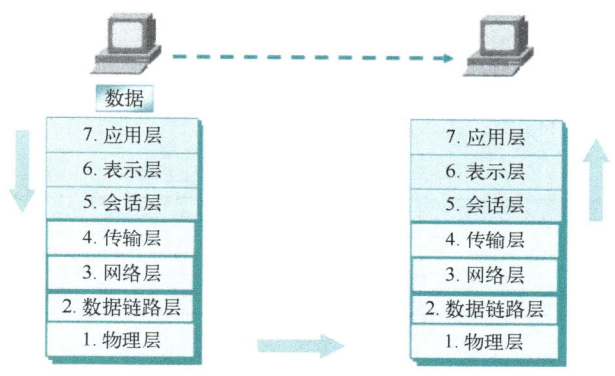

图 4-2 OSI 参考模型

4.2.2 TCP/IP 参考模型

在计算机网络领域,还有另外一套网络体系结构,即传输控制协议/网际协议(TCP/IP)。TCP/IP 的层级结构和各级使用的协议见表 4-1。

表 4-1 TCP/IP 参考模型的层级结构与协议

序 号	层 级	协 议
1	网络接口层	网络接口
2	网际层	IP、ICMP、ARP、RARP、IGMP
3	传输层	TCP、UDP
4	应用层	DHCP、DNS、FTP、SNMP、SMTP、POP3 等

4.2.3 局域网参考模型

IEEE 802 标准描述的局域网参考模型,只对应 OSI 参考模型的数据链路层与物理层,见表 4-2。它将数据链路层划分为逻辑链路控制(Logical Link Control,LLC)子层与媒体访问控制(Media Access Control,MAC)子层。

表 4-2 局域网参考模型的层级

序号	OSI 参考模型层级	IEEE 802 局域网参考模型层级
1	物理层	物理层
2	数据链路层	介质访问控制（MAC）子层
		逻辑链路控制（LLC）子层
3	网络层	
4	传输层	
5	会话层	
6	表示层	
7	应用层	

4.2.4 相关标准化组织

本任务中主要涉及的标准化组织见表 4-3。

表 4-3 本任务相关的标准化组织

序号	组 织 名 称	英 文 全 称	简写
1	电气电子工程师学会	Institute of Electrical and Electronics Engineers	IEEE
2	国际标准化组织	International Standards Organization	ISO

1980 年 2 月成立 IEEE 802 委员会，专门从事局域网标准化工作，该委员会制定了一系列局域网标准，称为 IEEE 802 标准。

4.2.5 Wireshark 软件

Wireshark 软件

Wireshark 的功能是捕捉网络数据包，并尽可能显示详细的数据包内容，是目前使用较广泛的网络封包分析软件之一。它使用 WinPCAP 作为接口，直接与网卡进行数据报文的交换。

Wireshark 是开源的、使用与开发维护人数较多，深受广大协议分析爱好者、网络运维工程师及科研人员的青睐，支持如 Windows、macOS 及基于 Linux 的主流操作系统。Wireshark 由 Gerald Combs 于 1998 年因学校项目需求而开发，早期的名称为 Ethereal。

使用的语法格式要求如表 4-4 所示。

表 4-4 语法格式

语法格式	Protocol	Direction	Host(s)	value	Logical operations	Other expression
实例	ether, fddi, ip, arp, rarp, tcp, udp	Src\dst	net, port, host, port range	192.168.0.25	not, and, or	tcp dst port 3128 显示目的 TCP 端口为 3128 的封包
注意	如果没有特别指明是什么协议，则默认使用所有支持的协议	没有指明则过滤器会同时考虑数据包的源和目的信息	如果没有指定此值，则默认使用 host 关键字	具体地址、端口或范围	1）not 具有最高优先级 2）or 和 and 具有相同的优先级，运算时从左至右进行	port 后跟端口号，port range 后跟端口号

4.3 任务实施

4.3.1 应用 TCP/IP 参考模型

通过前面的分析可发现,目前通信中使用得多是 TCP/IP。数据包与 TCP/IP 参考模型存在什么样的对应关系可通过抓包来进行分析。

1. 使用 Wireshark 软件抓包

步骤 1:在安装有 Wireshark 的虚拟机上找到 Wireshark 的快捷启动方式,双击它,打开图 4-3 所示的"The Wireshark Network Analyzer"窗口。

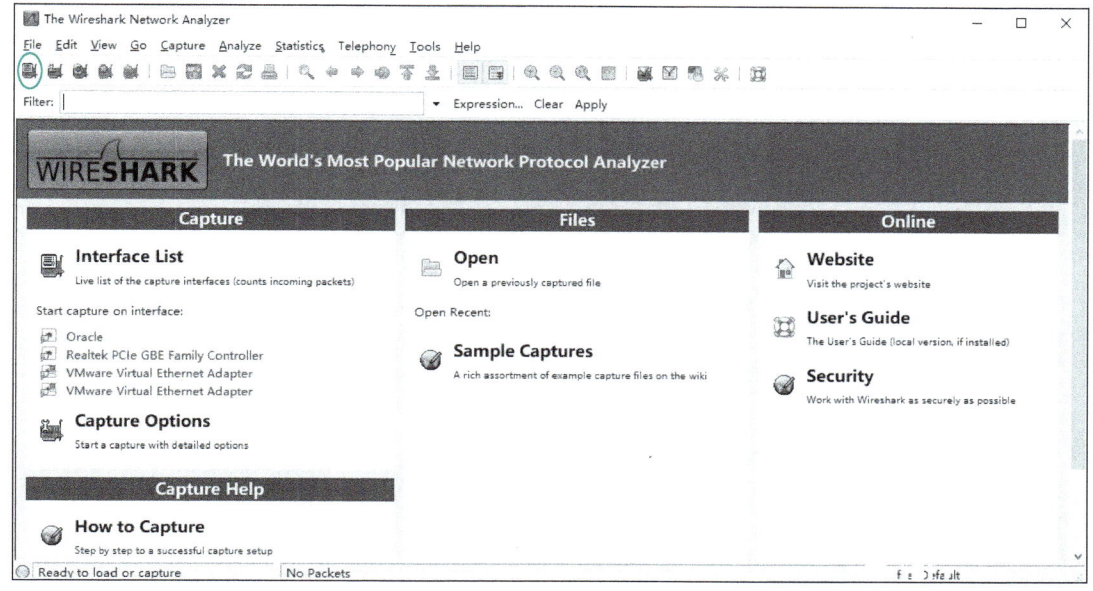

图 4-3 "The Wireshark Network Analyzer"窗口

步骤 2:在菜单栏上选择"Capture"→"网络接口"命令,打开图 4-4 所示的"Wireshark:Capture Interfaces"窗口。注意:抓包成功后,立即停止抓包,如果一直运行会导致主机运行效率下降。

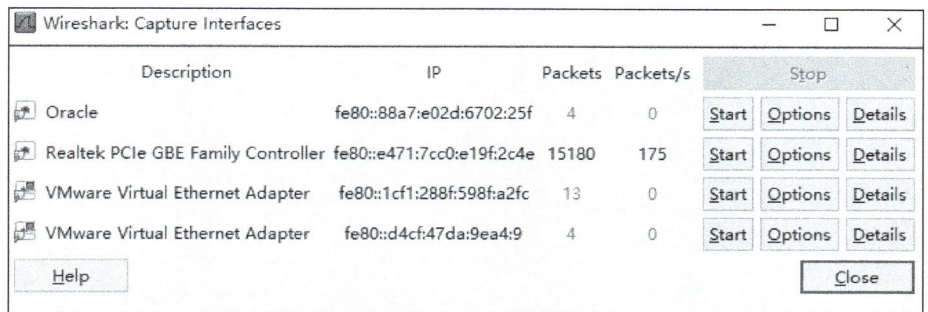

图 4-4 "Wireshark:Capture Interfaces"窗口

步骤 3：在该窗口中选择传送抓包数据的网卡，单击"Options"（选项）按钮，打开图 4-5 所示的"Wireshark：Capture Options"窗口。

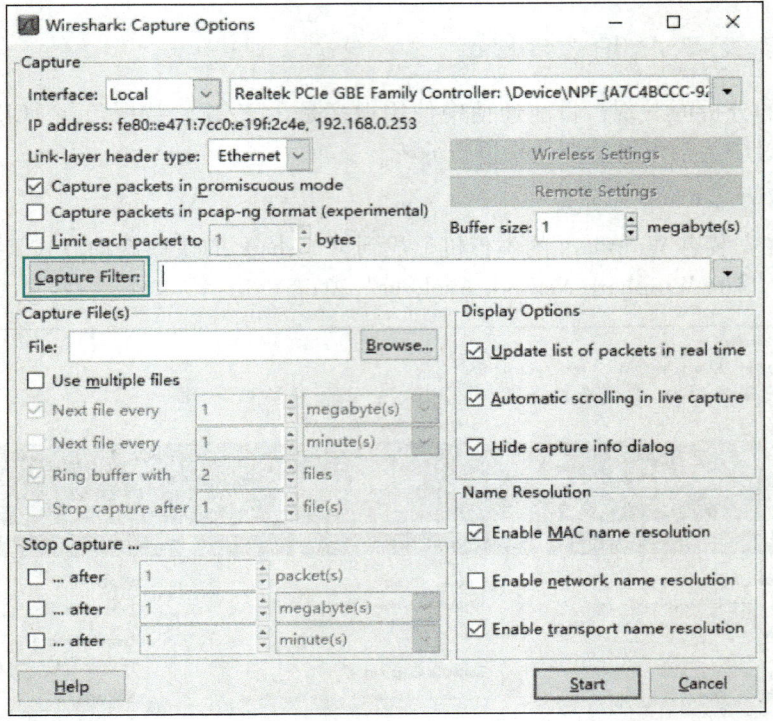

图 4-5 "Wireshark：Capture Options"窗口

步骤 4：单击"Capture Filter："按钮，打开图 4-6 所示的"Wireshark：Capture Filter - Profile：Default"窗口。

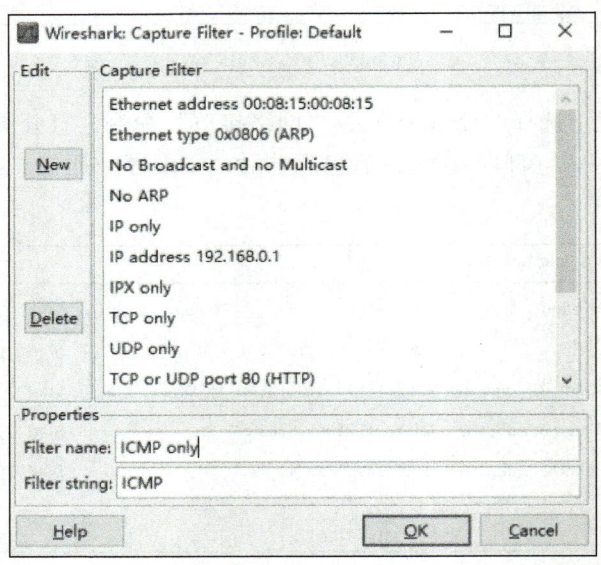

图 4-6 "Wireshark：Capture Filter-Profile：Default"窗口

在现有项目中找不到 ICMP 规则，单击左侧的"New"按钮，在弹出的对话框中输入"Filter name:"和"Filter string"。这里需要注意过滤字符串的规则，如在此任务中填写大写的 ICMP 则不符合要求，规则不会自动添加，填写 icmp 才能满足要求。单击"OK"按钮后会在"Capture Filter:"后自动显示 icmp，如图 4-7 所示。

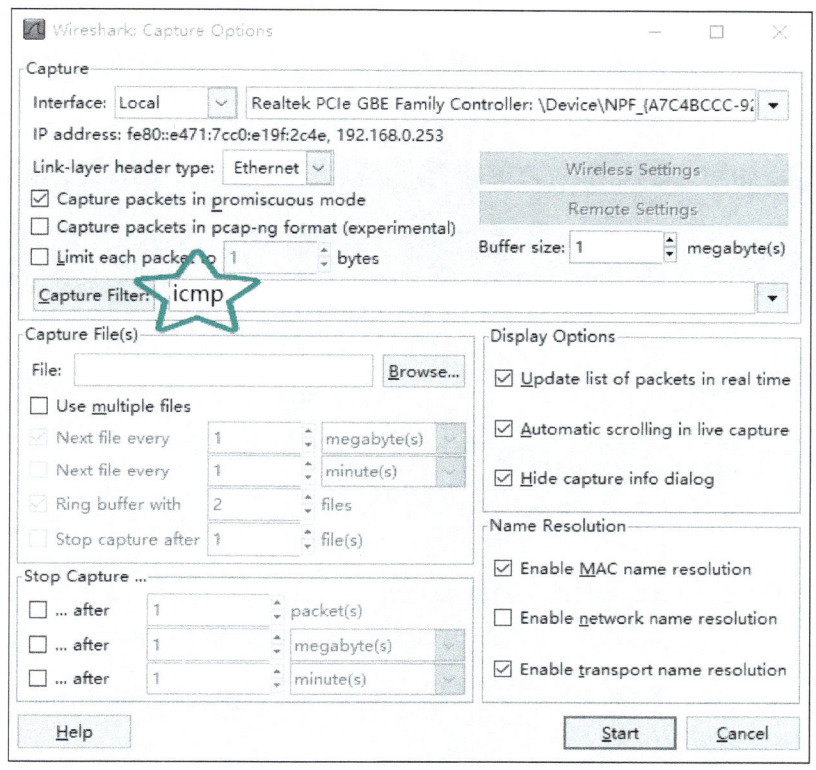

图 4-7　添加了 ICMP 规则

步骤 5：单击"Start"按钮，即可开始抓包了。

2. 构造 ICMP 包

在物理机上按<Win+R>组合键，在打开的"运行"文本框中输入"cmd"，单击"确定"按钮，打开图 4-8 所示的命令提示符窗口，在命令提示符下输入"ping 虚拟机 IP 地址"命令，按<Enter>键后执行 ping 操作。

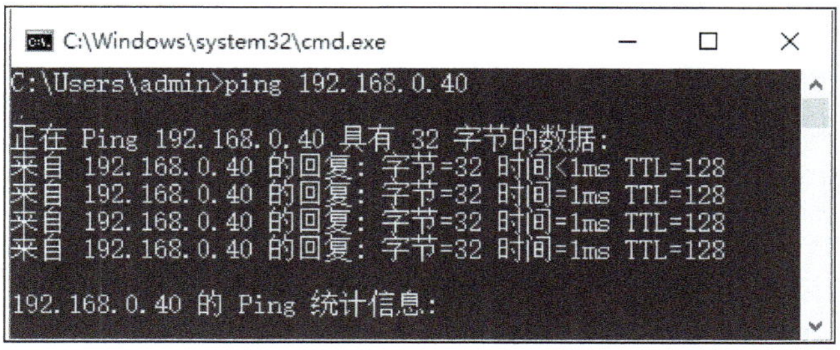

图 4-8　执行 ping 操作

3. 分析抓取的包

在虚拟机的 Wireshark 软件中，选择"Capture"→"Stop"命令，停止捕获。分析数据包包括 3 个步骤：选择数据包、分析协议、分析数据包内容。

步骤 1：在图 4-9 所示的窗口中选择数据包。

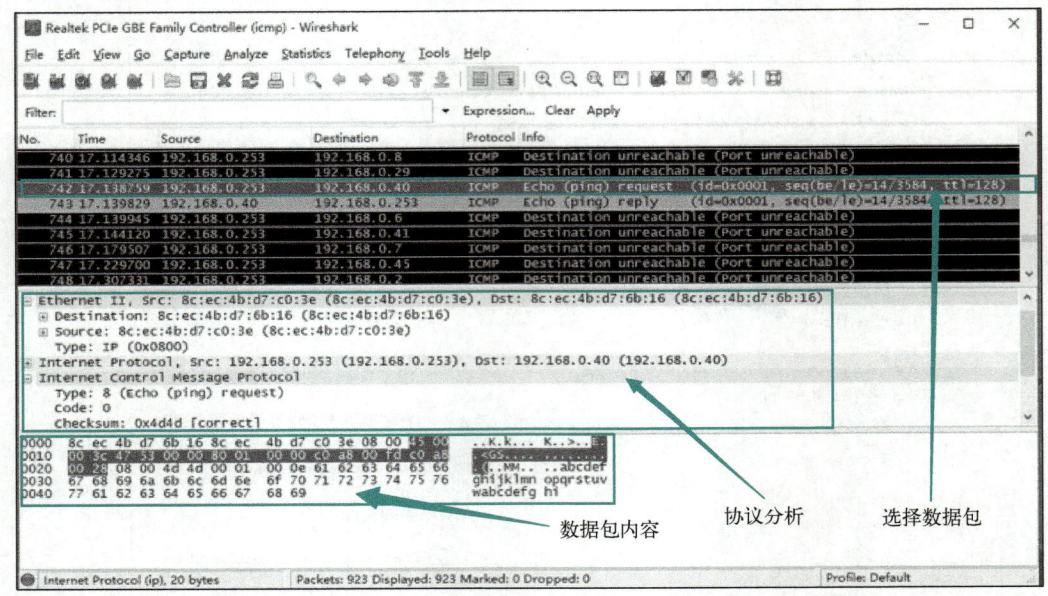

图 4-9 "Realtek PCIe GBE Family Controller(icmp)-Wireshark"窗口

步骤 2：分析协议。单击"Ethernet Ⅱ 帧"前的"+"按钮将其展开，可查看到源、目标物理地址、协议类型等信息。

在图 4-9 中，在"协议分析"窗格中可直接获取的信息是帧头、IP 包、TCP 头和应用层协议中的内容，如 MAC 地址、IP 地址、端口号等，可以了解数据包的结构，以及对应 TCP/IP 参考模型的层次情况。

步骤 3：分析数据包内容。前面在执行 ping 操作时抓取的包，嗅探获得的 ICMP 请求报文如图 4-10 所示。

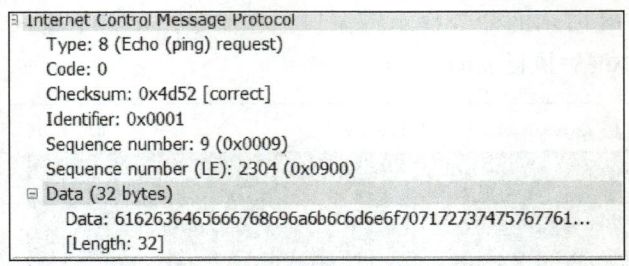

图 4-10 ICMP 请求报文

嗅探获得的 ICMP 应答报文如图 4-11 所示。

分析两报文可得表 4-5 所列结果。

```
Internet Control Message Protocol
    Type: 0 (Echo (ping) reply)
    Code: 0
    Checksum: 0x5552 [correct]
    Identifier: 0x0001
    Sequence number: 9 (0x0009)
    Sequence number (LE): 2304 (0x0900)
  Data (32 bytes)
      Data: 6162636465666768696a6b6c6d6e6f7071727374757677761...
      [Length: 32]
```

图 4-11 ICMP 应答报文

表 4-5 ICMP 应答与请求报文比较结果

参 数	结 果	含 义
Type	不同	8 代表请求，0 代表应答
Code	都为 0	回显应答
Identifier	0x0001，同	两个报文是配对的
Sequence number	9（0x0009），同	
Data	32 bytes，同	与 ping 包中“字节＝32”一致，为 32 bytes 大小

综上，可以更好地理解 IP 报文格式，见表 4-6。

表 4-6 IP 报文格式

<table>
<tr><td colspan="6">IP 头部（20 字节）</td></tr>
<tr><td colspan="2">类型（Type 0，8）</td><td colspan="2">代码（Code，0）</td><td colspan="2">校验和（Checksum）</td></tr>
<tr><td colspan="3">标识符（Identifier）</td><td colspan="3">序列号（Sequence number）</td></tr>
<tr><td colspan="6">选项（可选）</td></tr>
</table>

4.3.2 共享资源

在双机互连网络中，通常通过共享文件夹来进行文件的查看与传输。

1. 资源共享使用格式

UNC（Universal Naming Convention）即通用命名规则/通用命名规范/通用命名约定。UNC 路径是网络（主要指局域网）上资源的完整名称，类似于 hostname 形式的网络路径，其格式如图 4-12 所示。

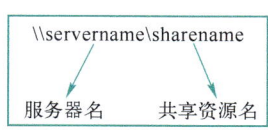

图 4-12 UNC 路径

其中，服务器名可用 IP 地址或主机名表示；共享资源名可以是默认的，也可以是设置的共享文件名、共享文件夹等。

几个具体示例见表 4-7。

表 4-7 访问共享文件示例

序号	访 问 要 求	图 示
1	访问 192. 168. 1. 2 计算机上共享名为“工作文件”的共享文件夹	\\192.168.1.2\工作文件 服务器名 共享文件夹

（续）

序号	访问要求	图 示
2	访问 192.168.1.2 默认的管理共享	\\192.168.1.2\C$ 服务器名　默认共享
3	访问主机 hostname 上的默认管理共享	\\hostname\C$ 服务器名　默认共享

2. 资源共享设置

员工 A 要从 IP 地址为 192.168.1.10 的计算机上获取 IP 地址为 192.168.1.133 的计算机上 worktask 文件夹中的文件，具体操作步骤如下。

步骤 1：在 IP 地址为 192.168.1.10 的计算机上找到要共享的文件夹 "D：\worktask"，右击，在弹出的快捷菜单中选择"属性"命令，打开图 4-13 所示的"worktask 属性"对话框，单击"共享"选项卡。

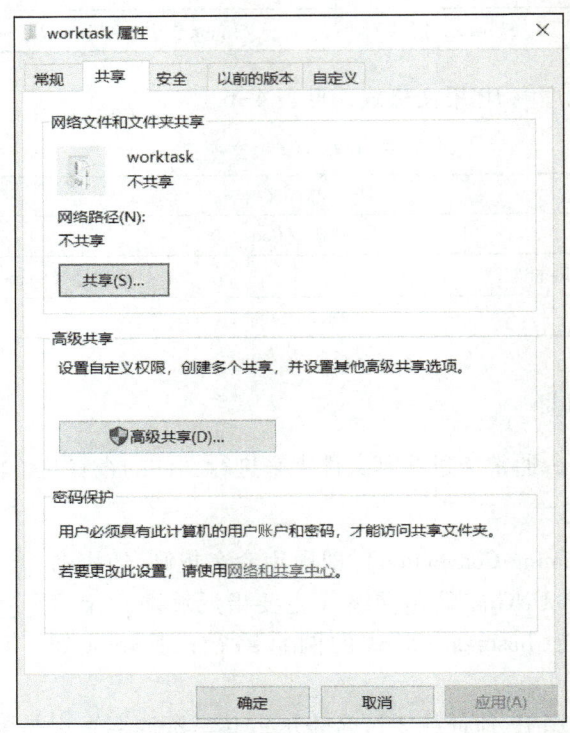

图 4-13　"worktask 属性"对话框

步骤 2：单击"共享"按钮，打开图 4-14 所示的"网络访问"对话框，单击下拉按钮，若在下拉列表中找不到需要共享的用户名，则单击"创建新用户"选项。如果有则选中，单击"添加"按钮，就会将其添加到名称框中。

步骤 3：选中共享用户，单击"共享"按钮，打开图 4-15 所示的提示对话框，该对话框只在第一次设置的时候出现。

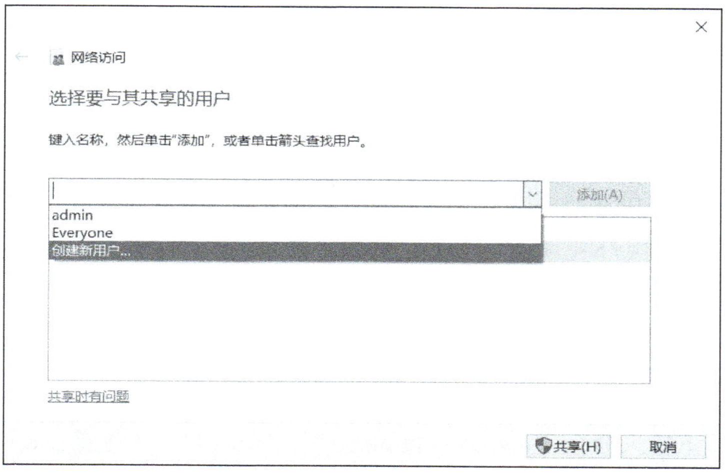

图 4-14 "网络访问-选择要与其共享的用户"对话框

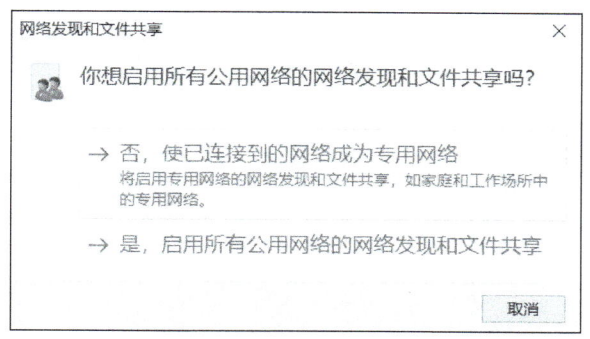

图 4-15 提示对话框

步骤 4：单击选中"是，启用所有公用网络的网络发现和文件共享"选项，等待完成，打开图 4-16 所示的"网络访问-你的文件夹已共享"对话框，单击"完成"按钮，共享设置完成。

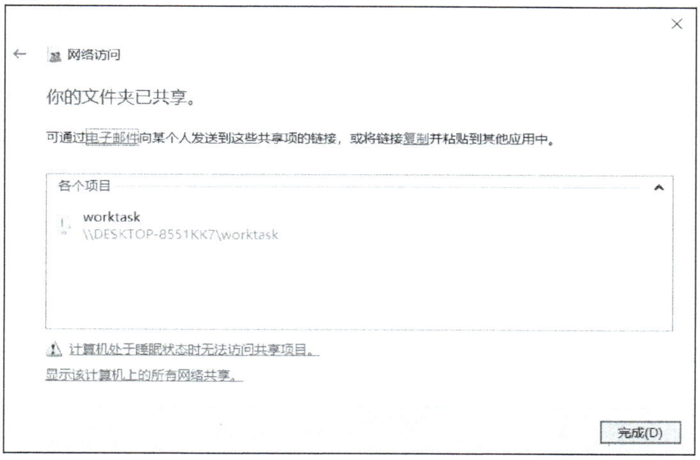

图 4-16 "网络访问-你的文件夹已共享"对话框

此时,"worktask 属性"对话框的"共享"选项卡显示如图 4-17 所示,显示网络路径。之前未设置时,显示"不共享"。

3. 有权限用户访问共享资源

(1) 使用 UNC 路径访问

在 IP 地址为 192.168.1.133 的计算机上,单击打开"运行"对话框,输入"\\DESKTOP-8551kk7\worktask",按<Enter>键,则在 192.168.1.10 上设置的共享文件夹 worktask 就会显示在资源管理器中。这样访问方便快捷。

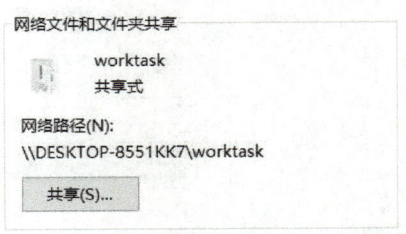

图 4-17 共享成功

(2) 使用"net use"命令访问

在命令提示符下输入命令"net use \\ip\ipc$"" /user:"""(注意:net 与 use 间有一个空格,use 后面有一个空格,密码左右各有一个空格),即可查看远程主机的共享资源,如图 4-18 所示。

图 4-18 使用"net use"命令访问

(3) 使用映射网络驱动器

如果需要像访问自己计算机分区一样地访问他人的共享文件夹,则需要使用映射网络驱动器。下面以一个具体例子说明。将名为 TEA02 计算机中的 soft 文件夹映射成"Z:"驱动器,具体操作步骤如下。

步骤 1:右击"此电脑"图标,在弹出的快捷菜单中选择"映射网络驱动器"命令,打开图 4-19 所示的"映射网络驱动器"对话框。

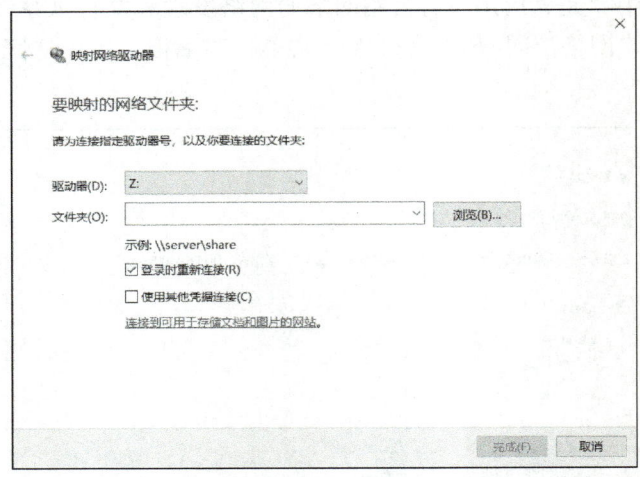

图 4-19 "映射网络驱动器"对话框

其中各项的说明如下。

- "驱动器"下拉列表框:单击其右边的下拉按钮,在弹出的下拉列表中选择驱动器名称，即选择所映射的网络驱动器在计算机中所用的盘符。

- "文件夹"下拉列表框：单击其右侧的"浏览"按钮，选择需映射的网络驱动器或文件夹。如果明确文件或文件夹的位置，则在此框中以\\server\share 的形式直接输入即可。
- 选中"登录时重新连接"复选框，表示重新启动计算机时再次连接此映射。

步骤 2：在"驱动器"下拉列表框中输入"Z:"，单击"浏览"按钮，打开图 4-20 所示的"浏览文件夹"对话框，选择需要共享的文件夹。

步骤 3：单击"确定"按钮，显示图 4-21 所示的设置情况。

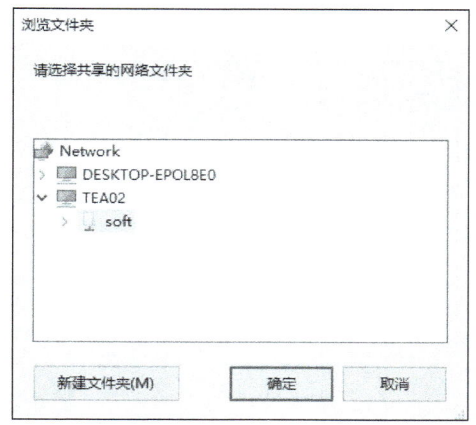

图 4-20 "浏览文件夹"对话框

图 4-21 "映射网络驱动器—要映射的网络文件夹"对话框

选中"登录时重新连接"复选框。

步骤 4：单击"完成"按钮，映射效果如图 4-22 所示，要共享的文件就以 Z 分区形式体现。使用时直接打开 Z 分区，就能看到共享的内容。不再需要拖动，方便快捷。

图 4-22 映射的驱动器内容

步骤 5：双击"此电脑"图标，打开的窗口如图 4-23 所示，可看到新增了网络驱动器 soft(\\TEA02)(Z:)，说明共享成功。

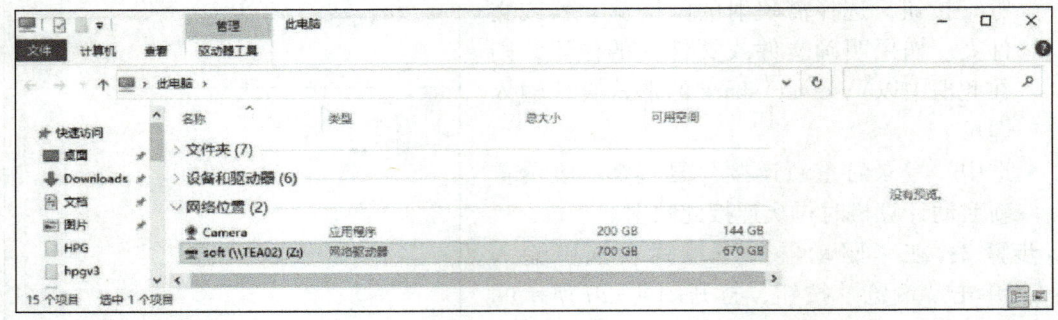

图 4-23　新增网络驱动器

4.3.3　设置资源的访问安全

资源安全设置非常重要，可避免被非法用户利用，有很多方式和手段，主要如下。

（1）添加用户时设置权限

设置资源共享时，在图 4-24 所示的"网络访问"对话框中添加用户时设置相应的权限。

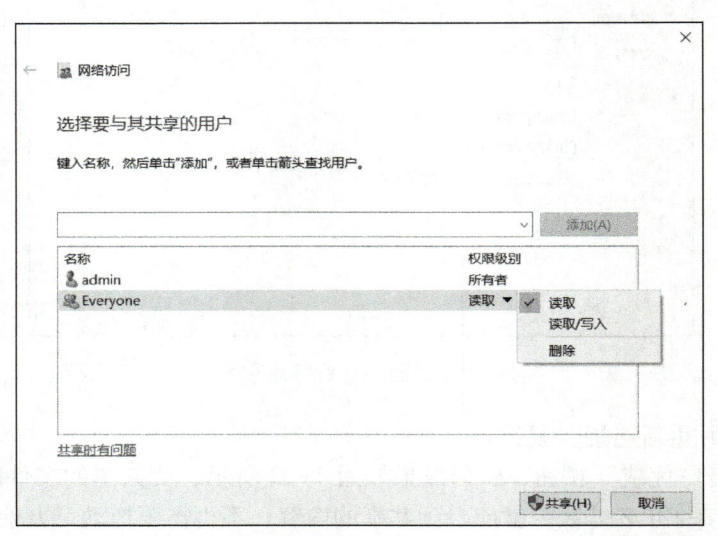

图 4-24　添加用户时设置权限

（2）高级设置

步骤 1：在图 4-13 所示的"worktask 属性"对话框中，单击"高级共享"按钮，打开图 4-25 所示的"高级共享"对话框。设置访问数量限制，避免过多用户访问，降低安全威胁的可能性。

步骤 2：单击"权限"按钮，打开图 4-26 所示的"worktask 的权限-共享权限"对话框，选中相应用户，设置权限，然后依次单击"应用"和"确定"按钮，权限就设置好了。

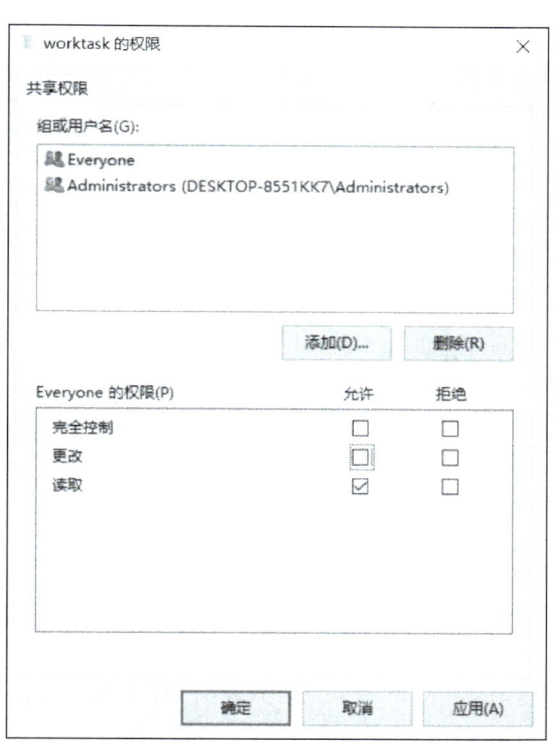

图 4-25 "高级共享"对话框　　　　图 4-26 "worktask 的权限-共享权限"对话框

【实施评价】

本任务从选择线缆、制作线缆、配置 IP 地址、测试连通性等方面对两台计算机的物理连接和逻辑连接进行了全面介绍与分析；通过抓取数据包示例重点分析了 TCP/IP 协议层级结构；最后介绍了不同需求下不同资源的共享及其安全设置。本任务的重点在于训练计算机硬件连接、软件配置的技能，体现了"知行合一"的重要性，达到"会、熟、快、美""会应用、明原理"的目标，并培养规范操作、时间观念、质量意识、共享意识、精益求精的探究精神等素养。任务实施评价见下表。

表　任务实施评价

序号	评价指标		A 等标准	自我评价	老师评价
1（样例）	安全意识	• 任务实施过程中遵守纪律、没有出现打闹、受伤等情况 • 正确开启和关闭计算机 • 共享要注意信息安全 • 检查使用环境是否安全无漏洞	☑ 遵守纪律 ☑ 无打闹、受伤等情况 ☐ 操作正确 ☑ 选择必需的工具 ☐ 信息安全不能忘，给不同用户设置不同的访问权限 ☐ 共同合作，构建安全的工作环境	未正常关机	说话声音太大
2	标准意识	• 按标准制作网线 • 使用 TCP/IP 通信协议	☐ 遵循 ANSI/EIA/TIA-568 标准 ☐ 检查与配置 TCP/IP		

（续）

序号	评价指标	A 等标准	自我评价	老师评价
3	规范意识	• 正确使用命令查看计算机信息 • 工具使用得当	☐ 使用 ping 检测计算机的连通性，使用 ipconfig 命令查看计算机的 IP 地址、MAC 地址等相关信息 ☐ RJ-45 水晶头放入对应端口压线 ☐ 选择压线钳、剥线钳工具的不同功能完成相应的剥线、压线、剪线动作		
4	质量意识	• 网线制作完成后检查连通性、做好标识 • 检查使用环境是否满足要求	☐ 使用网络测试仪或其他合适的方法测试网线是否通畅、是否符合标准 ☐ 标识与要求相符 ☐ 检查是否正确安装 TCP/IP、网络适配器		
5	时间观念、美感	• 在规定时间内制作合乎标准、美观的网线 • 在规定时间内完成任务，鼓励超额	☐ 网线排列美观、裸露线缆短，包裹层与水晶头台阶对齐 ☐ 记录制作时间，2～3 min 为优秀 ☐ 芯线与水晶头顶端结合紧密 ☐ 按时提交作业和成果		
6	成本意识	• 材料分配到人，实行组长责任制 • 满足性能的前提下，选择物美价廉的材料	☐ 每人 1 根双绞线、2 个水晶头，多使用 1 个水晶头扣 1 分 ☐ 组长分配到人		
7	乐于分享	• 传授经验、技巧 • 敢于承认自己的不足	☐ 记录解决问题经验、技巧，越多越好 ☐ 分享个人经验和操作技巧，共同提高		
8	乐于思考	• 解决问题 • 追求完美	☐ 记录未解决的问题，寻求帮助 ☐ 不怕难，自我增加训练难度		
9	知行合一	• 将学习的理论知识应用到实践中去 • 借助工具解决实际问题 • 选择任务完成所必需的工具	☐ 比较不同的嗅探工具，根据个人情况选择合适的工具将抽象、难于理解的问题具象化、简单化 ☐ 选择开源工具 ☐ 操作正确		
10	尊重版权	• 不使用盗版工具 • 工具使用得当	☐ 选择开源软件，避免版权问题 ☐ 不越权访问共享资源		

【技能延伸】

技能延伸任务描述：个人笔记本计算机更新的同时，为保证访问安全、快捷和资源的有效利用，管理员搭建了 FTP 服务器，将公用资源都存储在服务器上，需要的时候随时可以去服务器上查看和下载，给不同员工设置了不同的访问权限。同时，员工的资源也可以上传到服务器上保存、共享。可将上传资源的数量、有用程度等作为员工对公司奉献程度的参考。综上，具体任务如下。

1）规划并搭建任务环境，绘制网络拓扑结构，并标明 IP 地址等信息。
2）使用 Wireshark 抓取 FTP 数据包，截图保存。
3）分析并记录 FTP 数据包中包含的用户名、密码等信息。
4）跟踪数据流，截图查看数据包中的 FTP 登录过程。

5）记录实施过程中遇到的问题、解决办法和技巧。如有未能解决的问题，记录问题和产生问题的原因及环境情况。

架构环境等在此不再赘述，从包分析开始。在 Wireshark 过滤中设置 FTP，抓包如下图所示。

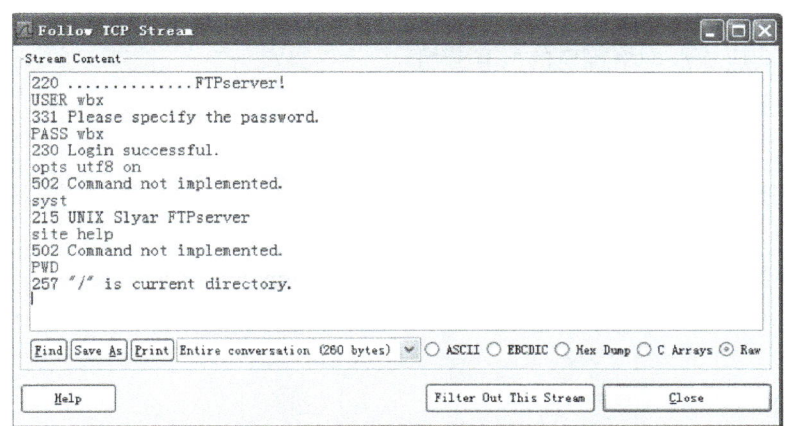

图　捕捉 FTP 协议包

单击抓取到的数据包，跟踪数据流，可以看到 FTP 登录过程如下图所示。从图中可以发现，登录 FTP 服务器使用的用户名和密码均为明文 wbx，登录成功后查看的是服务器根目录下的内容。

图　跟踪数据流

【练习与思考】

一、选择题

1. 在 Wireshark 中设置 ip. addr＝＝192.168.1.128 过滤规则，表示（　　）。
   A. 查找 IP 地址为 192.168.1.128 的数据包
   B. 查找 192.168.1.128 所在网段的数据包

C. 查找非 192.168.1.128 地址的数据包
D. 以上都不对

2. 网络嗅探器通过将网卡设置为（　　）来实现对网络的嗅探。
   A. 单向模式　　　　　　B. 双向模式
   C. 混杂模式　　　　　　D. 以上都不对

3. 分析嗅探结果时，根据（　　）可清楚地判断网段情况。
   A. MAC 地址　　　　　　B. IP 地址
   C. IPX　　　　　　　　D. 以上都不对

4. 互联网上有许多服务器存储了大量有价值的电子文档（包括音频和视频文件），可供上网的用户很方便地读取或下载（无偿或有偿）。这主要体现了计算机网络的（　　）功能。
   A. 信息交换　　　　　　B. 资源共享
   C. 负载均衡　　　　　　D. 以上都不对

5. 将两台计算机通过双绞线直接连接通信，线缆制作时采用的线序是（　　）。
   A. 1-1、2-2、5-3、4-4、5-5、6-6、7-7、8-8
   B. 1-2、2-1、5-6、4-4、5-5、6-3、7-7、8-8
   C. 1-3、2-6、5-1、4-4、5-5、6-2、7-7、8-8
   D. 两台计算机不能通过双绞线直接连接

6. 嗅探器改变了网络接口的工作模式，使得网络接口（　　）。
   A. 只能够响应发送给本地的分组
   B. 只能够响应本网段的广播分组
   C. 能够响应流经网络接口的所有分组
   D. 能够响应所有组播信息

二、判断题（在正确项后画√，错误项后画×）

1. 现在使用智能手机上网已非常普遍。由于智能手机中有中央处理器（CPU），因此也可以把连接在计算机网络上的智能手机称为主机。（　　）
2. 相同的网络地址、不同的子网掩码可能得出相同的网络地址。（　　）
3. 查看 Wireshark 抓包情况时分析数据包的步骤主要包括选择数据包、分析协议、分析数据包内容 3 步。（　　）

三、思考题

1. 网线制作完成后，用测线仪进行测试时发现与芯线线序相对应的第 1、2、3、6 指示灯能够被点亮，但其他灯却未亮。请问这线缆是交叉线还是直通线？能实现通信吗？为什么？
2. 分析下图所示的抓取的数据包信息。图中标注的 Ethernet 是对哪条数据进行分析？含义是什么？

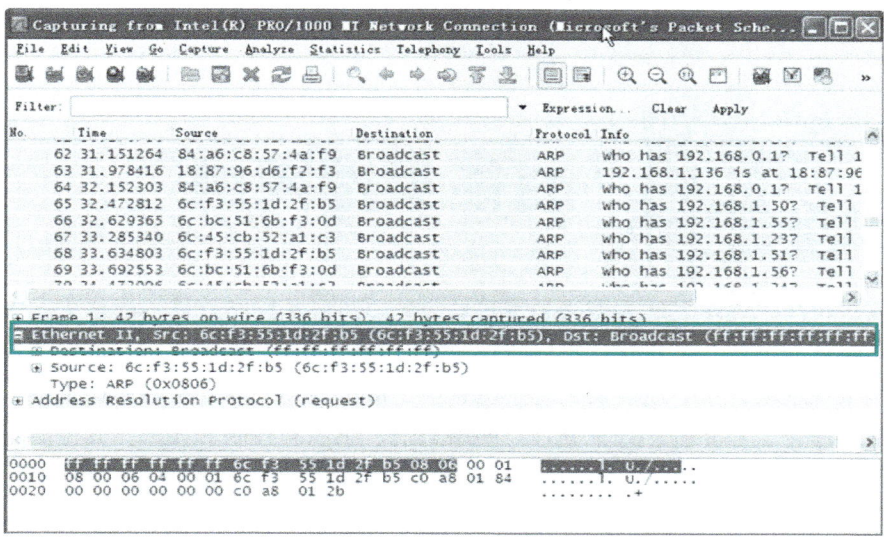

图　跟踪数据流

3. 分析下图所示的信息，写出该计算机的物理地址、IPv6 地址、IPv4 地址，并判断该地址的类型。

图　网卡信息

模块 3　智能家庭网络

随着信息化技术逐步发展、网络技术日益完善、可应用网络载体不断增多、大带宽室内网络入户战略逐步推广，智慧化信息服务进家入户成为可能。居民通过电视机遥控器、手机等终端即可实现互动，可方便、快捷地享受智能、舒适、高效与安全的家居生活。

智慧家庭综合了互联网、计算处理、网络通信、感应与控制等技术，其范畴不仅限于家庭娱乐和家居控制（比如开关、灯光、温湿度控制等），在不远的未来，能源、医疗、安防、教育等传统产业也都将与家庭应用密切结合。

【教学导航】

知识目标	1. 了解家庭无线局域网的特点、技术发展、标准 2. 了解需求分析、用户调查报告的书写格式 3. 知道无线网络适配器（网卡）、天线、无线路由器等无线终端设备的功能和特点 4. 知道网络连通性的测试方法
技能目标	1. 在规定时间内，选择正确、合适的工具完成家庭无线网络的组建，测试其连通性，排除故障，保证家庭内所有房间都能满足网络安全使用要求 2. 耐心细致地实地勘察，学会根据实际情况做好需求分析，规划好网络结构、信道、频率等 3. 会根据实际情况，选择性价比高、满足标准的无线设备，配置可靠性好、安全性高的家庭无线网络
素养目标	1. 有强烈的安全意识和责任心，能保障数据安全，不泄密；培养质量意识，任务完成后进行检测，确认达到任务目标 2. 尊重客户需求，与客户耐心细致地沟通，理解客户需求 3. 按标准、规范操作，爱惜设备和工具，合理使用无线设备 4. 培养整体意识，在不破坏原有布局的基础上追求家庭内布线美观，不乱飞线

【背景描述】

随着通信、网络技术的不断发展，人们对家庭生活品质的追求不断提高、家庭业务需求多样化，如智能家居、增强现实（AR）、极致高清（16K）甚至全息交互等新业务不断涌现，高清视频、直播、游戏、在线办公等应用不断普及，越来越多的智能家居设备（如智能音箱、摄像头、电动窗帘等）接入互联网，给人们带来更好的生活体验。但同时，对家庭宽带网络和家庭内的设备互联也提出了越来越高的要求。用户追求更大带宽、更低时延、布线美化等性能，原有的网络连接方式很难再满足用户的多样化需求。

家庭网络经历 FTTB 和 FTTH 时代后，演进到了 FTTR 时代。FTTR 可以将光纤布设进房间，使每个房间内都可以达到千兆以上速率，以低时延、高可靠的品质，实现全屋 WiFi 6 千兆覆盖的新型组网。华为智能家庭网络解决方案，提供全系列 WiFi 6 智能光猫和 WiFi 分布式组网方案，通过端云协同，从高效云端运维和新业务体验保障等方面提升运营商宽带品质，为用户打造以体验为重的家庭网络。

【项目描述】

家庭成员需要在家办公、线上学习、娱乐等，在智慧家庭场景下，这对家庭网络也提出了更高速率、更高可靠性和更低时延的要求。一家人除了同时通过网络居家学习、办公外，还需要使用 VR、高清电视、智能家居等新互联应用，享受智慧家庭生活。每个人都希望能在自己的房间高速上网，互不影响。本项目具体要求如下。

1. 布线

已经装修好的房间实现个性化"无痕安装"，不会因为后"飞"的网线影响整体美观。

2. 带宽

随着网络需求、房屋建筑面积的增加，WiFi 覆盖差、视频卡顿、网速慢等问题较为普遍。当前，用户签约带宽超过 200M，业务基本通过光猫（Optical Network Terminal，ONT，光纤终端机）连接到路由器，然后由路由器的 WiFi 信号进行覆盖，如图 5-1 所示。

图 5-1　无线连接

3. 频段

路由器一般支持 2.4G 和 5G 两个频段。2.4G 频段最高可支持 300 Mbit/s 速率，但干扰较大；5G 频段 WiFi 信号的穿墙能力较弱。

经测试发现，与路由器之间没遮挡的位置点网速不受影响，隔墙越多网速越慢，甚至不足签约带宽的 20%。因此，WiFi 网速成了影响用户体验的重要因素。

【项目实施】

任务 5　体验无线网络

5.1　环境准备

本任务实施环境按小组准备，每小组准备如下。

1. 硬件资源

2 台笔记本计算机（安装了网卡和操作系统）或者装有无线网卡的两台台式机。

2. 软件资源

连通性测试命令使用方法、用户需求文档。

5.2　知识链接

5.2.1　智能家居

智能家居指以住宅为载体，融合自动控制技术、计算机技术、物联网技术，将家电控制、环境监控、信息管理、影音娱乐等功能有机结合，通过对家居设备的集中管理，提供更具有便捷性、舒适性、安全性、节能性的家庭生活环境。

智能家居设备之间目前主要通过 WiFi、Zigbee 及蓝牙等方式连接，因为涉及与智能家居云服务器及互联网的网络通信，因此与外部网络连接的稳定性和时延是关键的网络指标。

以典型家庭开通家庭看护、家庭安防、家庭健康、家庭自动化等业务为例，智能家居如图 5-2 所示。

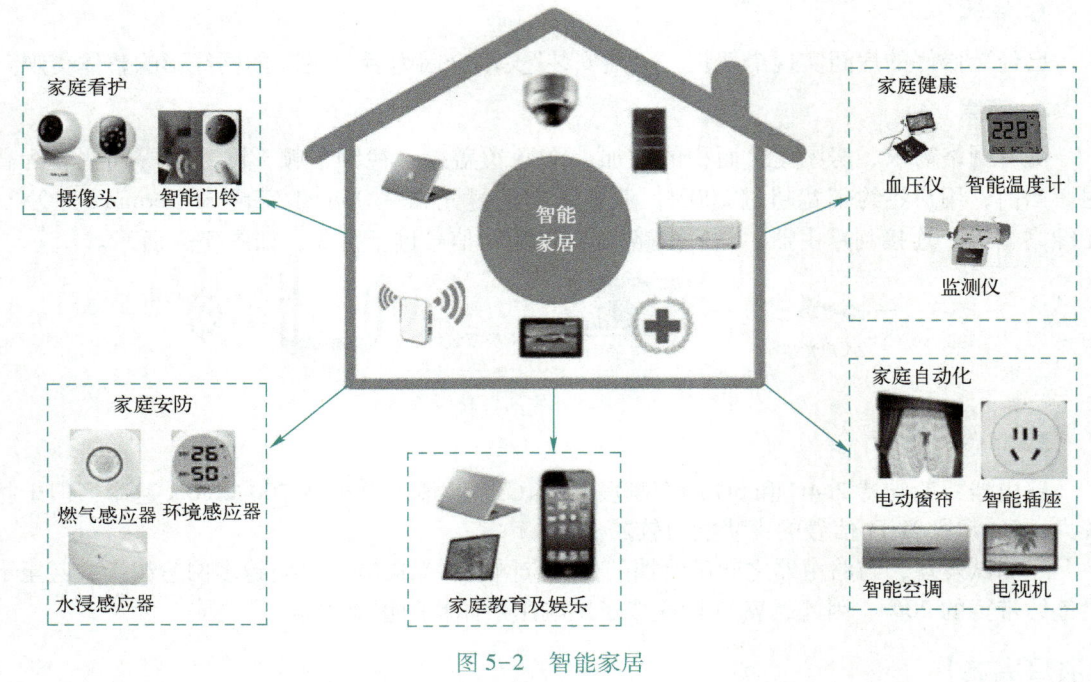

图 5-2　智能家居

5.2.2　无线设备

1. 无线接入点

无线接入点（Wireless Access Point，无线 AP）是使用无线设备（如手机、笔记本计算机等）的用户进入有线网络的接入点，主要用于宽带家庭、大楼内部、校园内部、园区内部及仓库、工厂等需要无线网络的地方。

一般一个无线 AP 可以接入 10~100 个用户。无线 AP 基本可覆盖几十米至上百米，也可以用于远距离传送，最远可以达到 30 km 左右。无线 AP 的主要技术标准为 IEEE 802.11 系列。大多数无线 AP 还带有接入点客户端模式（AP Client），可以和其他 AP 进行桥接，把一个区域的无线网络接入到另一个区域的有线网络中，如图 5-3 所示。

市场上的无线 AP 类型、品牌、形式多样，如何经济实惠地做好无线覆盖是人们关心的热点。室内常见的无线 AP 有面板 AP、吸顶式 AP。

1）面板 AP。面板 AP 的覆盖半径通常在 10 m 左右，每个面板 AP 可以连接 8~10 台设备。为了保证信号强度，建议每个房间布置一个 AP。根据使用需求，接口可以是 RJ45 口、RJ11 口、USB 接口的不同组合。

模块3 智能家庭网络

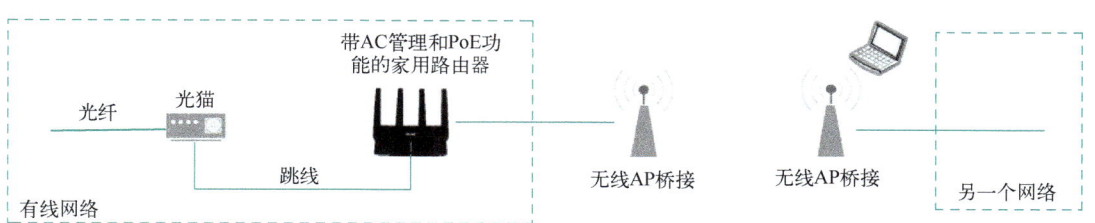

图 5-3 AP 桥接

面板 AP 的安装高度不低于 30 cm，与强电、弱电应保持一定距离，避免相互干扰，如图 5-4 所示。此外，其安装位置还应避免被电视、桌子、柜子等挡住。

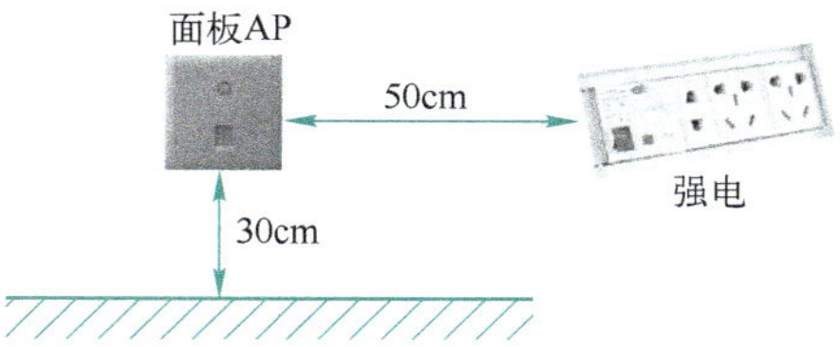

面板 AP 适用于终端被分隔在不同房间的情况，信号覆盖单个或相邻房间，最好是每个房间放一个面板 AP，保障流畅的无线上网体验。其典型应用环境包括客房、宿舍、小型办公室等建筑格局复杂、障碍多的环境。

图 5-4 面板 AP 的安装位置

2）吸顶 AP。吸顶 AP 常见的安装位置如图 5-5 所示。

图 5-5 吸顶 AP 的安装位置

无线 AP 常见的应用场景见表 5-1。

表 5-1 无线 AP 的应用场景

常见应用场景		场景分析				布点参考	AP 选择建议
		隔断	终端	空间	流量		
室外		少	少	大	小	不方便布线，考虑网桥传输	室外 AP
室内	家庭住房、酒店客房类	多	少	小	小	2~3 个房间，有公共过道的，在公共过道安装 1 个	吸顶 AP
						1 个/房间	面板 AP
	宿舍、KTV 包间类	多	少	小	小	2~3 个包间，有公共空间的，在公共空间安装 1 个	双频吸顶 AP
	教室类	多	多	小	大	做好信道规划	双频吸顶 AP、高密度 AP
	报告、宴会厅类	少	多	大	特大	根据面积和人数确定个数	双频吸顶 AP、高密度 AP
	大型场馆					根据具体环境确定部署位置，做好信道、网桥规划	

2. 无线路由器

在网络组建的过程中，无线路由器安放位置的选择很重要，不同的位置，WiFi 信号的削弱程度不一样，直接影响无线网络的使用。

（1）无线路由器的类型

常见的无线路由器类型主要有以下几种。

- 家用路由器：适用于家庭环境，覆盖范围小、用户数量有限，能满足日常上网、视频观看和文件下载等需求。
- 商用路由器：适用于办公环境或中小型企业，覆盖范围较大、用户数量较多，具有更高的网络速度和稳定性。
- 企业级路由器：适用于大型企业或商务场所，覆盖范围广、用户数量众多，具备高性能的网络处理能力和多种网络连接接口。

（2）无线路由器产品

无线路由器常见的品牌有普联（TP-LINK）、华为（HUAWEI）、小米（MI）、锐捷（Ruijie）、华三（H3C）、腾达（Tenda）、华硕（ASUS）、中兴（ZTE）、水星（MERCURY）等。

（3）无线路由器的技术参数

选择路由器时需重点考虑的技术参数主要包括。

- 传输速度：表示单位时间内传输的数据量，是衡量路由器性能的重要指标之一，以 Mbit/s 或 Gbit/s 为单位。
- 无线标准：即无线网络的通信标准，如 802.11be、802.11ax、802.11ac 等。不同的无线标准对应不同的数据传输速度和覆盖范围。
- 天线功率：决定无线信号的传输范围和穿透能力。
- 安全性：如加密机制等，确保网络安全。

3. 无线接入点与无线路由器的区别

无线 AP 与无线路由器的区别见表 5-2。

表 5-2 无线 AP 与无线路由器的区别

	无线 AP	无线路由器
功能	1）连接有线网络与无线终端，接入的无线终端与原网络属于同一个子网 2）中继：在两个无线点间把无线信号放大 3）桥接：链接两个端点，实现两个无线 AP 间的数据传输	带路由功能的无线 AP
应用	实现大面积网络覆盖	家庭或 SOHO 网络
连接	与交换机、路由器相连	与调制解调器相连

5.2.3 无线网络拓扑结构

无线局域网的拓扑结构主要有两种类型，即有中心拓扑（基础结构模式，Infrastructure）和无中心拓扑（点对点模式，Ad-Hoc），如图 5-6 所示。

有中心拓扑由无线 AP、无线工作站及分布式系统（Distribution System）构成，覆盖的区域称为基本服务集（Basic Service Set，BSS）。无线工作站采用基本服务集标识符（Basic Service Set Identifier，BSSID）与 AP 关联。在 802.11 中，BSSID 是 AP 的 MAC 地址，在同一个基本服务集内 SSID 相同。

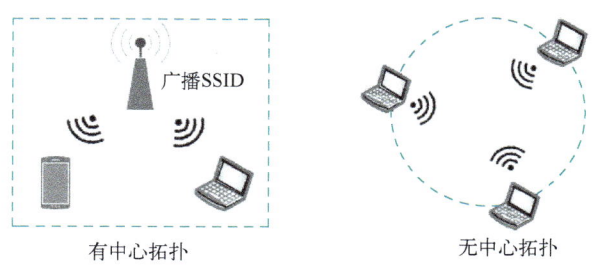

图 5-6　无线网络拓扑结构

无中心拓扑的网络无法接入有线网络中，只能独立使用，无需 AP 设备，安全等功能由各个客户端自行维护，每台主机都处于平等地位。

5.3 任务实施

5.3.1 做好用户调查

用户调查是需求分析的重要环节，充分了解客户家庭宽带情况、使用需求和现有问题，并结合实际，初步告知用户智能组网的注意事项。

可以直接与用户进行面对面的沟通，也可以通过电话或其他方式进行了解，填写用户调查表（见表 5-3）。

表 5-3　用户调查表

调查内容	调查选项	
填写说明：在符合项后打√，或填写相应数字		
网络覆盖面积	（　　） m^2，请最好说明有几层	
户型结构图	有（　　），无（　　）	
家庭所在的小区网络覆盖情况	是（　　）	光纤网络（　　）
		双绞线网络（　　）
	否（　　）	说明具体情况：
需连接的智能终端（填写数字）	共（　　）台，其中笔记本计算机（　　）台、台式机（　　）台、智能终端（　　）个（包括智能插座、智能电视、智能开关、摄像头、智能门铃、手机等）	
已经或准备选择的网络运营商	中国电信（　　），中国移动（　　），中国联通（　　），其他（　　）说明：如为其他，请写明具体的运营商	
目前已有的连接设备	无线路由器（　　），无线接入点（　　），普通路由器（　　），没有（　　），其他（　　）说明：如为其他，请写明具体的设备名称及型号	
连接设备的品牌	TP-Link（　　），D-Link（　　），中兴（　　），其他（　　）说明：如为其他，请写明具体的设备品牌	
有哪些安全要求	上网安全（　　），信息安全（　　）	
有哪些应用要求	共享访问 Internet（　　），共享打印机（　　），文件共享（　　），IPTV 电视（　　），还没考虑到的需求在此写明：	
是否同意以上内容	情况属实（　　）说明：调查人和被调查人签名确认	

5.3.2 分析家庭无线网络需求

整体需求：家里多个房间希望实现 WiFi 全覆盖，并能在同一网段下无缝切换。首先对家庭网络的需求进行详细分析，具体需求见表 5-4。

表 5-4 家庭无线网络需求分析

需 求		说 明
网络规划	高峰期使用情况	用户数量 7 人，同时使用的网络设备数量 10 台
	无线覆盖范围	大约 130 m²，4 间房
网络应用	用户群体	年轻人、中年人、老年人
	主要应用	游戏、娱乐、上网、社交软件、短视频
	主要终端	手机、笔记本计算机、打印机、电视、晾衣架、灯具
	对网络体验的期待	每个房间都能保证上网稳定；用网高峰期不掉线、网络延迟小；视频播放流畅、网络游戏无延迟
布线	房间里是否布置了网线	每个房间都布置了网线，保持整体美观，破坏性小
供电	节能减排	PoE 供电，省去线路部署麻烦；无线射频按照时间策略自定义开启，上班时间无人在家时，可自定义关闭无线射频，减少无线 AP 的电力消耗
无线 AP 部署	无线 AP 的选型与安装位置	应结合具体环境（室内格局、障碍物等）进行覆盖效果测试
无线安全	上网管理、防钓鱼 AP、接入认证、内外网隔离	提供安全账号密码、微信认证等多种上网接入认证，自动绑定认证账号与 MAC，确保身份合法

（1）功能需求

1）多名家庭成员可以在同一时间使用同一账号访问互联网，网速都能得到保证。

2）能够连接打印机等其他计算机外围设备，充分利用有限的硬件和软件资源，有利于信息共享和重要信息备份。

3）家庭成员共同娱乐，有利于家庭关系融洽。

（2）网络接入需求

需要接入 Internet，家庭网络与小区网络（电信运营商的宽带接入）连接。

（3）设备需求

家中现有 3 台笔记本计算机、3 台智能手机、1 台打印机、1 台网络电视机、1 个无线晾衣架和 1 个智能灯具；此外，来的客人也需要能方便使用网络。需要购买无线路由器。

5.3.3 选购无线设备

根据用户调查结果和需求分析，本任务中需要选购无线路由器、无线 AP。

1. 选购无线 AP

（1）选购参考因素

选购无线 AP 需要考虑的因素主要包括。

- 带机量：无线 AP 布点和选型第一优先级考虑带机量，即上网终端个数。
- 功率大小：实地勘察各房间穿墙个数和障碍物情况，穿墙越多、障碍物越多则信号衰减越大，需要的无线 AP 功率越高。

- 对人体无害：要对人体无害，一般最强的功率为 100 mW，即 20 个 dBm，无线 AP 的功率越接近这个数值则越好。
- 类型选择：实地勘察无线覆盖范围、面积大小、障碍物情况（如穿墙数量）、美观性及安装方便与否等情况，确定是使用吸顶 AP 还是面板 AP。通常一个吸顶 AP 覆盖 4~6 个房间，一个面板 AP 覆盖 2 个房间。
- 现场安装条件：布点前需要先了解清楚现场的环境是否具备安装条件，包括走线、取电、设备安装、打孔等，然后再进行布点和选型。
- 功能需求：除上网外，是否需要除了信号放大、桥接之外的其他功能，如 NAT 等，如果需要则选择扩展型 AP，若不需要则可以选择单纯型 AP。

（2）选购

本任务中是面向已经完成装修的家居房，其隔断墙多、终端数量为 10 个左右、流量小，需要避免重新布线、破坏整体美观性等因素。另外，每个房间都敷设了网线，可考虑选购面板 AP，每个房间 1 个。无线 AP 的具体型号可根据家庭内其他设备型号、成本来选择。

2. 选购无线路由器

（1）选购参考因素

选购无线路由器需要考虑的因素主要包括。

- WiFi 标准：选择具有更高带宽、更低延迟及更高能效的标准，如 WiFi 6、WiFi 7。标识 AX 的为 WiFi 6 标准、AC 的为 WiFi 5 标准、BE 的为 WiFi 7 标准。例如 AX3000 表示遵循 WiFi 6 标准，无线速率可达 3000 Mbit/s。
- 内存与速率：随着智能家居、物联网的应用不断增加，家用电器设备联网需求越来越多，路由器内存大多能同时为更多终端提供稳定连接，目前最大为 1 GB；网速快慢主要受宽带、网线和路由器的影响，速率越高越好，建议选择千兆路由器。
- 安全性：选择具备一定安全性保护功能的无线路由器，如支持 WPA3 加密、防火墙和 MAC 地址过滤等功能的，以确保网络安全。
- 信号覆盖：信号覆盖情况考虑因素见表 5-5。

表 5-5 信号覆盖因素

天线	数量	天线数量直接影响信号覆盖范围	对于家庭而言，一般 2~4 根天线合适
	增益	数值越大传播距离越远	天线增益的范围通常是 5~7 dBi
	频段	2.4G、5G	一般家用双频合一的较好，网络无痕切换，用户体验好
		2.4G、5G、6G	打游戏或智能家居
覆盖范围		大于 130 m²	需要支持 Mesh 技术
		100 m² 以下	普通家用路由器，重点考虑路由器的部署位置

（2）选购

根据现阶段技术发展情况，本任务中选购无线路由器建议满足以下几个参数，即千兆、WiFi 6 标准、2.4G/5G/6G 这 3 个频段、WPA3 加密。

任务6　构建智能家庭网络

6.1　环境准备

本任务实施环境按小组准备，每小组准备工具如下。

1. 硬件资源

面板 AP（1个/人）、手机、无线路由器（1台）、网线（超五类或六类）、无线 AC（1台）、可上网的计算机（1台）等。

2. 软件资源

设备配套使用说明书、绘图软件等。

6.2　知识链接

6.2.1　组网模式

1. "AC+FIT AP" 模式

常用无线组网模式为"AC+瘦 AP"，采用星形拓扑结构。其中 AC（Access Controller）是无线接入控制器，统一配置 AP 的网络、安全、限流等。该模式是目前唯一可以无限扩展、无缝漫游的简单组网方案，通常应用于全新组网的情况。硬件不同，无缝漫游的效果差别也比较大。

瘦 AP 是无线面板 AP 的 FIT AP 模式，只有无线接入点功能，需要配合 AC、PoE 交换机才能使用。无线面板 AP 的另一种模式为 FAT AP，带有 AP 和路由功能，可以单独使用。

TP-LINK、华三、锐捷等品牌的 AC 自带 PoE 交换机功能，称为 AC 一体机，可以直接放在弱电箱中。"AC+瘦 AP"组网模式如图 6-1 所示。

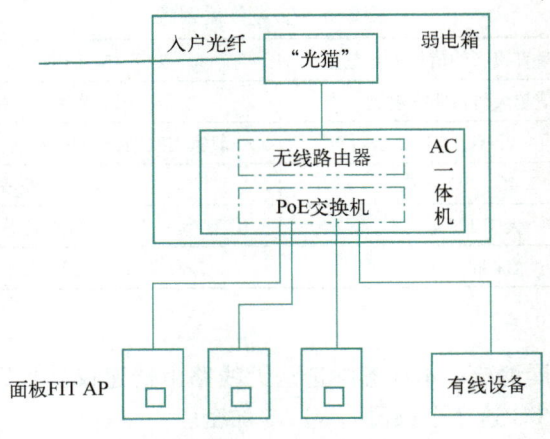

图 6-1　"AC+瘦 AP"组网模式

- 无线路由器在网络间起网关的作用,负责内网和外网的数据交换。
- AC 管理和控制局域网内 AP,如下发配置、修改相关配置参数、射频智能管理、接入安全控制等。即使 AP 被盗也不会对网络造成任何影响,所有用户信号端配置均由 AC 统一完成,用户终端无须再进行配置。
- PoE 交换机为 AP 供电。
- FIT AP 负责手机、计算机、机顶盒和一些智能家电的无线接入。

主路由器与面板 AP 之间通过家里预理的网线传输信号,面板 AP 可直接替换原有网络面板,无须重新布线,不破坏原有装修。

2. "FAT AP"模式

FAT AP 俗称胖 AP,该组网模式无须改变现有有线网络结构,配置简单,但无法实现统一管理和配置,适用于小微企业、家用、小型 SOHO 办公环境,以及对一些盲点补充信号的情况,避免临时布线。

通常情况下,可通过设备外观来判断是哪种模式,有 WAN 口的是胖 AP,如无线路由器。

6.2.2 家庭网络技术发展

1. FTTX

家庭网络接入主要采用 FTTX(Fiber To The X)方式,指"光纤到 X"。其中,X 不仅代表光纤到达的地点,还包括该地点安装的光网络设备,并明确该网络设备服务的区域,如图 6-2 所示。

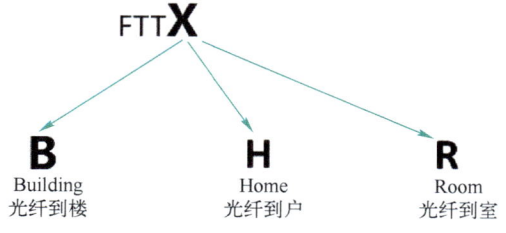

图 6-2 FTTX 接入方式

FTTB、FTTH 和 FTTR 三种方式的比较见表 6-1。

表 6-1 FTTB、FTTH 和 FTTR 三种方式的比较

方式	描述	特点	缺点
FTTB	通过光纤将光信号接入办公大楼或公寓大厦的总配线箱内,楼内仍使用双绞线或光纤输入信号,以实现高速数据应用,为每个用户提供固定、独占带宽	提供的最高上下行速率是 10 Mbit/s(独享)	1)ISP 需投入大量资金敷设高速网络到每个用户家中,极大地限制了其推广和应用 2)实际速率小于理论值,因为 Internet 的出口带宽及信息网站上连带宽比较窄
FTTH	光网络单元(ONU)安装在用户处,是光纤接入系列中除 FTTD(光纤到桌面)外最靠近用户的类型	提供更大带宽,增强网络对数据格式、速率、波长和协议的透明性,放宽了对环境条件和供电等的要求,简化维护与安装	提供最大 4M 上行、100M 下行,属于不对等线路,延迟高

(续)

方式	描述	特点	缺点
FTTR	光纤到用户家2个及以上房间,并在相应房间内安装"光猫"(服务家庭内1至多个房间) 千兆时代下家庭网络的新型覆盖模式,在 FTTB、FTTH 的基础上将光纤布设进每一个房间,是实现全屋 WiFi 6千兆全覆盖的新型组网方案 全屋智能千兆光纤采用万兆光猫1拖 N 模式	采用全光纤接入,传输能力强、传输速率高、网线寿命更长,支持万兆上联、动态展示宽带技术信号 可支持256台终端设备连接,是传统网络最大连接数量的8倍,能有效保证计算机、电视、手机、平板、VR等多种全屋智能终端联网使用 避免传统布线不美观的问题,不破坏装修风格	1)安装成本高:光纤的铺设与维护需要专业的设备、技术和人员 2)不能随意移动:由于光纤的物理特性,一旦铺设完成,就不能随意移动 3)对环境要求高:光纤不能暴露在阳光下,不能被弯曲过度

2. FTTR

FTTR 采用1个主"光猫"和多个从"光猫"进行室内 WiFi 覆盖,主、从"光猫"间采用蝶形光缆或隐性光缆连接,连接示意如图6-3所示。

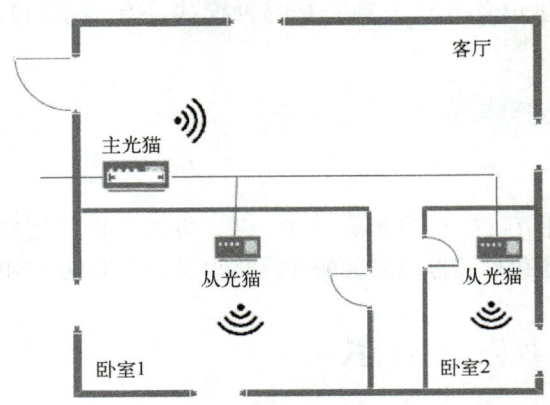

图6-3 FTTR 连接示意

FTTR 的主要优点如下。
- 蝶形光缆或隐性光缆较六类线容易布放,隐性光缆布放时基本不影响室内美观。
- 光猫附近的最高网速均可达签约带宽。
- 网速稳定,终端在光猫间切换平稳。
- 光纤的寿命超过20年,带宽几乎是无限的。

目前,运营商提供的全屋 WiFi 覆盖方案正从以前的子母路由方案调整成 FTTR 方案。

6.2.3 无线局域网标准

1. IEEE 802.11 标准

无线局域网标准 IEEE 802.11 于1997年6月正式颁布,随着应用的不断推广,该标准也在不断更新,其发展历程如图6-4所示。

2. 常用 WiFi 技术标准

WiFi 是一种基于 IEEEE 802.11 标准的无线局域网(Wireless Local Area Network,WLAN)技术。几种 WiFi 技术的比较见表6-2。

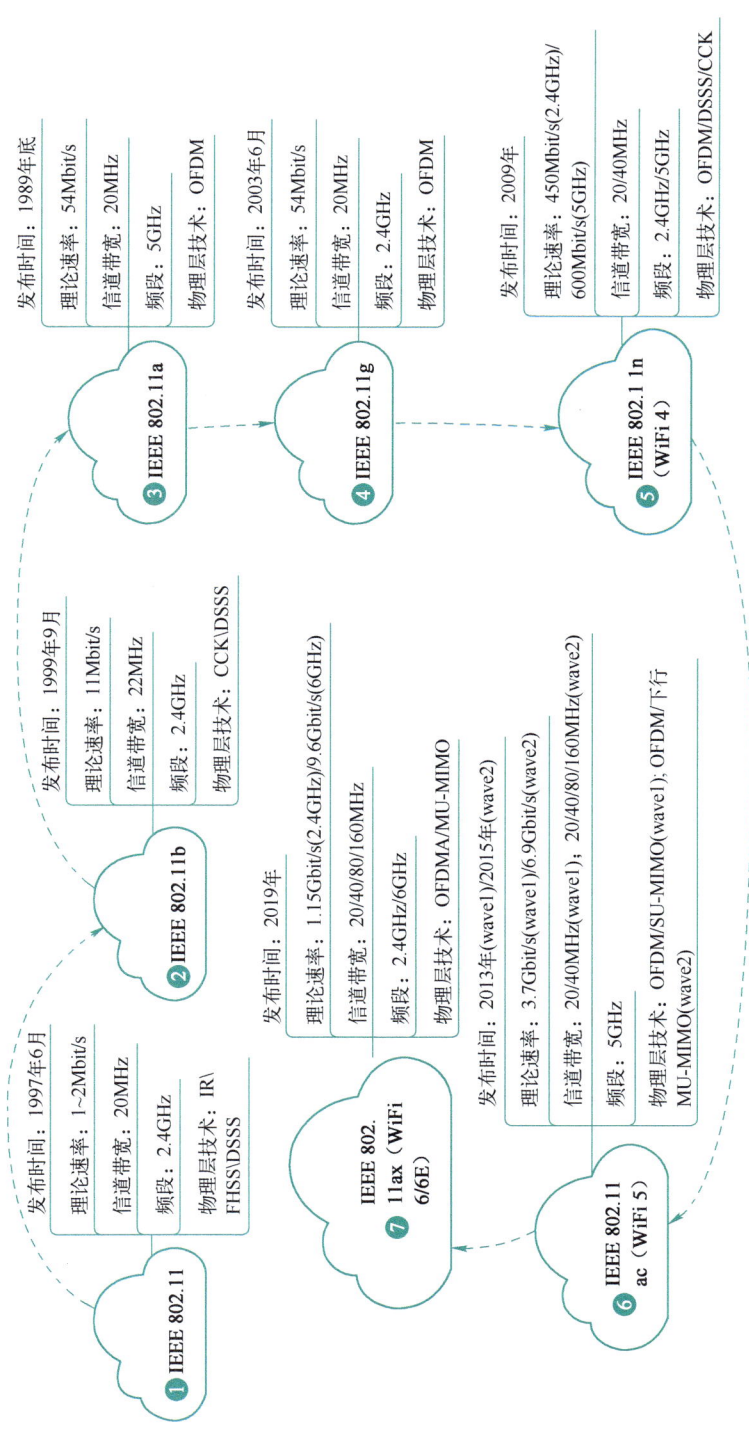

图 6-4 IEEE 802.11 标准的发展历程

表 6-2　WiFi 技术比较

WiFi 技术	WiFi 5	WiFi 6	WiFi 7
名称	第五代无线网络技术	第六代无线网络技术	第七代无线网络技术
标准	IEEE 802.11ac	IEEE 802.11.ax	IEEE 802.11be
频段	5 GHz	2.4 GHz/5 GHz	2.4 GHz/5 GHz/6 GHz
调制模式	255-QAM	1024-QAM，数据容量更高、传输速度也更快	4095-QAM，高吞吐、低延时、抗干扰、广覆盖
容量	多用户同时上网时可能会出现网络拥堵；下行支持 MU-MIMO	上下行支持 MU-MIMO 技术（多用户多入多出）	CMU-MIMO
安全	WiFi 加密协议 WPA2	WiFi 加密协议 WPA3	WiFi 加密协议 WPA3
速率	最高传输速率为 3.5 Gbit/s	最高速率可达 9.6 Gbit/s	最高传输速率为 30 Gbit/s
应用场景	支持高清视频流、在线游戏和大文件下载等高带宽需求的应用；中大型会议室、展览馆和体育馆等高密度场所	TWT 技术，电量消耗小，续航时间延长	元宇宙/全屋智能、多 AP 协作/视频领域/工业互联网

当前，全屋 WiFi 覆盖方案主要包括路由器级联、电力猫、子母路由 3 种方案。其中，路由器级联需要在屋内布放六类线，有一定的实施难度，且可能会影响美观；电力猫体验感较差；子母路由方案包括一个母路由器和多个子路由器，各路由器间可通过 WiFi 进行 Mesh 组网，但其带宽受室内墙阻挡的影响较大。

6.3 任务实施

6.3.1 规划智能家庭网络

1. 网络拓扑结构设计

综合需求分析和家庭房屋结构，选择星形拓扑结构，方便终端接入；考虑家庭内用户和接入终端数不超过 20 个，因此采用胖 AP 组网模式。具体网络拓扑结构如图 6-5 所示。

2. 网络布线规划

家庭网络布线规划如图 6-6 所示（图中的虚线代表墙壁内布线），每个房间均安放有电源和网线面板。

3. 信道规划

为了提高网络性能、减少干扰，WiFi 信道在设置时尽量不重叠。2.4 GHz 频段（20 MHz 频宽）我国可用 13 个信道，同时使用 1、6、11 或 1、7、12 等信道组合则覆盖区域没有重叠，相互无干扰，如图 6-7 所示；5 GHz 频段（20 MHz 频宽）我国可用 13 个信道（35~64 间、149~165 间按 4 等距划分，如 36、40 等），不会发生干扰；5 GHz 频段（20 MHz 频宽）设置了 59 个信道（1~233 间按 4 等距划分，如 1、5、9 等）。

模块 3　智能家庭网络

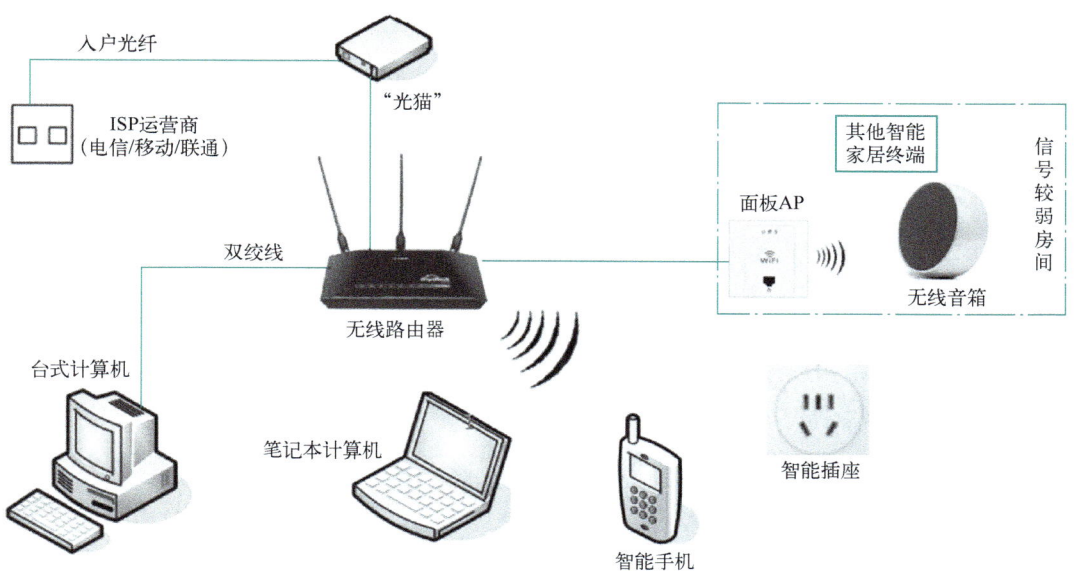

图 6-5　网络拓扑结构

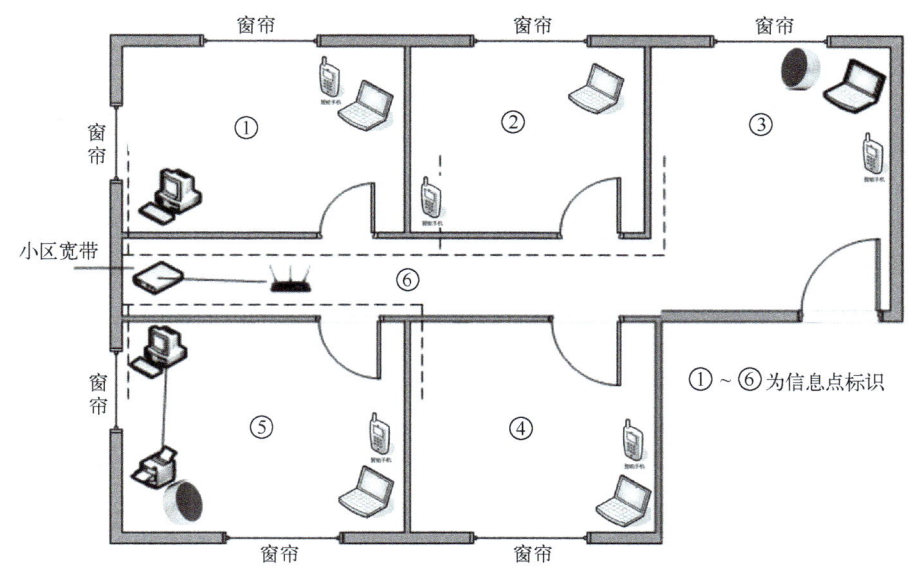

图 6-6　家庭网络布线规划

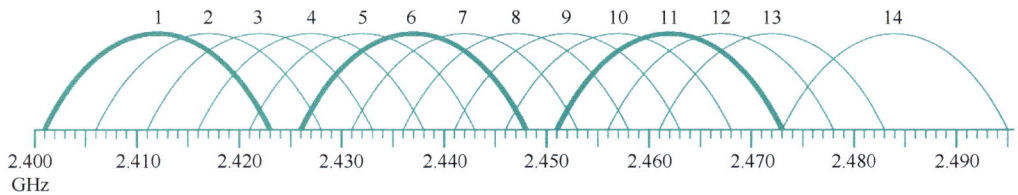

图 6-7　信道与频率关系图

4. SSID 规划

SSID（Service Set Identifier，服务集标识）即网络名称，用来区分不同的无线网络，最多可以有 32 个字符，包括 BSSID（基本服务集标识）和 ESSID（扩展服务集标识）两种情况。其中，BSSID 为接入点的 MAC 地址，不能够被修改；而 ESSID 就是通常所说的 SSID，可以根据要求进行修改。

通常设置的 SSID 建议遵循见名知意原则，简单容易识记。

6.3.2 使用胖 AP 构建家庭智能网络

根据网络拓扑结构连接设备，构建无线网络。

1. 安放无线路由器

由于无线信号的覆盖范围是一个向外扩散的圆形区域，因此，应当尽量把无线路由器放置在无线网络的中心位置，各无线客户端与其直线距离最好不要超过 30 m，以避免因通信信号衰减过多而导致通信失败。

2. 安放无线 AP

组网时，为了延展信号覆盖范围，避免信号盲区，需要用到多个无线 AP；为了保证信号能有效使用，需要对所有无线 AP 进行统一管理。实际部署前，最好在现场安装一个无线 AP 进行实测，确认信号覆盖效果。主要考虑因素如下。

1）经检测后，相互覆盖区域的无线 AP 不能使用相同的信道，否则，会造成无线 AP 在信号传输时的相互干扰，从而降低工作效率。相互覆盖的无线 AP 必须采用不同的、甚至是不相邻信道（Channel 或称频段），否则，将导致严重干扰，降低无线 AP 的通信效率。

各无线 AP 覆盖区域所占频道之间必须遵守的具体规范请参见"6.2 知识链接"中的内容。但如果完全没交叉重叠，则会导致无线网络盲区，而无法实现无线漫游。也就是说，无线 AP 之间的距离，应当小于无线 AP 的有限传输距离。

2）所有无线 AP 必须使用同一 SSID，用户在移动过程中，根本感觉不到无线 AP 间的切换。否则会被认为处于不同的网络，无线客户端将无法实现漫游功能。

3）为了方便管理和减少网络复杂性，同一无线网络中的 AP 通常会被配置在同一 IP 网段内。

4）所有无线 AP 和客户端尽量采用相同的加密方式，否则，将无法建立彼此之间的连接。而且，WPA 或 WPA3 是区分大小写的。

5）在部署无线 AP 时，注意侧边不要贴墙。

6.3.3 配置家庭智能网络设备

配置无线路由器

1. 配置无线路由器

步骤 1： 打开连接到无线路由器接口的主机，本任务中是台式计算机，将其 TCP/IP 属性按图 6-8 所示进行设置。

步骤 2： 打开浏览器，在浏览器的地址栏中输入 http://192.168.0.1（此为管理地址，根据设备上的标识确定），如图 6-9 所示。

模块 3　智能家庭网络

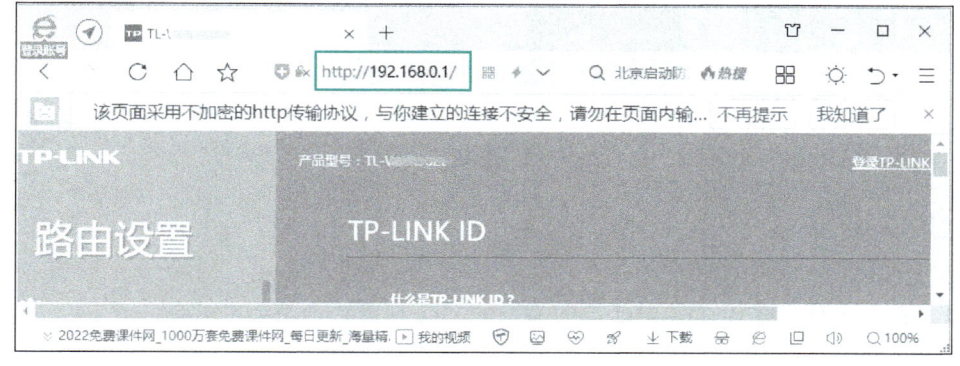

图 6-8　TCP/IP 属性设置

图 6-9　输入管理地址

步骤 3：按<Enter>键，打开图 6-10 所示的路由器登录界面，输入"用户名"和"密码"（根据设备上的标识确定）。

 192.168.0.1 是路由器基于 Web 管理方式的默认地址（具体的地址信息可查看设备说明书）。其默认用户名和密码都是 admin。当忘记了登录用户名和密码时，可以将路由器复位，采用默认用户名和密码登录进去后再修改密码，然后保存。

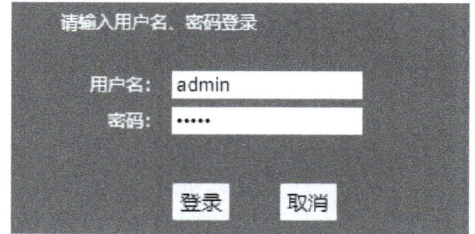

图 6-10　路由器登录界面

步骤 4：单击"登录"按钮，打开路由器管理界面，进入图 6-11 所示的"路由设置"向导。

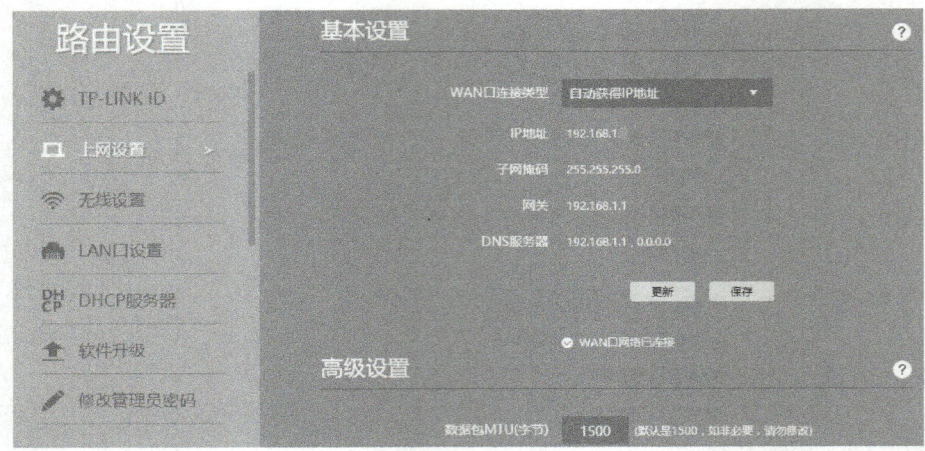

图 6-11 "路由设置"向导

按照设置向导和实际需求逐项（网络状态、设备管理、应用管理等）进行设置，如图 6-12 所示。如果需要自动分配 IP 地址，则启用 DHCP 服务，设置可以分配的地址范围。

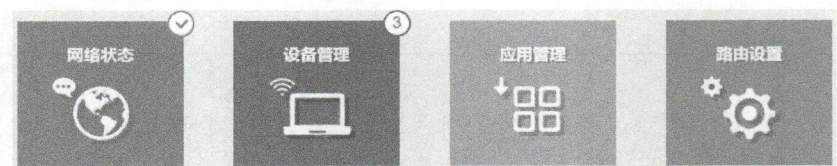

图 6-12 设置路由器

2. 配置无线 AP

（1）无线 AP 的工作模式

无线 AP 有多种工作模式，包括自适应模式、强制模式、桥接模式等。

- 自适应模式：无线 AP 自动选择最佳的通信方式，根据当前网络环境和设备需求智能调整工作频率、信道和功率。该模式特别适用于需覆盖广泛区域和多用户连接的场景。
- 强制模式：该模式下用户手动设置工作频率、信道和功率。该模式主要应用于需要固定特定信道和频段的场景。
- 桥接模式：该模式主要用于连接两个或多个无线网络，如扩大网络覆盖范围、布线困难、远程连接等场景。其中一个为主 AP，其他 AP 均连接主 AP。

（2）无线 AP 的配置

无线 AP 的配置比较简单，首先登录到主 AP 的管理界面（与无线路由器同），依次打开"设置"→"无线设置"→"无线桥接模式"，然后设置 SSID 和密码并保存即可。

3. 配置无线终端

本任务以笔记本计算机配置为例进行说明。当用几台笔记本计算机组建对等网进行通信时，需要开启某一台笔记本计算机的无线发射功能，具体操作步骤如下。

步骤 1：打开"网络和共享中心"，找到无线网络"属性"，打开图 6-13 所示的"WLAN 状态"对话框。

步骤 2：单击"无线属性"按钮，打开图 6-14 所示的"＊＊＊无线网络属性"对话框，选中前两个复选框，单击"确定"按钮。

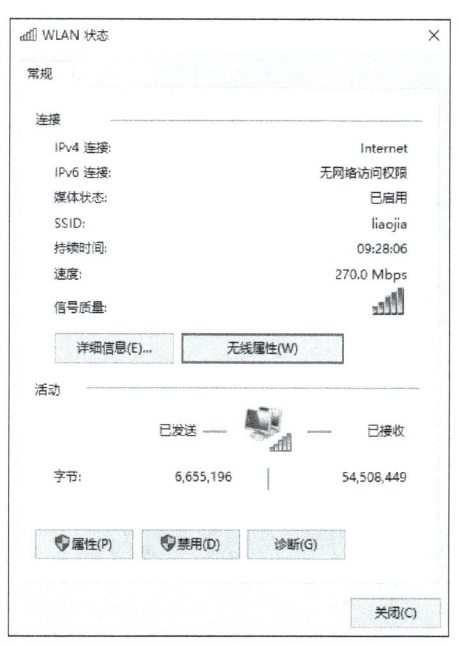
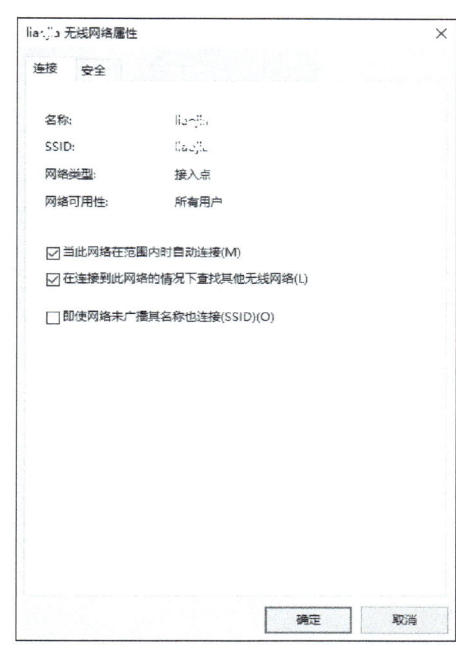

图 6-13 "WLAN 状态"对话框　　　　图 6-14 "无线网络属性"对话框

步骤 3：检查计算机是否支持无线 AP 功能。按组合键<Win+X>，再按<A>键，以管理员身份运行命令提示符。在命令提示符中，输入"netsh wlan show drivers"，按<Enter>键，结果如图 6-15 所示。如果"支持的承载网络"处显示"是"，说明计算机可以使用无线 AP 功能；如果显示"否"，则需要更新网卡驱动程序，如果更新后还是显示"否"，就需要更换网卡。这里的检测结果需要更新网卡驱动。

步骤 4：直到"支持的承载网络"处显示"是"，继续运行命令"netsh wlan set hostednetwork mode＝allow ssid＝network name key＝passkey"，如图 6-16 所示。

步骤 5：在命令提示符下输入"netsh wlan start hostednetwork"命令，显示"承载网络模式已开启"，说明无线发射已打开。

步骤 6：打开"网络和共享中心"，可以查看到刚刚添加的无线网络。但访问类型却是"无法连接到网络"，因为还没有设置要共享到哪个连接。

步骤 7：打开"以太网　属性"对话框，选中"共享"复选框，并在"家庭和网络连接"中选择刚刚添加的 WLAN。单击"确定"按钮后，刚添加的无线网络就连接到 Internet 了。

此时，覆盖范围内的设备就可以找到该网络，不需要使用的时候就在命令提示符中输入"netsh wlan stop hostednetwork 命令"后按<Enter>键，该网络就停用了。如果不能连接，参见下面注意中的解决方法。

图 6-15　管理员身份运行命令提示符

图 6-16　承载网络参数设置

1）无法上网：手动为连接设置 DNS 地址。

2）新添加 WiFi 没有 IP 地址：在命令提示符中再次输入"netsh wlan start hostednetwork"。

步骤 8：配置其他设备与其通信。先设置其 IP 地址，如 192.168.0.18（需与前面配置的 IP 地址处于同一网段），子网掩码为 255.255.255.0，默认网关为 192.168.0.8，其余设置与上面的相同。

当设置两台笔记本计算机无线通信时，虽然是对等网络，但还是要选一台计算机为主；两台计算机的 IP 地址必须设置在同一网段，SSID、速率、信道也必须相同。

6.3.4　测试家庭智能网络

1. 查看无线网卡的工作状态

检查台式机、笔记本计算机等设备的无线网卡是否正常。右击"此电脑"图标，在弹出的快捷菜单中选择"管理"命令，打开图 6-17 所示的"计算机管理"窗口，找到"设备管理器"→"网络适配器"，查看其状态，若显示如图 6-17 所示的情况，说明无线网卡安装正常。

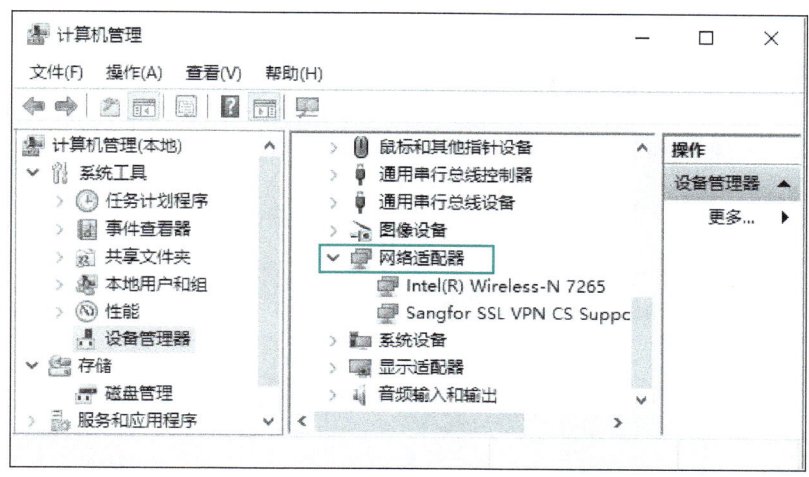

图 6-17 "设备管理器"窗口

如果发现网络适配器旁有黄色标记或有感叹号，说明无线网卡有问题，可考虑无线网卡是否安装了合适的驱动程序。

下面以在 Windows 10 操作系统下安装无线网卡驱动程序为例，具体说明操作步骤如下。

步骤 1：无线网卡安装完成后，启动计算机，系统会自动发现网卡硬件，自动安装驱动程序。

步骤 2：如果出现不正常的情况，则可到"设备管理器"中找到无线网卡，右击，在弹出的快捷菜单中选择"属性"命令，打开图 6-18 所示的无线网卡的属性对话框。

图 6-18 无线网卡的属性对话框

步骤 3：单击"更新驱动程序"按钮，打开图 6-19 所示的"你要如何搜索驱动程序"询问对话框，建议选择"浏览我的计算机以查找驱动程序软件"选项。

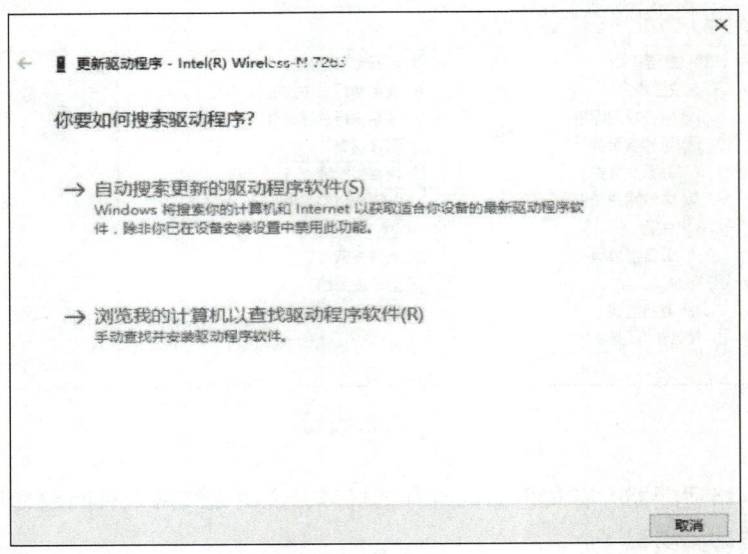

图 6-19 "你要如何搜索驱动程序"对话框

 网卡驱动程序可以从网站上自行下载，如网卡生产厂家的官网或其他提供网卡驱动程序的网站。

步骤 4：在打开的图 6-20 所示的"浏览计算机上的驱动程序"对话框中，选择包含有网卡驱动程序的目录，或者选择"让我从计算机上的可用驱动程序列表中选取"选项。

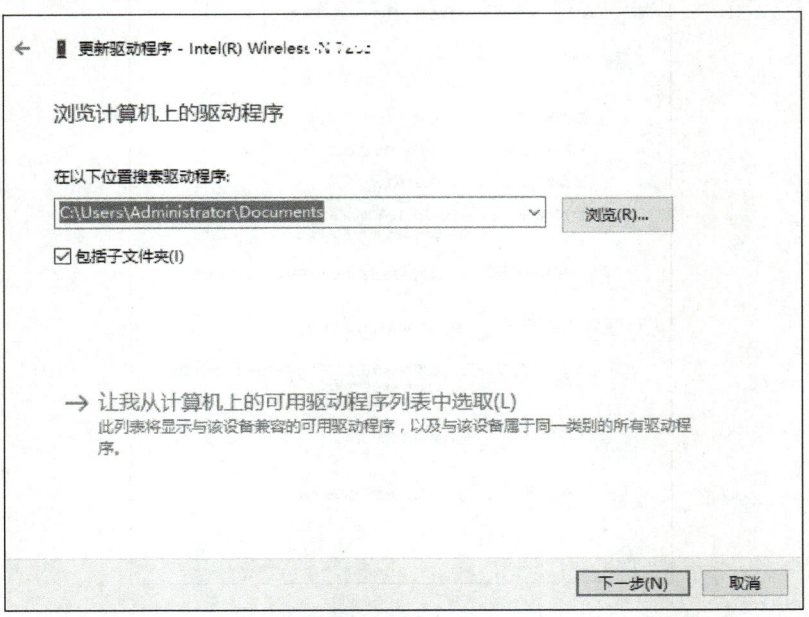

图 6-20 "浏览计算机上的驱动程序"对话框

步骤 5：打开图 6-21 所示的"选择要为此硬件安装的设备驱动程序"对话框，选择其中一个驱动程序，单击"下一步"按钮，等待安装完成即可。

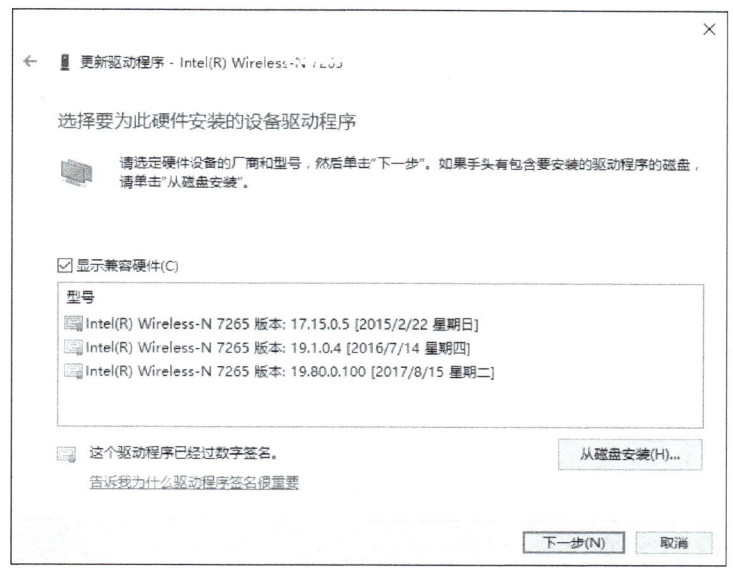

图 6-21 "选择要为此硬件安装的设备驱动程序"对话框

2. 连通性测试

要检查终端设备与网络的连接情况，可使用 ping 命令，也可以在终端设备上通过连接网络进行测试。

任务 7　防护家庭网络安全

网络安全公司 SpyCloud 发布的报告显示，2022 年网络数据泄露情况严重，该公司研究人员在网上发现了 7.215 亿个被泄露的密码，其中有一半来自"僵尸网络"（即被恶意软件感染并被黑客控制的计算机网络，用于部署窃取信息的恶意软件）。可见，安全设置对网络而言是多么重要。

7.1　环境准备

本任务实施环境按小组准备，每小组准备工具如下。

1. 硬件资源

无线路由器（1 个）、笔记本计算机或安装有无线网卡的计算机 1 台（能上网）等。

2. 软件资源

设备配套使用说明书、截图软件等。

7.2　知识链接

无线路由器常用的加密技术有 WEP、WPA、WPA2、WPA3 等，见表 7-1。

表 7-1　几种无线加密技术的比较

序号	名称	英文全称	说明
1	WEP	Wired Equivalent Privacy	有线等效协议，加密能力最弱的一种，采用 RC4 流密码算法，使用相同的密钥对所有数据加密，增加了密钥被破解的风险，是最早的无线网络安全协议
2	WPA	WiFi Protected Access	WiFi 保护接入，改良的密钥管理技术，支持 TKIP（Temporal Key Integrity Protocol，时限密钥完整性协议）加密；增加了消息完整性检查功能，以防止数据包的伪造；实现复杂，需要一台 Radius 服务器来分发和管理密钥
3	WPA2	WiFi Protected Access 2	WPA 的增强型版本，支持 AES（Advanced Encryption Standard，高级加密标准）加密，非法接入难；通过 4 次握手生成会话密钥，确保每个会话之间的数据加密具有唯一性，减少密钥（128 位）被破解的风险；支持 WPA2-PSK（基于预共享密钥的个人模式）和 WPA2-Enterprise（基于 802.1X 认证的企业模式）两种认证方式
4	WPA3	WiFi Protected Access 3	最新标准，支持 SAE（Simultaneous Authentication of Equals，对等实体同时认证），提供 192 位加密密钥，采用口令认证密码交换（PAKE）算法，提高了密码保护和抵抗离线字典攻击能力

7.3　任务实施

7.3.1　设置"安全"选项

设置"安全"的主要步骤如下。

步骤 1：选中桌面任务栏中的无线网络图标，右击，打开图 7-1 所示的快捷菜单。

步骤 2：选择"打开"网络和 Internet"设置"命令，打开图 7-2 所示的"高级网络设置"窗口。

设置"安全"选项

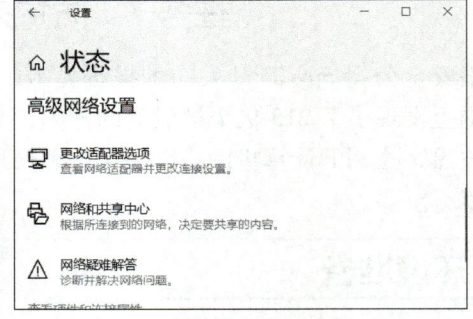

图 7-1　无线网络右键快捷菜单　　　图 7-2　"高级网络设置"窗口

步骤 3：单击"网络和共享中心"项，打开图 7-3 所示的"网络和共享中心"窗口。
步骤 4：单击"连接："后的 WLAN 项，打开图 7-4 所示的"WLAN 状态"对话框。
步骤 5：单击"无线属性"按钮，打开图 7-5 所示的"＊无线网络属性"对话框。
步骤 6：单击切换到"安全"选项卡，如图 7-6 所示。设置"安全类型""加密类型"和"网络安全密钥"等内容。完成相关安全设置后，单击"确定"按钮。

图 7-6 中的设置采用的 WPA 安全类型弥补了 WEP 加密的缺陷，采用 WPA2 标准提高安全性能。当然，该方式也不可避免地会遭到破解，但可通过密码设置的复杂程度和定期更换密码来加强安全性。"WPA3-个人"是家庭 WiFi 网络的最佳安全设置，"WPA3-企业"

是指企业的最佳安全设置。

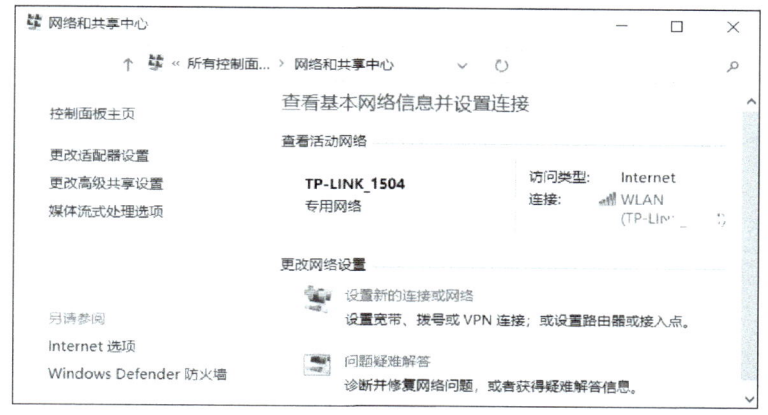

图 7-3 "网络和共享中心"窗口

图 7-4 "WLAN 状态"对话框   图 7-5 "***无线网络属性-连接"选项卡

设置了网络安全密钥后,要养成定期更改的习惯,以防止攻击者持久性访问网络。建议每隔几个月更改一次密码,并使用强密码组合(包括大小写字母、数字和特殊字符,长度在 8 位以上)。

7.3.2 隐藏 SSID

隐藏 SSID

无线终端在接入网络时,是通过 SSID 来识别网络的。SSID 通常由无线路由器广播,通过无线客户端自带的扫描功能可以查看当前区域内的 SSID,双击桌面任务栏中的 图标,即可打开图 7-7 所示的 SSID 列表。

为避免无访问权限的客户端加入无线局域网,确保无线局域网安全,通常采取的方法就是在无线网络基本设置中隐藏 SSID,即在图 7-8 所示的对话框中,取消选中"开启 SSID 广播"复选框。

图 7-6 "*无线网络属性-安全"选项卡　　　图 7-7　SSID 列表

再次查看无线网络时,显示 ![隐藏的网络] 标识。单击它后,打开图 7-9 所示的界面,要求手动输入正确的 SSID,否则就不能接入无线网络。

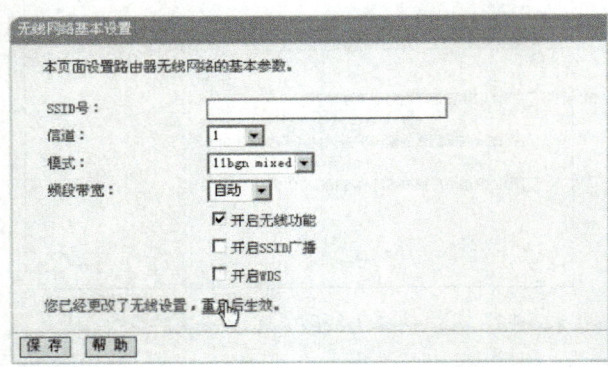

图 7-8　无线网络基本设置　　　　　图 7-9　手动输入 SSID

这种方式可以在一定程度上保护无线网络的安全,但不能从根本上解决安全问题,容易被暴力破解、工具分析、Death 攻击等方式攻破。下面来介绍一下防范方法。

(1) 防范暴力破解

其难度取决于设置的 SSID 的长度及使用字符的类型。一般情况下,SSID 的长度越长、字符类型越多,破解越难。

(2) 工具分析

工具分析是指用无线抓包工具捕获无线网络数据包,通过分析数据包获取 WLAN SSID。对于该种攻击,可通过防火墙阻止无权限用户使用陌生应用程序。

(3) Death 攻击

Death 攻击是通过发送攻击数据包,迫使无线设备接入点与客户端的连接断开,然后在客户端重新连接的过程中获取 SSID。可通过更新系统安全补丁、持续监控网络流量和日志、在路由器和防火墙上禁用可能会被利用进行攻击的服务等措施加强安全防范。

7.3.3 过滤 MAC 地址

过滤 MAC 地址

任何无线网卡都存在唯一的 MAC（Media Access Control，媒体访问控制）地址，为了提高无线局域网的安全性，可设置 MAC 地址过滤，只允许指定 MAC 地址的计算机接入无线局域网。这需要手动添加允许连接设备的 MAC 地址到路由器的访问控制列表中。按图 7-10 所示进行设置，启用了 MAC 地址过滤功能后，只有在 MAC 地址表中的用户才能正常访问无线网络，其他不在列表中的用户（非法客户端）则无法连入网络。

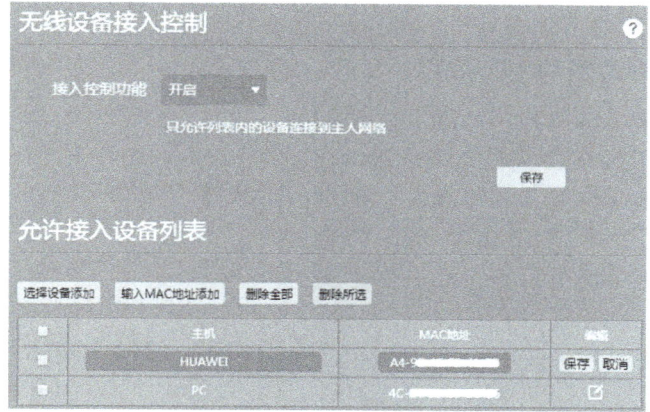

图 7-10 添加 MAC 地址到访问控制列表

在"过滤规则"中选择"仅允许已设 MAC 地址列表中已生效的 MAC 地址访问无线网络"选项，否则无线路由器就会阻止所有用户连入网络。对于家庭用户来说这个方法非常实用，家中 WLAN 一般只有几台计算机，在列表中添加起来比较容易，这样既可以避免被"蹭网"，也可以防止攻击者的入侵。但如果网络规模比较大，添加 MAC 表会比较麻烦。

7.3.4 关闭远程管理与通用即插即用功能

如果无线路由器等终端具有远程管理功能，建议将其关闭。虽然远程管理功能可以方便对设备进行远程管理，但也存在攻击者利用它通过互联网访问和控制终端设备的可能，因此关闭此功能可以减少潜在的风险。

通用即插即用（Universal Plug and Play，UPnP）是由"通用即插即用论坛"（UPnP™ Forum）推广的一套网络协议。UPnP 用于让网络设备自动发现并与其他设备进行通信，无须用户干预，使家庭网络（数据共享、通信和娱乐）和公司网络中的各种设备能够无缝连接，数据共享更简单、快捷。但该功能也会自动配置网络设备，使一些不必要的端口对外开放，导致潜在的风险，因此，关闭该功能也是一种增加网络安全性的有效方法。

1. 在 Windows 操作系统下关闭 UPnP 功能

以 Windows 11 操作系统为例说明如何关闭 UPnP 功能。具体操作如下：按前面介绍的方法打开"网络和共享中心"（见图 7-3），单击左侧窗格中的"更改适配器设置"项，打开"网络连接"窗口。找到当前使用的无线连接，右击，在弹出的快捷菜单中选择"属性"命令，打开"WLAN 属性"对话框。选中"Internet 协议版本 4（TCP/IPv4）"项，单击"属性"按钮，打开"Internet 协议版本 4（TCP/IPv4）属性"对话框。在"常规"选项卡中单击"高级"按钮，打开"高级 TCP/IP 设置"对话框。单击切换到"WINS"选项卡（见图 7-11），选中"禁用 TCP/IP 上的 NetBIOS"单选按钮，单击"确定"按钮，该功能就被禁用了。

2. 在无线路由器关闭 UPnP 功能

如果是使用无线路由器和"光猫"连接的网络，则需要使用浏览器登录无线路由器，在管理界面中查找并选择类似"高级设置"的选项，在相应的设置界面中查找并选择类似 UPnP 的选项，选择"禁用"它，然后保存更改，再重启路由器就设置成功了。

当需要共享设备时再将该功能开启即可。

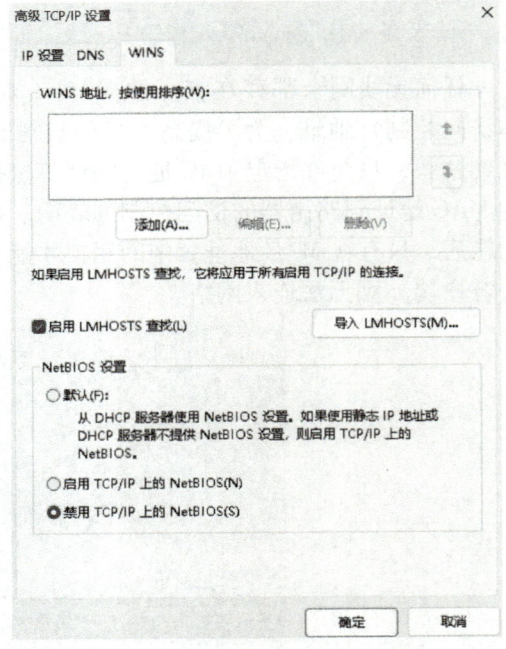

图 7-11 "高级 TCP/IP 设置-WINS"选项卡

7.3.5 提高安全意识

1. 慎用免费 WiFi

不法分子通常会搭建名称相同或相近的 WiFi，设置空密码或简易密码吸引用户连接，然后在路由器上劫持 DNS，吸引用户进入钓鱼网站，获取其账号和密码，或在路由器上监听用户的手机流量，获取明文密码。

因此，连接公共场所的 WiFi 时要仔细确认 WiFi 名称，不要在公共 WiFi 环境下使用 App 进行支付操作；尽量不使用没有密码的公共连接；当不用 WiFi 时关闭手机和笔记本计算机的无线局域网功能，以防自动连接恶意 WiFi。

那么如何判断 DNS 是否被劫持了呢？可进入无线路由器管理界面查看 DHCP 服务下的"主 DNS 服务器"，如果与设置的不同则说明被劫持了，将其更改为常用的本地服务器地址即可。

2. 不私接无线路由器

因为无线路由器存在安全隐患，如配置不当，家用的情况下可能导致被蹭网或个人资料泄露，若是公司使用的话可能导致内网被入侵，公司机密、客户资料泄露等。因此，在办公网络架设无线路由器必须经过公司批准并进行安全检查。

3. 慎用 WiFi 万能钥匙类 App

WiFi 万能钥匙类 App 安装后默认设置自动上传所连接的 WiFi 密码。如果一定要使用的话，建议关闭自动上传密码功能。

【实施评价】

本任务从体验无线网络出发,了解家庭无线网络所需的基本设备、网络拓扑结构;重点在于训练根据实际情况完成需求分析、选购性价比高的设备、保证无线网络安全的技能,达到"分析准确、物美价廉、构建网络可满足用户需求、安全有保障"的目标,并培养"从实际出发解决问题、有安全意识、质量意识和成本意识"素养。

任务实施评价见下表。

表 任务实施评价

序号	评价指标		A 等标准	自我描述与评价	老师记录与评价
1	安全意识	• 任务实施过程中遵守纪律,没有出现打闹、受伤等情况 • 选择设备时考虑可用的、先进的安全技术	☐ 遵守纪律 ☐ 无打闹、受伤等情况 ☐ 可用性强 ☐ 安全参数:WPA3 ☐ 查看配置信息,安全机制设置全面,能保证网络安全		
2	需求分析	从实际情况出发,需求准确	☐ 针对性强,能解决实际问题 ☐ 调研过程中态度认真,考虑周到、细致 ☐ 调研过程中表述清晰、沟通能力强		
3	选购设备	能根据实际需求选择合适的设备	☐ 功能性强,能满足用户的需求 ☐ 性价比高,有成本意识		
4	构建网络	• 实地勘察后沟通修订需求,及时修改、调整方案 • 安全施工 • 网络可靠、安全 • 信号覆盖范围达标	☐ 实地勘察,查看记录表记录情况(完整、细致、与实际相符) ☐ 信号全覆盖 ☐ 操作规范,无安全隐患		

【技能延伸】

使用"无线地勘系统"软件创建"无线家庭网络"工程项目,具体任务如下。

1)根据实际情况完成"工程属性"设置。
2)新建"家庭 1 平面"工程文件,设置区域、AP 型号、AP 数量等。
3)导出工程文件。
4)制作仿真热图,根据实际情况确定无线设备最合适的摆放位置,及时保存热图。

操作步骤如下。

步骤 1:在无线地勘系统首页,单击工具栏中的"新建工程"按钮,或者选择"文件"→"新建工程"命令,如下图所示。

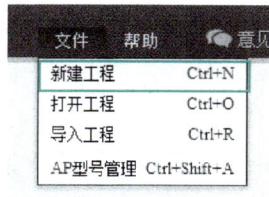

图 "新建工程"菜单命令

步骤 2：打开下图所示的"新建工程"对话框。在相应的文本框中分别输入项目名称、地勘人员、地堪日期（默认为当前日期）、建设单位、方案制作单位等，打 * 号的项是必填项。填好后单击"确定"按钮。

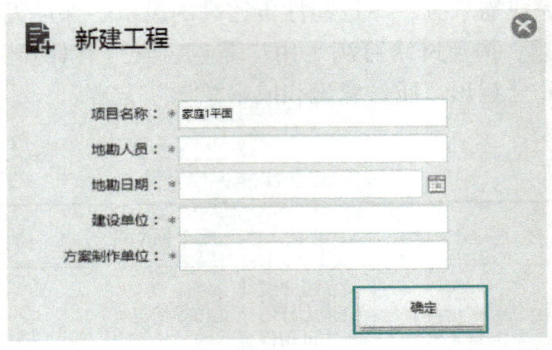

图 "新建工程"对话框

步骤 3：返回地勘系统首页，选择"文件"→"打开工程"命令，找到"家庭 1 平面"项目，在工程文件夹下，单击"新建楼宇"项，打开下图所示的"新建楼宇"对话框。在"楼宇名称"文本框中输入名称，如"东楼"。

图 "新建楼宇"对话框

步骤 4：单击"确定"按钮，关闭对话框。找到"家庭 1 平面"项目下的"东楼"，单击下图所示的"新建工程文件"项，打开"新建工程文件"对话框。

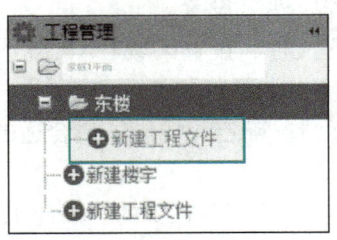

图 "新建工程文件"项

步骤 5：在下图所示的"新建工程文件"对话框中，输入工程文件名称，如"1 层平面"，并选中"导入工程图纸，支持格式 JPG、JPEG、PNG"复选框，导入分辨率不超过 2800×2800 或大小不超过 5 MB 的图片。如果图片大小不合适，导入之前先调整图片大小。若未导入任何工程图纸，则默认为一张空白带网络的背景图纸。单击"确定"按钮即可成功创建工程文件。

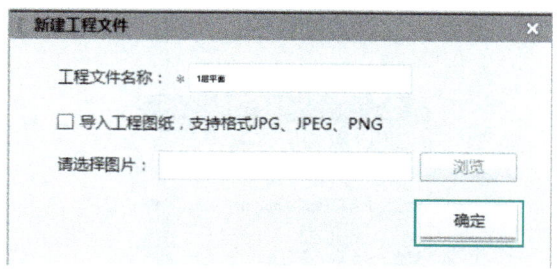

图 "新建工程文件"对话框

工程文件的区域覆盖属性和方案 AP 选型设置如下图所示。内容较多,在此不展开说明。

图 "区域覆盖属性"设置界面　　　　图 "方案 AP 选型"对话框

步骤 6:在"工程管理"中双击要打开的工程文件,或者用鼠标拖曳,打开如下图所示的对话框。

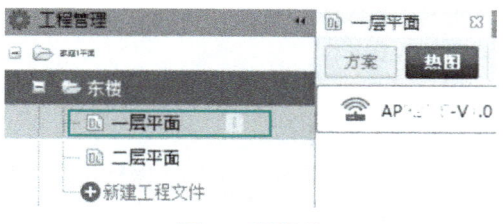

图　工程管理

进行方案设计和仿真热图设计,"热图设置"界面如下图所示。设置完成后单击"保存"按钮。

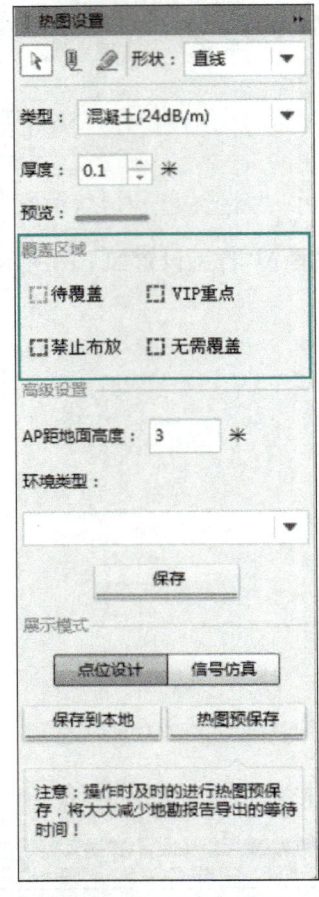

图 "热图设置"界面

步骤7:选择"导出"→"导出报告"命令(见下图),导出报告。

图 "导出报告"命令

【练习与思考】

一、选择题

1. 未来的智慧家庭网络结构最有可能是(   )。
   A. 点状结构　　　　B. 星形结构　　　　C. 网状结构　　　　D. 树形结构
2. 华为物联网网关 Zigbee 和 6LoWLAN 技术中,组网结构是(   )。
   A. 点对点结构　　　B. 星形结构　　　　C. Mesh　　　　　　D. 环形结构

3. WiFi 通信中，IEEE 802.11 标准采用（　　）等手段，使得室内 WiFi 网络具有更好的信道适应性和数据传输能力。（多选题）

  A．QAM（正交振幅调制）   B．OFDM（正交频分复用）

  C．MIMO（多输入多输出）   D．32APSK（32 幅度相位调制）

4. 某公司因项目需求，临时将两个相隔 200 m 的项目组通过网络连接起来，需要采用（　　）把两个局域网连接在一起。

  A．带桥接功能的无线 AP   B．双绞线

  C．无线路由器   D．光纤

5. 某广场临时举办活动，需要搭建无线网络，最好选择（　　）。

  A．面板 AP B．高密度 AP C．WDS D．室外 AP

6. FTTH 是（　　）。

  A．光纤到户 B．光纤到大楼 C．光纤到路边 D．光纤到交接箱

二、判断题（在正确项后打√，错误项后打×)

1. 智能 ONT（Optical Network Terminal）只能支持华为自有服务平台。（　　）

2. 智能网关是整个智慧家庭网络的核心，是家庭网络互联中枢。（　　）

3. 支持 WDS（Wireless Distribution System，无线分布式系统）的无线路由器或无线 AP，可以实现两个无线设备通信，产品的 SSID 也可以不同。（　　）

4. 每个品牌的无线路由器所支持的 WDS 设备一般为 4~8 个，只要具有 WDS 功能的设备都可以链接成功。（　　）

5. 无线路由器隐藏 SSID 后就不能上网了。（　　）

三、思考题

某千兆 FTTH 用户户型图如下图所示，"光猫"和 WiFi 6 路由器安装在位置②。与路由器间无隔墙的②⑥⑦网速较快，与路由器间隔一堵墙的③⑤①的网速则不到②的一半，与路由器间隔两堵墙的④的网速不到②的 20%。请判断该方案是否需要改进？如需改进，给出改进方案。

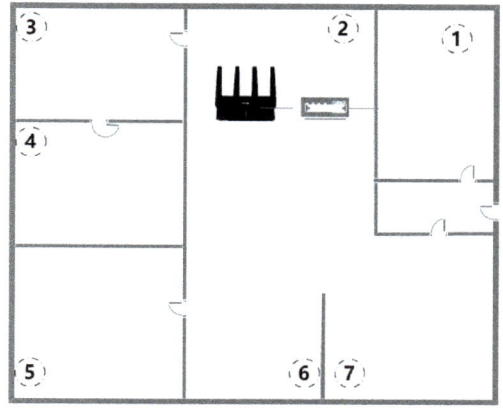

图　用户户型图

模块 4 办公网络

当前，社会信息化程度已被看作一个国家现代化水平和综合国力的重要标志，各单位、部门的信息技术建设是提供高效率办公环境、实现无纸化协同办公的重要方式。

无线网络是对有线网络的有效补充，增强了网络的灵活性和可扩展性，通过安装无线 AP 和无线网卡，就可以使得在办公区、会议室、会客室、展示厅等网络范围内都可以移动上网，有效提高办公效率。因此，进行办公网络规划应充分考虑无线部分。

【教学导航】

知识目标	1. 了解局域网的工作模式、通信标准 2. 了解需求分析、用户调查报告的书写格式 3. 理解子网掩码的格式和作用 4. 熟悉 IP 地址的结构和类型、ARP 命令的原理和使用方法
技能目标	1. 会根据实际情况，选择合适的网络拓扑结构、网络设备 2. 能根据网络拓扑结构构建并测试实际网络，根据测试结果处理相应问题 3. 可以根据用户实际需求，防护办公网络安全，保证网络安全、可靠的运行 4. 能判断用户调查报告是否合理、用户需求分析是否准确
素养目标	1. 通过案例分享或阅读设备选购方案等手段让学习者知道需要合理利用已有设备，遵循够用、适用、节约资源、节约成本的原则 2. 通过查看案例，学会认真分析任务目标，做好与用户的沟通与交流，了解用户需求，树立以客户需求为中心、从全局考虑、加强整体规划的意识 3. 工作时不大声喧哗，遵守纪律，与同组成员间协作愉快，配合完成了整个工作任务，保持工作环境的清洁，任务完成后自动整理、归还工具、关闭电源

【背景描述】

《中华人民共和国网络安全法》明确了网络空间主权的原则，明确了网络产品和服务提供者的安全义务，明确了网络运营者的安全义务，进一步完善了个人信息保护规则，建立了关键信息基础设施安全保护制度，确立了关键信息基础设施重要数据跨境传输的规则。同时，要求各级单位、部门要建立健全网络安全保障体系，提高网络与信息安全保护能力。

每个企事业单位、政府机关的办公网络既不能被阻隔不通信，也不能不关注数据安全。因此，办公网络设计或使用过程中需要比其他网络关注更多方面的内容。

【项目描述】

某信息技术有限责任公司有两栋建筑物，员工 50 余人，办公用计算机 45 台，还有打印机、服务器、交换机等网络设备和终端。

1）随着规模不断扩大，单机资源无法共享，文件传输需要使用 U 盘等工具，效率低下。

2）由于业务增多，受工作内容零散、人力资源有限、成本投入有限等因素影响，迫切需要实现办公自动化，提高办公效率、降低成本。

3）在装修办公室后，发现原有网络混乱、分布不均，掉网现象频繁发生，影响员工工作进度，因此提出重新规划办公室网络，提高网络安全性，保证部门间数据隔离，不产生数据泄露。但为了能尽量不影响工作，不考虑重新布线。

【项目实施】

任务 8　设计办公网络拓扑结构

8.1　环境准备

本任务实施环境按小组准备，每小组准备如下。

1. 硬件资源

可连接网络的计算机 1 台；交换机、路由器、无线接入控制器各至少 1 台。

2. 软件资源

Visio 安装软件或 PPT 制作工具。

8.2　知识链接

8.2.1　网络拓扑结构

网络拓扑结构是指用传输介质互连各种设备的物理布局，即网络中各设备以一定的方式进行连接，这种连接方式就叫作"拓扑结构"。通俗地讲，网络拓扑结构就是这些网络设备如何连接在一起，用来反映网络中各实体的结构关系。

常见的网络拓扑结构主要有总线型、星形、环形、树形、网状、混合型，如图 8-1 所示。

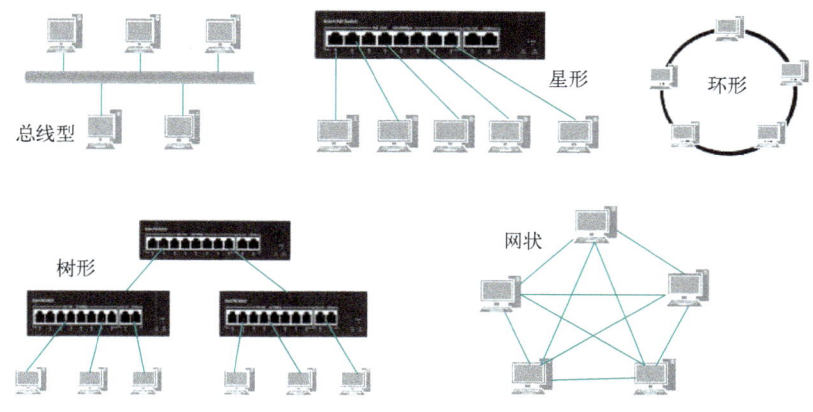

图 8-1　常见的网络拓扑结构

8.2.2 常见的网络设备

1. 路由器

路由器（Router）是连接两个或多个网络的硬件设备，如图 8-2 所示，在网络间起网关的作用，位于 TCP/IP 参考模型的网络层。其主要作用是通过路由决定数据的转发，转发策略称为路由选择（Routing），即依据每个路由器中的路由表（指明从源站点到目的站点的一条路径）选择最佳通信路径。

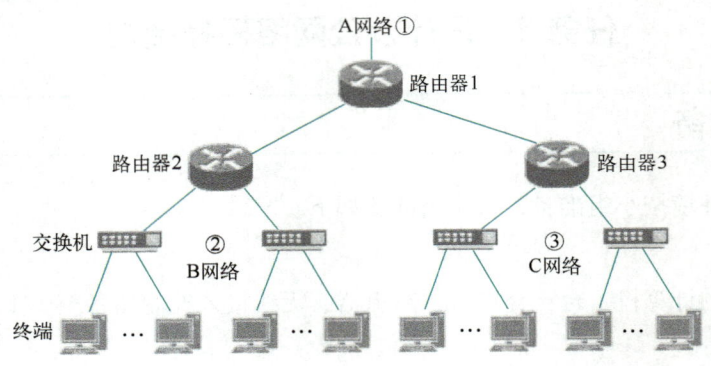

图 8-2 路由器

路由协议是指生成路由表的方法，分为静态路由协议和动态路由协议。

网络中的设备通信主要是使用 IP 地址，路由器根据具体的 IP 地址来转发数据。数据转发相对比较简单，路径的选择比较复杂。

（1）路由器的数据转发

计算机 A 和 D 处于不同的网络，A 要给 D 发送数据，需要路由器进行转发，具体如图 8-3 所示。实际应用中可从计算机 A 去 ping 计算机 D，判断两者能否进行通信。

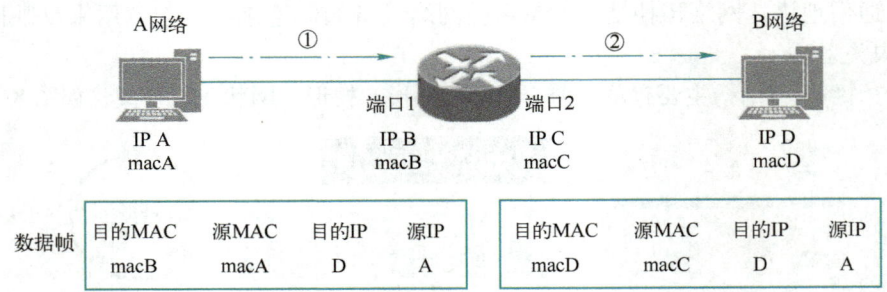

图 8-3 路由器的数据转发

（2）数据的传输过程

计算机 A 发送 ping 命令，请求计算机 D 予以响应，则 A 生成了数据 Data；加上传输层头部构成 TCP 报文段；然后加上由 A 主机网卡获得的 IP 地址及 ping 的目的 IP 地址，形成 IP 数据报；接下来查找对应的 MAC 地址，构成数据帧；通过传输介质进行传输后到达路由器，去掉帧头获取数据报，路由器根据路由表进行转发。整个传输过程如图 8-4 所示。

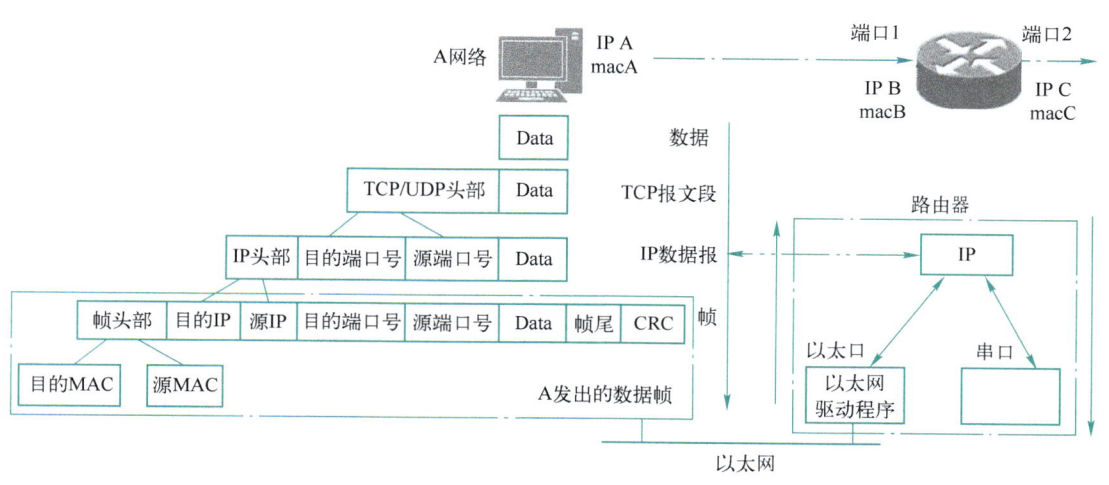

图 8-4　数据的传输过程

（3）路由器的启动过程

1）给路由器加电，硬件自身进行 POST（Power On Self Test），即上电自检，对硬件进行检测。

2）POST 完成后，读取 ROM 中的 BootStrap 程序，进行初步引导。

3）初步引导完成后，尝试定位并读取完整的 IOS 镜像文件。在 Flash 中查找 IOS 文件，若找到，就读取 IOS 文件，引导路由器；若找不到，则进入 BOOT 模式，使用 TFTP 上的 IOS 文件，或使用 TFTP/X-MODEM 给路由器 Flash 中传输一个 IOS 文件。传输完毕后重新启动路由器，路由器就可以正常启动到 CLI 模式。

4）在 NVRAM 中查找 STARTUP-CONFIG 文件（启动配置文件，其中保存对路由器所做的所有配置和修改）。找到后，加载该文件里所有配置，并根据配置来学习、生成、维护路由表，然后将所有配置加载到 RAM（路由器的内存）里，进入用户模式，最终完成启动过程。

若找不到，路由器会进入询问配置模式（问答配置模式，即所有关于路由器的配置以问答形式进行配置）。一般情况下不用该模式，一般会进入 CLI（Command Line Interface）模式对路由器进行配置。

整个路由器的启动过程如图 8-5 所示。

（4）路由器的分类

路由器的常见分类见表 8-1。

表 8-1　路由器的常见分类

分类方式	类别	描述
功能	骨干级	数据吞吐量大，是企业级网络互联的关键，通常采用热备份、双电源和双数据通路等技术来确保其可靠性
	企业级	用于连接多个逻辑上分开的网络（逻辑网络即一个单独的网络或一个子网），即企业局域网与广域网连接、企业异种网络或者多个子网互联。适用于中小型企业或机构，能够满足复杂的网络环境需求，具备高性能、高可用性和高安全性等特点
	接入级	连接家庭或 ISP 内的小型企业客户

（续）

分类方式	类别	描述
结构	模块化	用户可根据所要连接的网络类型来选择相应模块，不同的模块可以提供不同的连接和管理功能，灵活性强，适应企业业务需求（高端路由器）
	非模块化	只能提供固定单一的端口，主要用于连接家庭或 ISP 内的小型企业客户（低端路由器）
网络位置	边界	处于网络边缘，用于不同网络路由器的连接
	中间节点	处于网络中间，根据当前路由表所保持的路由信息，选择最好的路径传送报文
网络协议	有线	通过有线接口实现网络连接，传输速度和稳定性比较高
	无线	通过无线接口实现网络连接，满足无线移动设备上网需求

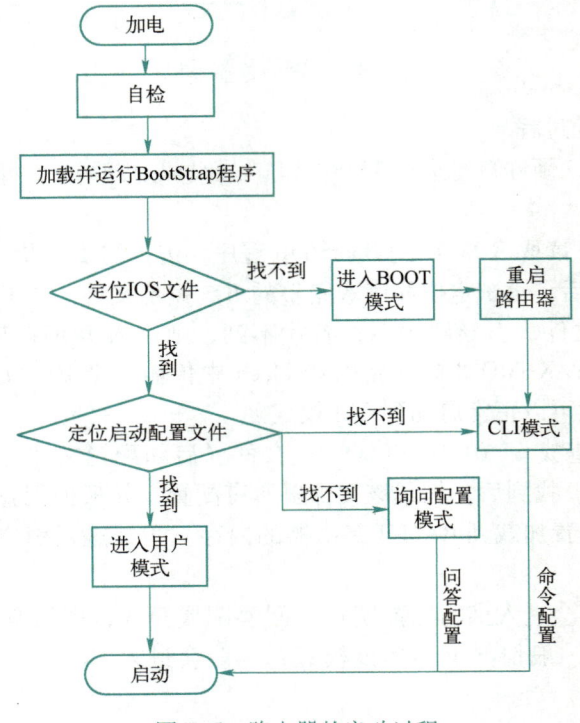

图 8-5　路由器的启动过程

2. 交换机

交换机（Switch）是一种用于电信号转发的网络设备，为接入其中的任意两个网络节点提供独享的电信号通路。最常见的交换机是以太网交换机，其他常见的还有电话语音交换机、光纤交换机等。

（1）交换机与路由器的比较

交换机与路由器有明显的区别，见表 8-2。

（2）交换机的工作原理

交换机的作用是根据 MAC 地址表寻址和转发。MAC 地址表是怎么得来的呢？

交换机刚启动时，MAC 地址表是空的。当主机接入的时候，交换机才开始学习 MAC 地址。主机 A 给主机 D 发送数据的具体过程如图 8-6 所示。

表 8-2 交换机与路由器的区别

依 据	交 换 机	路 由 器
功能	把数据包直接传送到目的节点	找寻一条将 IP 数据报从源主机传送到目的主机的路径
数据传送依据	MAC 地址表	路由表
带宽	每一端口都可视为独立的物理网段，连接在其上的网络设备独自享有全部带宽	共享带宽
连接设备	不同终端	不同网络
端口数目	多，每个端口为一个冲突域	少

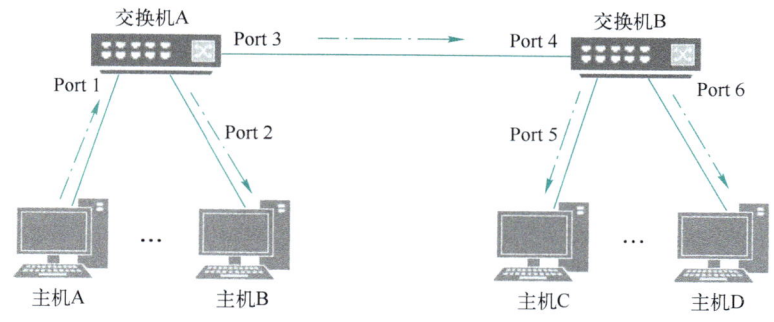

图 8-6 主机 A 与主机 D 的数据交换过程

步骤 1：交换机 A 在 Port1 收到主机 A 发送的数据帧后，学习帧的源 MAC 地址（本例为 macA），然后在 MAC 地址表中查询该帧的目的 MAC 地址，找不到，则将 macA 和 Port 1 添加到 MAC 地址表中，并将帧从 Port 2 和 Port 3 端口转发出去。

步骤 2：主机 B 收到数据帧后，查看其中的目的 MAC 地址，发现不是给自己的，于是将其丢弃。

步骤 3：交换机 B 收到数据帧后，学习帧的源 MAC 地址（本例为 macA），查看自身的 MAC 地址表，找不到，则将 macA 和 Port 3 添加到 MAC 地址表中，并将帧从 Port 5 和 Port 6 端口转发出去。

步骤 4：主机 C 和 D 收到数据帧后，查看其中的目的 MAC 地址，C 丢弃数据帧，D 接收并处理该数据帧，回复主机 A，将数据帧发往交换机 B。

步骤 5：交换机 B 收到数据帧后，学习帧的源 MAC 地址（本例为 macD），查看自身的 MAC 地址表，找不到，则将 macD 和 Port 6 添加到 MAC 地址表中，直到 A 主机收到数据帧。

（3）交换机的分类

交换机是一种非常重要的网络设备，能实现数据的快速交换和传输。交换机的种类有很多，不同种类型的交换机都有各自的应用场景。常见的交换机分类见表 8-3。

表 8-3 常见的交换机分类

分类方式	类 别	描 述
工作位置	广域网交换机	应用于电信领域，提供通信用的基础平台
	局域网交换机	应用于局域网络，用于连接终端设备，如 PC 及网络打印机等

(续)

分类方式	类别	描述
规模应用	企业级交换机	机架式，支持 500 个信息点以上
	部门级交换机	机架式（插槽数较少）或固定配置式，支持 300 个信息点以下
	工作组交换机	固定配置式（功能较为简单），支持 100 个信息点以内
工作协议层次	二层交换机	以太网数据包交换；根据第二层数据链路层的 MAC 地址和通过站表选择路由来完成端到端的数据交换
	三层交换机	增加了 IP 层数据包处理能力；根据第三层网络层 IP 地址来完成端到端的数据交换，能提高各节点之间的数据传输率
	四层交换机	完成端到端交换，能根据端口主机的应用特点，确定或限制它的交换流量；主要用于互联网数据中心
交换技术	以太网交换机	基于电信号，光信号转换为电信号后进行交换处理
	光交换机	不需要经光电转换，内部为光路，直接进行光信号交换
交换机端口结构	固定端口交换机	提供有限的端口和固定类型的接口，可连接的用户数量、可使用的传输介质具有一定局限性，适用于小型网络、桌面交换环境
	模块化交换机	由多个模块组成，每个模块提供如路由、防火墙、负载均衡等不同功能；适用于需进行灵活配置的网络，如数据中心、大型企业网络等
是否支持网管功能	网管型交换机	具有网络管理功能，提供基于终端控制口（Console）、Web 页面、Telnet 远程登录等多种网络管理方式。网络管理员可以对其工作状态、网络运行状况进行本地或远程的实时监控
	非网管型交换机	对数据不做直接处理

3. 无线接入控制器

接入控制器（Access Controller，AC）是无线局域网接入控制设备，负责把来自不同 AP 的数据进行汇聚并接入 Internet，同时完成 AP 设备的配置管理、无线用户的认证与管理，以及宽带访问、接入安全控制等功能。

8.3 任务实施

8.3.1 做好用户调查

用户调查是需求分析的重要环节，可以直接与办公室主任、经理及成员进行面对面的调查，也可以通过电话或其他方式进行调查，填写如表 8-4 所示的调查报告表，完成用户调查分析。

表 8-4 调查报告表

调查内容	调查选项
	填写说明：在符合项后打√
公司办公地址	
公司网络覆盖情况	覆盖范围（　　）m^2；总共（　　）个办公室 光纤网络（　　）　双绞线网络（　　）
公司人员规模	（　　）人；（有　无）大规模扩展计划

(续)

调查内容	调查选项
	填写说明：在符合项后打√
公司网络现状	有哪些网络设备？台/套数？安全防护设备有哪些？ 如无线路由器（　），交换机（　），普通路由器（　），病毒防护系统（　），上网行为管理系统（　），认证系统（　），没有（　），其他（　） 说明：如为其他，请写明具体的设备名称及型号
网络设备主要品牌	华为（　），TP-Link（　），D-Link（　），中兴（　），其他（　） 说明：如为其他，请写明具体的设备品牌
办公室设备情况 （填写数字）	共（　）台计算机，其中笔记本计算机（　）台，台式机（　）台；打印机（　）台；其他办公设备＿＿＿＿＿＿ （　）个办公室组成一个网络，最大通信距离为（　）m，数据传输速率为（　），协商查看办公室物理布局图
已经选择或准备选择的网络运营商	中国电信（　），中国移动（　），其他（　） 说明：如为其他，请写明具体的运营商及使用情况
网络安全要求	上网安全（　），信息安全（　），可靠性（　）
应用要求	共享访问 Internet（　），共享打印机（　），文件共享（　），统一管理网络（　），严格控制内网用户权限（　），不同部间做访问限制（　），防范病毒攻击（　），用户认证（　）
网络方面的配置	（有　无）专人管理，（　）人专门管理；（有　无）网络安全管理制度；（有　无）应急响应措施；（有　无）开展安全意识、网络使用规范等方面的专门培训或宣传，有（　）次培训或宣传，培训或宣传基本涉及（　）方面
以上内容是否属实	情况属实（　）　说明：调查人和被调查人签名确认

8.3.2 分析办公网络需求

首先详细分析办公局域网需求。根据不同公司和企业的性质、规模大小等条件差异，确定不同办公网络的具体需求。

1. 办公网络构建原则

设计人员在设计过程中首先要做的工作就是确定设计目标，根据具体情况，办公局域网中计算机网络的规划、设置和实施需要遵循的原则包括以下几个。

- 功能性：满足用户需求的网络功能。
- 开放性、可扩展性：要求采用开放的技术和标准，选择主流的操作系统及应用软件，保障系统能够适应未来几年公司的业务发展需求，便于网络扩展以适应公司结构变更等。
- 可管理性：系统中应提供尽量多的管理方式和管理工具，便于系统管理员在任何位置都能方便地管理整个系统。
- 高稳定性与可靠性：系统的运行应具有高稳定性，保障全天时的高性能无故障运行。
- 安全性：办公网络应遵循《中华人民共和国网络安全法》《中华人民共和国数据安全法》《关键信息基础设施安全保护条例》《中华人民共和国个人信息保护法》《信息安全等级保护管理办法》等相应法律法规，维护网络安全、数据安全及个人信息安全等，确保网络安全、稳定、可靠的运行。

2. 办公网络需求分析

根据公司实际情况分析，该网络的具体需求如下。

（1）辨别目标和约束，获悉办公网络现状

1）目前办公局域网主要覆盖两栋建筑物，办公室数目不多；只有一套网络设备，无冗余；随着笔记本计算机的使用增多，随意增加无线 AP 等设备。

2）与 Internet 连接采用电信网络，电信的接口已经安装在办公室的墙壁上，可以使用。

3）该公司目前有 45 台计算机，每个办公室一台打印机，楼内墙壁中已经敷设网线。

4）公司暂时没有招聘新员工的计划，但业务扩展后可能会增加。

5）公司文件统一存储，不同部门、不同人员访问各自权限范围内的文件；员工在上班时间不能访问外网。

6）整个公司除财务等特殊部门外都可以进行信息沟通，遇到项目攻关时可随时构建项目组网络。

7）该局域网中的计算机主要用于办公，不需要经常移动。

8）以前因公司规模不大，没有专职的网络管理人员和相应制度，布线不太规范、曾出现过 ARP（Address Resolution Protocol）病毒。

（2）明确用户功能需求，了解局域网的基本应用

1）共享上网、共享硬件设备。共享打印机、传真机、扫描仪等通用硬件设备，节省大量硬件设备的投资。

2）文件集中管理及共享资源。

- 出于安全考虑，要求把工作类的文件存放在公司服务器上集中管理。一方面便于查看、管理和备份；另一方面也降低了数据丢失、损坏的概率，提高了数据安全性。
- 满足公司员工随时能下载、查看常用应用程序、通知、政策法规、技术资料等通用文件的需求。

3）用户因业务等上网的时间可能比较集中。

4）根据公司业务发展和公司规模的变化，公司网络规模需要扩展。

5）为了保证数据安全，应给每个员工分配一定数量的私有空间和公用空间，用于备份数据。

（3）从技术角度分析网络的功能能否满足用户的需要

1）局域网连接方式。根据目前随时随地能办公的需求，考虑有线与无线结合的方式。

2）技术与管理设计。为了保证各部门数据使用安全，考虑按部门进行子网划分并划分 VLAN（Virtual Local Area Network，虚拟局域网）。

- 因公司规模逐渐扩大，员工数目不断增加，避免 ARP 病毒及被入侵等情况出现，考虑对内部入网终端实施 IP 与 MAC 地址绑定；部署认证系统实现用户入网认证管控。
- 增强网络使用的可靠性，考虑设置互联网出口链路冗余。
- 增强网络使用的安全性，将服务器等重要设备构建 DMZ（隔离区）；杜绝无线 AP 随意乱接，公司统一部署和管理。
- 配置专职人员管理网络，明确岗位职责；完善网络管理制度，制定网络安全事件应急响应预案；定期进行等级保护测评和人员培训，提升网络安全技能、防范意识。
- 设计网络时，应保证网络在 3～5 年内不落后；在墙内预埋网线和在墙上安装信息插座要考虑扩展性；综合布线系统采用全模块化结构，方便系统扩展、提高网络构建灵活性，如以后需要更改系统、设备移位时，在相应配线架上跳线即可，不必重新布线或室内走明线。这样不仅节约了成本，还避免了破坏办公室整体布局和美观性及增加

施工难度等问题。

 通过跳线实现与不同网络设备的互连，可实现各种不同逻辑拓扑结构的网络。

3）设备选择。
- 考虑成本因素，在可用前提下不浪费原有设备。
- 考虑设备在技术上具有先进性、通用性、可扩展性、可升级性，同时便于管理、维护，设置连接设备端口数量大于目前连接的设备数。
- 考虑设备兼容性、稳定性和转发速率，在满足性能指标和成本因素的情况下，尽量选择同一品牌的交换机和路由器。
- 考虑公司业务和办公需求，无线终端应用需求不断增长，无线部分考虑采用目前比较流行的"AC+FIT"无线部署方式，在核心交换机上连接无线控制器，各楼层统一部署千兆 PoE 交换机，接入交换机上接入无线 AP。具体操作在此不再赘述。

（4）网络拓扑结构需求分析

考虑扩展性需求及管理方便，选择星形网络拓扑结构与树形网络拓扑相结合，以支持目前和将来的各种网络应用。

整理上述需求，撰写需求分析报告，上交项目经理、公司负责人确认。

8.3.3 设计办公网络拓扑结构

网络设计之初首先要考虑有效利用现有设备资源，从节约成本出发，遵循网络扩展性、开放性、安全性和易于管理性原则。

该局域网结构简单，可用 Visio 软件绘制网络拓扑结构。通过前期了解，确定当前网络拓扑结构如图 8-7 所示。

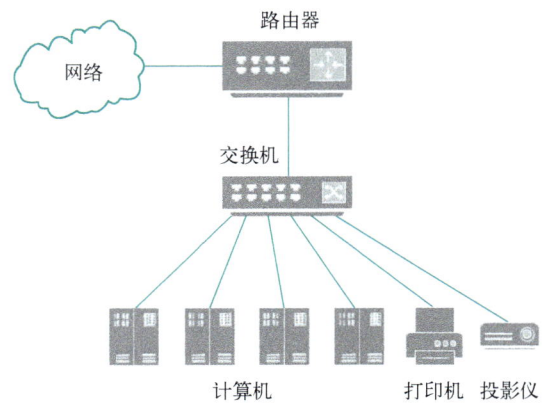

图 8-7　当前网络拓扑结构

由图可知，当前网络缺乏冗余性考虑，也缺乏无线接入。因此，根据需求设计了图 8-8 所示的网络拓扑结构。

新拓扑完成了出口冗余链路升级改造、增加了用户接入网络安全认证和无线 AP 统一部署等，提高了办公网络的安全性和可靠性。

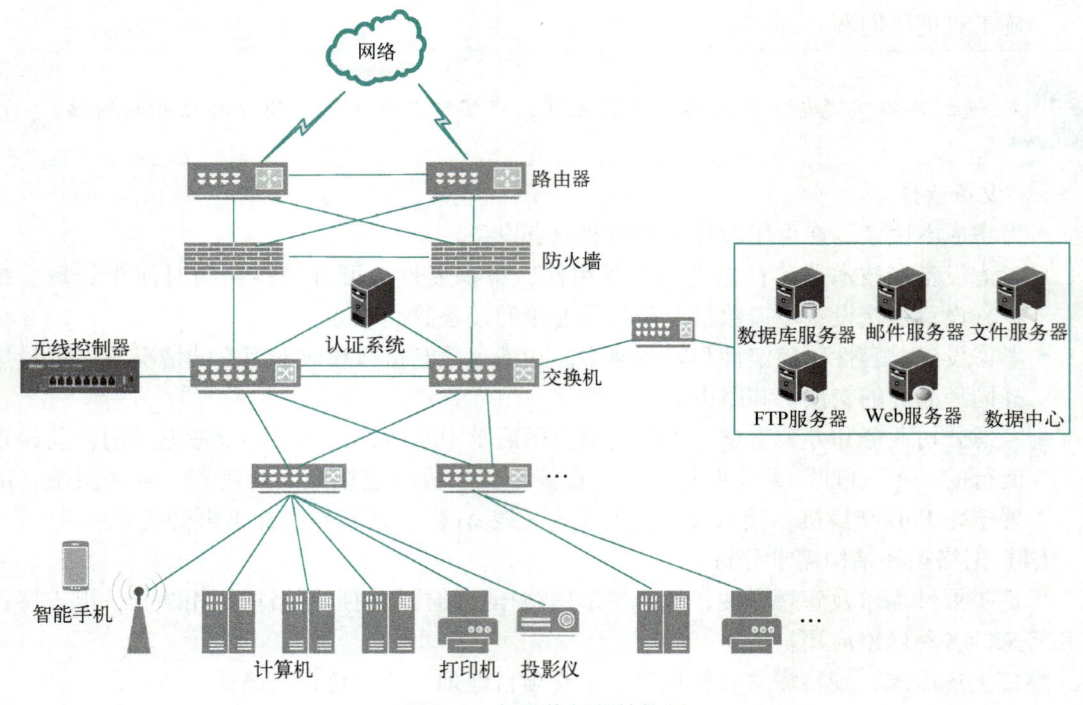

图 8-8 新网络拓扑结构图

任务 9 构建办公网络

9.1 环境准备

本任务实施环境按小组准备,每小组准备工具如下。

1. 硬件资源

面板 AP(1 个/人)、手机、无线路由器(1 台)、网线(超五类或六类)、无线 AC(1 台)、可上网的计算机(1 台)等。

2. 软件资源

eNSP、Wireshark、VirtualBox 等。

9.2 知识链接

9.2.1 局域网的定义与通信标准

1. 局域网的定义

局域网(LAN)是一种用于连接位于有限地理范围内的计算机和网络设备的网络。通常,局域网覆盖的范围局限于一栋建筑物、一个校园或一家公司的办公室。其一般由网络硬件和网络软件两大部分组成。网络硬件主要包括网络服务器、工作站、外设、路由器及网间互连线路等。网络软件主要是指网络操作系统和满足特定应用要求的网络应用软件。

局域网的主要目的是提供高速、低延迟的数据传输，使得连接到该网络的设备可以方便地共享资源、文件和服务。

2. 通信标准

为了确保不同厂商生产的网络设备可以在同一网络上无缝通信，需要制定统一的通信标准来构建可靠、高效的局域网。

（1）IEEE 802 系列标准

局域网通信标准主要是 IEEE 802 系列，见表 9-1。

表 9-1　IEEE 802 系列标准

标 准 名	规 范
IEEE 802.1A	局域网体系结构
IEEE 802.1Q	英文缩写为 dot1q，是实现以太网封装的架构协议
IEEE 802.2	逻辑链路控制（LLC）
IEEE 802.3	CSMA/CD 访问控制方法与物理层规范
IEEE 802.3i	10Base-T 访问控制方法与物理层规范
IEEE 802.3U	100Base-T 访问控制方法与物理层规范
IEEE 802.3ab	1000Base-T 访问控制方法与物理层规范
IEEE 802.3Z	1000Base-SX 和 1000Base-LX 访问控制方法与物理层规范
IEEE 802.11	无线局域网访问控制方法与物理层规范
IEEE 802.15	物联网（IoT）等无线网络的开放共识标准
IEEE 802.18	支持 IEEE 802 LMSC 和无线工作组的无线电监管事务
IEEE 802.19	非授权频段无线设备共存标准

（2）IEEE 802.3 标准协议

实际应用过程中，IEEE 802.3 标准使用得较多，具体见表 9-2。

表 9-2　IEEE 802.3 系列标准

标　准	802.3 版本	速率/(Mbit/s)	介　质	最大电缆网段长度/m
10Base5		10	粗同轴电缆	500
10Base2	802.3b	10	细同轴电缆	180
10Base-T	802.3i	10	UTP	100
10Base-FL/FB	802.3j	10	两根光纤	2000
10Base-FP	802.3j	10	两根光纤	1000
100Base-TX	802.3u	100	2 对 100Ω 五类 UTP	100
100Base-T4	802.3u	100	4 对 100Ω 三类 UTP	100
100Base-T2	802.3y	100	2 对 100Ω 三类 UTP	100
100Base-FX	802.3u	100	两根光纤	412（半双工）
1000Base-LX(1300nm)/SX(850nm)	802.3z	1G	LX/SX-62.5/50μm 多模光纤 LX-10μm 单模光纤	316/275550/275（全双工） 单模达 5000
1000Base-CX	802.3z	1G	特殊屏蔽双铜线电缆	25

（续）

标　　准	802.3 版本	速率/(Mbit/s)	介　　质	最大电缆网段长度/m
1000Base-T	802.3ab	1G	4 对 100Ω 五类双绞线	100
10GBase-LW/LR	802.3ae	10G	1300 nm 波长用单模光纤	10k（全双工）
10GBase-E/ER			1550 nm 波长用单模光纤	40k（全双工）

9.2.2　局域网的工作模式

局域网的工作模式指的是局域网中各节点间的关系，主要有客户端-服务器模式、对等式及专用服务器结构三种。不同的工作模式影响着局域网的性能、安全性和可扩展性。

1. 客户端-服务器模式

客户端-服务器模式多应用于企业网络，其结构如图 9-1 所示。其中，服务器是提供服务和资源的中心，如提供文件存储、打印服务、数据库访问等；客户端是请求这些服务和资源的设备。客户端设备通过网络连接到服务器以获取所需的服务。该模式的优势是便于集中管理，易于维护，资源集中，便于管理和备份；其劣势是单点故障可能导致服务中断，对服务器的要求高。

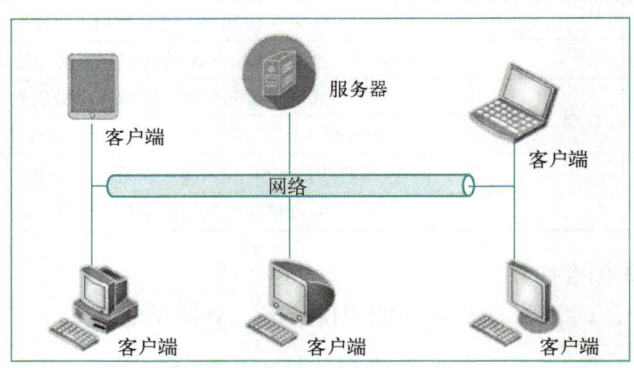

图 9-1　客户端-服务器模式

2. 对等模式

在对等（Peer-to-Peer）模式中，每个节点间的地位是对等的，没有专用服务器，在需要的情况下每个节点既可以充当服务器也可充当客户端。

3. 专用服务器结构

专用服务器结构模式又称为工作站-文件服务器模式，相当于共享存储设备。当用户数目较多时，反应速度会很慢，不适合采用该模式。

9.2.3　局域网的传输方式与介质访问控制方法

1. 局域网的传输方式

局域网中主要采用的传输方式是基带传输，这是一种最基本的数据传输方式，一般用在较近距离的数据通信中。

基带传输又叫数字传输，是指把要传输的数据转换为数字信号，使用固定的频率在信道上传输。例如，计算机网络中的信号就是基带传输的。和基带传输相对的是频带传输，又叫模拟传输，是指信号在电话线等普通线路上，以正弦波形式传播的方式。例如，电话、模拟电视信号等，都属于频带传输。

还有一种常用的传输方式是宽带传输，它能容纳全部广播并可进行高速数据传输，且允许在同一信道上进行数字信息和模拟信息服务。

2. 介质访问控制方法

介质访问控制（MAC）方法是在局域网中对数据传输介质进行访问管理的方法，主要包括两方面的内容：一是要确定网络上每一个节点将信息发送到介质上去的特定时刻；二是要解决如何对共享介质访问和使用加以控制。常见的方法见表 9-3。

表 9-3 介质访问控制方法

分类	控制方法	控制方式	工作流程	特点	类型
共享介质方式	CSMA/CD	带冲突检测的载波监听多路访问	先听后发，边听边发，冲突停发，随机重发	无法完全消除冲突	总线型
	Token Ring	令牌环访问控制	获取令牌后发送数据	负载较大时效率高	环形
	Token Bus	令牌总线访问控制	在物理总线上建立一个逻辑环，令牌在逻辑环路中依次传递	负载较大时效率高	总线型
交换方式		存储转发	每个端口独占带宽，低延迟	隔离冲突	

CSMA/CD 的全称是 Carrier Sense Multiple Access/Collision Detection。其工作流程如图 9-2 所示。

令牌环访问控制如图 9-3 所示。

令牌总线访问控制如图 9-4 所示。

CSMA/CD 介绍

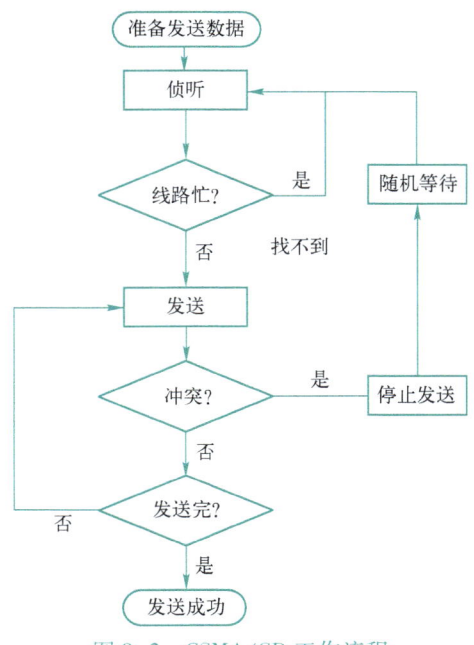

图 9-2 CSMA/CD 工作流程

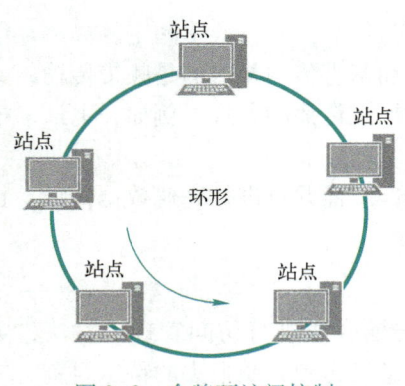

图 9-3　令牌环访问控制

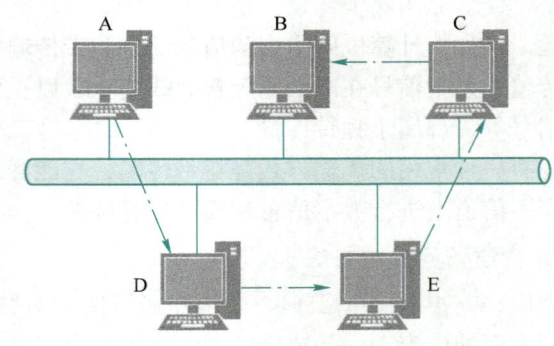

图 9-4　令牌总线访问控制

9.3 任务实施

9.3.1 选购办公网络设备

1. 绘制物理布局图

根据前面的需求分析，并对办公室实地勘察后，以一个大办公室为例，绘制物理布局图，如图 9-5 所示。

2. 选购网络设备

（1）交换机的选购

该办公网络需连接 45 台计算机、3 台服务器、1 台路由器，覆盖两栋建筑物。根据交换机的端口数和价格，决定选择两台 48 口的交换机，既满足了当前的连接需求，又为以后的发展预留了空间，若以后有扩展，只需要把网线插入交换机其余端口即可。

办公网络主要是接入终端，本方案拟对现有楼层全部使用接入交换机替换升级，目的是更有效地管理接入网络的终端设备。因为接入层是用户进入网络的入口，也是黑客入侵的门户，通常用虚拟局域网、包过滤等技术提供基本的安全保障，保护局域网网段免受内外网络的攻击。

选购交换机时应着重考虑的参数见表 9-4。

另外，综合考虑网络规模、功能需求，可选择比较流行、性能较好的 TP-LINK TL-SG5452 产品，其外观如图 9-6 所示。

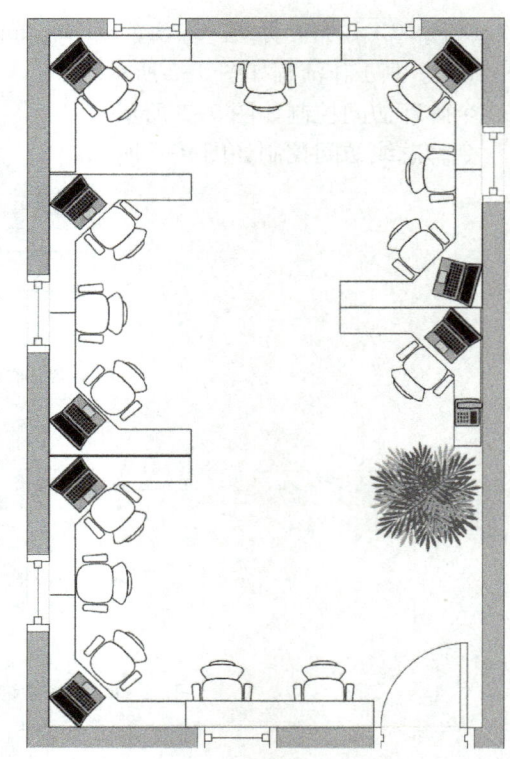

图 9-5　物理布局图

表 9-4 选购交换机主要考虑的参数

参　数	要　求
支持 VLAN 的数量	接口数相同的情况下，支持 VLAN 的数量越多越好
支持链路聚合技术	实现不同端口负载均衡，互为备份，保证链路冗余性；让交换机间的链路带宽伸缩性好，使链路带宽成倍增长
QoS 功能	优先保障关键数据（数据、IP 语音、视频等）的正常转发
Web 管理界面	简单、方便操作，减轻网管工作量
安全性	可根据端口、MAC 地址、IP 地址等拒绝或限制 1~4 层的网络访问，能处理组播、广播、泛洪等常见安全威胁

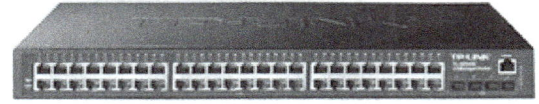

图 9-6　交换机产品的外观

该产品的具体参数见表 9-5。

表 9-5　产品参数列表

参数	应用类型	背板带宽/（Gbit/s）	传输速率/（Mbit/s）	固定端口数	网络报价（元）	端口描述	传输模式	功能特性
值	网管交换机	48	10/100/1000	52	2879~3033	为了便于信息化，48 个 10/100/1000Mbit/s 的 RJ45 端口、4 个独立的千兆 SFP 光纤口	全双工/半双工自适应	支持 VLAN、网络管理、安全管理

（2）路由器的选购

路由器是直接连接内网和外网的桥梁，由于采用的是光纤宽带接入，所以需要购买支持光纤宽带接入的路由器。目前市场上大部分路由器都支持光纤宽带接入，因此只需要考虑路由器的性能和功能，可采用 TP-LINK 路由器。该路由器的外观如图 9-7 所示。

该路由器提供 4 个 10/100Mbit/s 以太网端口和 1 个广域网端口、内置 AC 功能、可统一管理 TP-LINK 企业 AP、上网行为管理、支持 Web/Radius 等多种认证方式，管控上网权限，支持设置 MAC 地址过滤黑白名单，保障内外网安全。

图 9-7　路由器产品的外观

（3）布线介质的选择

在该局域网中连接的是普通办公用户，可使用普通的双绞线。网络设备摆放在办公室中心，连接计算机的网线不用很长，用户可根据实际情况选择。

楼内综合布线的垂直子系统采用多模光纤，每层楼到一层机房用两条 12 芯室内多模光纤。建筑之间通过两条 12 芯的室外单模光纤连接。要求所有信息点接入网络，关闭目前不用的信息点。

根据结构化综合布线系统布放线缆，并严格按规则做好标记，方便查线。

（4）机柜

在摆放路由器和交换机的位置安装一个便于散热的柜子，将路由器和交换机摆放在里面，便于散热和查线。如果散热困难，温度太高，很容易造成网络不稳定。

9.3.2 连接与配置设备

1. 连接硬件设备

网络设备购置好后，根据网络拓扑结构将各个设备连接起来即可，注意做好标签。

2. 规划 IP 地址

规划 IP 地址是一个结构化过程，妥善规划和记录网络内部地址才能防止地址重复、控制访问、监控安全和性能。

（1）地址规划对象分析

在基于 TCP/IP 的网络中，每一台设备都需要以 IP 地址来标识网络位置，因此，在规划网络方案时，需要规划地址的对象为网络中所有设备，包括服务器、客户机、打印服务器、无线 AC、AP 等，分配唯一合法的 IP 地址。

1）准备连接到网络的设备是否多于 ISP 为该网络分配的公有地址数。

目前需要连接的计算机有 45 台、通信服务器 1 台（用于提供共享连接，使局域网工作站能共享 Internet）、打印服务器每栋楼 1 台（安放在大楼一楼，便于公共打印）、文件服务器 1 台（用于存放公司所有文件）。因此，本办公局域网需连接的终端设备有 48 台。申请了 1 个公有地址，公有地址数少于连接的网络设备，需要给内部网络中的设备分配私有地址。

2）本地网络是否需要从外部访问这些设备。

本地网络需要查询信息、联系业务，就需要保持与互联网通畅，即需要访问 Internet，为了节省 IP 地址和运营成本，就需要提供网络地址转换（NAT）服务。

（2）地址类型规划

组建办公局域网要用到两种 IP 地址：一种为合法 IP 地址（广域网端口地址），也称为公网地址，用于访问 Internet；另一种为私有 IP 地址（局域网内部地址）。

本任务中，只有几十台设备，考虑扩展性原则，整个办公网络的 IP 地址段分配为 192.168.0.1～192.168.0.254，办公网络通过路由器连接到 Internet，路由器的 IP 地址为 192.168.0.1。

3. 配置网络

将局域网内每台计算机的 IP 地址和 DNS 设置为自动获取，如图 9-8 所示。其余设备应用配置在后续分析。

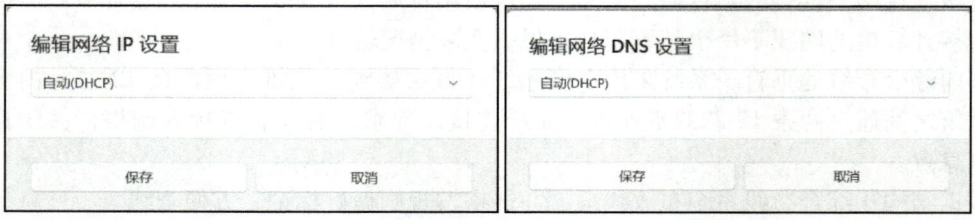

图 9-8　设置计算机的 IP 地址和 DNS 自动获取

9.3.3 测试办公网络的连通性

网络连接和配置完成后，测试网络的连通性，判断网络配置和连接是否正常，主要测试内容如下。
- 测试个人计算机的 TCP/IP 安装是否正确。
- 测试个人计算机的网卡是否工作正常。
- 测试计算机之间的连通性，个人计算机之间是否能相互访问。
- 测试个人计算机是否能正常上网。
- 测试个人计算机能否共享打印机服务。

任务 10　管理办公网络

办公网络的安全尤其重要，可能存在内部人员有意或无意泄密的情况。因此，要加强办公网络安全管理，杜绝可能的数据泄漏。

10.1　环境准备

本任务实施环境按小组准备，每小组准备工具如下。

1. 硬件资源

计算机 1 台（能上网）。

2. 软件资源

设备配套使用说明书、截图软件。

10.2　知识链接

10.2.1　子网掩码

1. 子网

根据 RFC 规则，IP 地址由网络号和主机号组成，如果临时需要新的网络则要到互联网管理机构申请新的网络号，未申请到之前是不可以连接到互联网的。如果能在同一网络号下自由地分成多个更小的网络，就能满足使用的灵活性，而且也提升了网络的安全性，隐藏了网络内部结构，对外仍然是同一个网络号。

另外，使用"网络号+主机号"的规定来使用 IP 地址，会造成严重浪费，如 A 类网络号只有 126 个，但每个网络号内可容纳 65534 台主机，每个单位的主机数很难达到这个数目，因此，这个单位的 IP 地址就富余太多，希望能划分更小的网络。1985 年，互联网管理机构在 IP 地址中增加了"子网号"字段，从此可以划分子网（子网路由选择），并成为互联网正式标准协议。具体如图 10-1 所示。

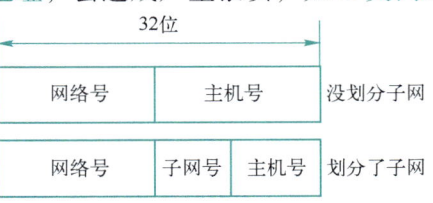

图 10-1　划分了子网的 IP 地址

为了充分利用网络资源和合理地规划网络结构，一个网络通常会被分成若干个子网。子网可以是一个物理网络根据物理位置不同划分成若干个子网，也可以是将同一物理位置的网络从逻辑上划分成多个子网，满足灵活构建网络的需求。

2. 子网掩码

（1）默认子网掩码

RFC 950 规划了"子网号"，但 IP 地址中没有包含任何有关子网划分的信息，从 IP 数据报的首部根本无法看出源或目的主机连接的网络是否进行了子网划分，因此，网络设备也就无法将该数据正确地转发到子网中。

为了保证数据能准确发送到子网中的主机，就需要使用子网掩码（Subnet Mask），用"1"标识对应的网络号或子网号字段。

那不划分子网，是不是就不需要子网掩码呢？不是。为了便于查找路由表，互联网标准规定所有网络都必须使用子网掩码，不划分子网的网络则使用默认子网掩码。A 类地址的默认子网掩码为 255.0.0.0，B 类地址的默认子网掩码为 255.255.0.0，C 类地址的默认子网掩码为 255.255.255.0。

将子网掩码与 IP 地址进行"与"运算就能判断出该网络是否划分了子网，得到网络地址。

（2）表示方法

IPv4 地址采用"点分十进制"法和"后缀标记法"表示。其中，后缀标记法中"/"后的数字就标明网络号的位数，如"192.168.0.1/26"中的 26 标识网络号为 26 位，该地址为 C 类网络，默认网络号为 24 位，则可判断它进行了子网划分，其子网掩码为 255.255.255.192，用左起多个连续的比特 1 对应 IPv4 地址中的网络号和子网号。具体计算过程如图 10-2 所示。

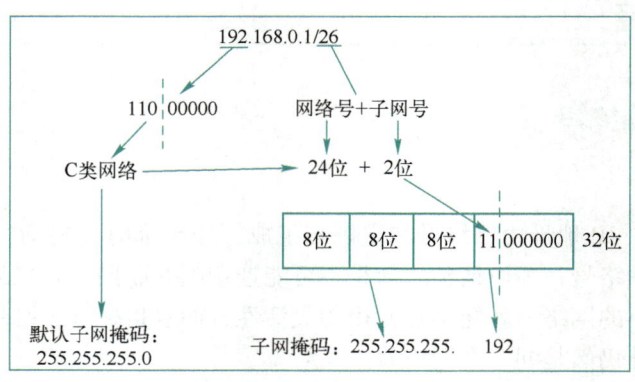

图 10-2 子网掩码的计算过程

10.2.2 子网的划分

子网划分的主要步骤如下。

1）确定需要多少个子网号来唯一标识网络上的每一个子网，定义一个符合网络要求的子网掩码。

2）确定有效的子网数目，标识每一个子网的网络地址。
3）确定每一个子网上所使用的有效主机地址的范围。

10.2.3 VLSM

VLSM（Variable Length Subnet Mask，可变长子网掩码）规定了如何在一个进行了子网划分的网络中的不同部分使用不同的子网掩码。它有利于解决网络内部不同网段需要不同大小子网的需求。

10.2.4 IPv4 地址编址方法

IPv4 编址方法见表 10-1。

表 10-1 IPv4 编址方法

编址方法	层次结构（级）	是否定长（网络）	判别依据
分类编址	2（网络号+主机号）	是	默认
子网划分	3（网络号+子网号+主机号）		子网掩码
无分类编址	2（网络前缀+主机号）	否	地址掩码

10.3 任务实施

10.3.1 划分等长子网

划分等长子网

所谓等长子网，即每个子网所容纳主机数目相同。

某部门被分配到的 IP 地址为 192.168.1.0，下设 4 个办公室，要求每个办公室独立使用一个网段。

- 请问应怎样规划子网掩码才能满足使用要求？
- 计算每个网段最多可容纳多少个终端？
- 终端可用来配置的 IP 地址范围？
- 怎么判定终端所设置的 IP 地址是否处于同一网段？

（1）任务分析

本任务已知 IP 地址，要分配给 4 个办公室的终端使用，需要确定子网掩码、可分配的 IP 地址范围、可容纳的主机数目等。

（2）求子网掩码

根据任务已知条件，需要分配给 4 个办公室使用，而且每个办公室需要单独使用一个网段，因此需要划分 4 个子网。

1）用左起多个连续的比特 1 对应 IPv4 地址中的网络号和子网号，因而最少需要从主机号中借 2 位，才可划分 4（2^2）个子网。但根据 IP 要求，全 1 的用于广播地址（借两位即 11），全 0 的用于网络地址（借两位即 00），因此，可用的只有 2 个子网，不满足要求。

2）于是需要从主机号中借 3 位，可划分 8（2^3）个子网。根据 IP 要求，去掉全 0 和全 1 的还剩下 6 个子网，大于 4，满足需求。

3) 192.168.1.0 为 C 类地址，其默认子网掩码为 255.255.255.0，从第 4 个字节的主机号中借 3 位作为子网号，子网掩码即 255.255.255.11100000 = 255.255.255.224，如图 10-3 所示。

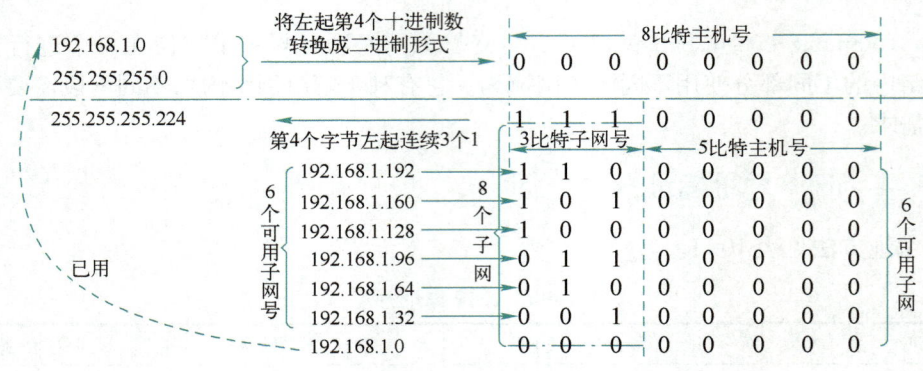

图 10-3　TCP/IP 属性设置

（3）确定可用的子网号

6 个可用子网的子网号如图 10-3 所示，分别为 192.168.1.192、192.168.1.160、192.168.1.128、192.168.1.96、192.168.1.64、192.168.1.32。

（4）确定主机数

第 4 字节的 3 比特用于划分子网，5 比特用于主机号，因此最多可容纳可用主机号为 $2^5-2=30$ 个。

（5）确定主机号可用 IP 地址范围

这里以计算 192.168.1.192 子网的主机地址范围为例进行说明，其余可用子网的主机范围依此类推。

主机地址保持"网络号+子网号"不变，即 192.168.1.192 不变，将 5 比特主机位进行全排列组合，去掉最小（全 0）和最大（全 1）的地址，就是可用于分配的地址范围。可分配的最小地址为 192.168.1.110 00001 = 192.168.1.193，可分配的最大地址为 192.168.1.110 11110 = 192.168.1.222，如图 10-4 所示，即分配的地址只要是处于 192.168.1.193~192.168.1.222 范围之间，就是有效的地址。

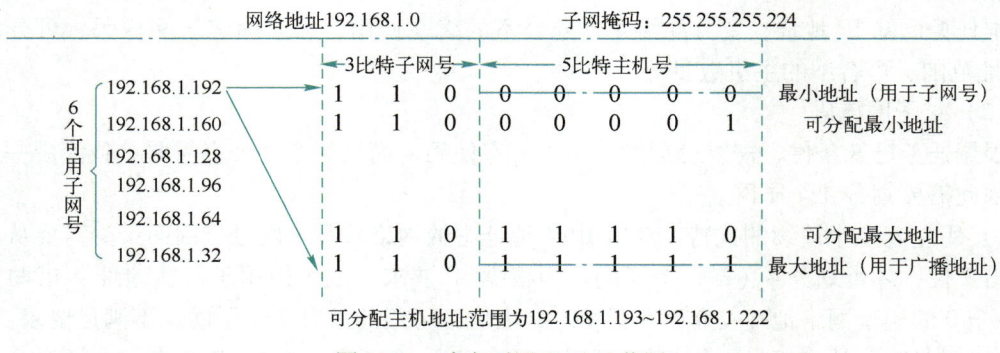

图 10-4　确定可用 IP 地址范围

（6）确定 IP 地址是否处于同一网段

上述步骤已确定该网络的子网掩码是 255.255.255.224，怎样确定所使用的 IP 地址是否属于同一网段？因为，只有在同一网段时，相互之间才能通信，否则需要启用路由配置。

简单来说，就是将 IP 地址与子网掩码进行"与"运算（规则：参与运算的两个数都为 1 结果才为 1），子网号同则属于同一网段。

1）将子网掩码转换为二进制数。

255 是一个字节中 8 位全为 1，进行"与"运算时与原数据相同，不用计算。只需计算 224，转为二进制数为 11100000。

2）一台终端配置 192.168.1.191，另一台终端配置 192.168.1.220，子网掩码都配置 255.255.255.224，判断这两台终端能不能进行通信。

将 IP 地址转换为二进制数后与子网掩码的二进制数进行与运算，如图 10-5 所示。运算后所得的子网号如果相同，则说明处于同一网段；不相同，则不处于同一个网段。

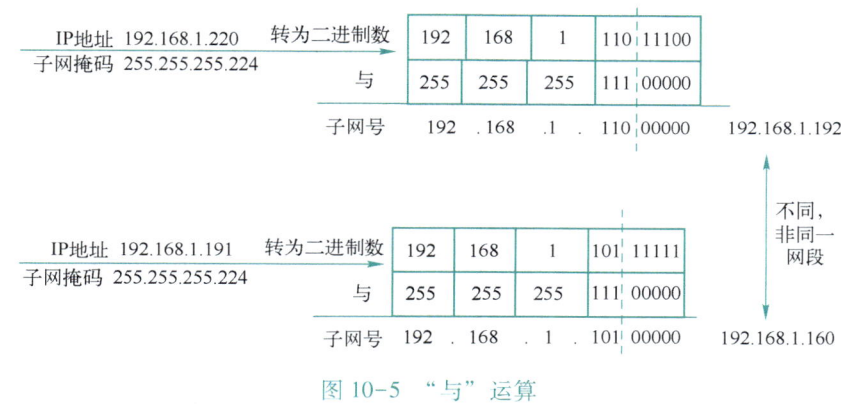

图 10-5 "与"运算

由图 10-5 可知，两者的子网号不同，说明所配置的终端不处于同一网段，不能通信。

10.3.2 划分可变长子网

采用定长子网划分可以给同一个网络划分更多的子网，有利于部门内各办公室的隔离，但每个办公室都给定相同的主机数，导致有些办公室 IP 地址富余，有些办公室 IP 地址不足，希望各个办公室既能独立，又能满足其不同主机数的需求，减少地址浪费。

可变长子网划分就可以满足网络内部不同网段不同主机数的需求。可变长子网划分是在等长子网划分的基础上，取不同等分子网中的某个或多个子网，即不同子网使用不同的子网掩码，满足不同网段不一样的主机数目需求。

1993 年，因特网工程任务组（IETF）发布了无类别域间路由选择（Classless Inter-Domain Routing，CIDR）的 RFC 文档（RFC 1517~1519，RFC 1520），消除了传统 A 类、B 类和 C 类地址，以及划分子网的概念，可以更加有效地分配 IPv4 地址资源，并且可以在使用 IPv6 地址之前允许因特网的规模继续增长。

某公司的网络拓扑结构如图 10-6 所示，申请到的 IP 地址为 192.168.1.0，请问应怎样规划子网掩码才能满足使用要求，计算每个网段最多可容纳多少个终端，并给定具体地址范围。

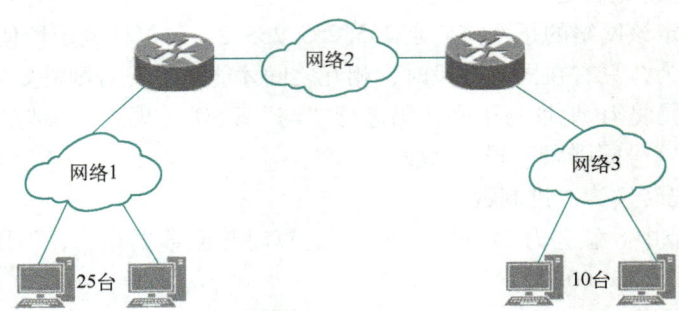

图 10-6 某公司的网络拓扑结构

（1）任务分析

由图 10-6 可发现，网络 1、网络 2、网络 3 的终端数目不一致，需要划分可变长子网。

（2）确定实际需要的 IP 地址数量

从结构图查看连接设备情况，可确定 IP 地址数量需求见表 10-2。

表 10-2 实际所需 IP 地址数量

	实际连接设备（台）	网络设备接口	实际需要的 IP 地址数量
网络 1	25	3	28
网络 2	2	2	4
网络 3	10	3	13

（3）确定主机号位数

根据 IP 地址所需数量，确定网络 1 主机号位数为 5（$2^5=32>28$）；网络 2 主机号位数为 2（$2^2=4$），网络 3 主机号位数为 4（$2^4=16>13$）。

（4）确定子网掩码

通过主机号位数，可确定每个网络的"网络号+子网号"位数，具体见表 10-3。网络 1 为 32-5=27 位，网络 2 为 32-2=30 位，网络 3 为 32-4=28 位。

表 10-3 确定子网掩码

	主机号（位）	网络号+子网号（位）	子网掩码
网络 1	5	32-5=27	192.168.1.0/27
网络 2	2	32-2=30	192.168.1.0/30
网络 3	4	32-4=28	192.168.1.0/28

（5）确定网络最多容纳的终端个数与地址范围

以网络 1 为例进行计算，另外两个网络的计算方式与此同。网络 1 的子网掩码为 192.168.1.0/27，其子网号及地址范围如表 10-4 所示。

网络 2 可划分为 $2^2=4$ 个子网，每个子网最多可容纳 $2^2-2=2$ 台主机。

网络 3 可划分为 $2^4=16$ 个子网，每个子网最多可容纳 $2^4-2=14$ 台主机。

表 10-4 网络 1 最多可容纳的终端个数与地址范围

实际需要 IP 地址（个）	网络号+子网号（位）	子网掩码	最多容纳主机数	子网掩码最后一字节二进制形式	子网号二进制	主机号二进制	主机地址范围
28	32−5=27	192.168.1.0/27（192.168.1.224）	30	11100000	000	00001	192.168.1.1~192.168.1.30
						11110	
					001	00001	192.168.1.33~62
						11110	
					010	00001	192.168.1.65~94
						11110	
					011	00001	192.168.1.97~126
						11110	
					100	00001	192.168.1.129~158
						11110	
					101	00001	192.168.1.161~190
						11110	
					110	00001	192.168.1.193~222
						11110	
					111	00001	192.168.1.225~254
						11110	

10.3.3 定位与排除故障

局域网在使用过程中，不可避免地会出现故障，导致网络应用受影响，因此定位故障是否准确、排除故障是否及时直接影响办公效率、企业效益。

工欲善其事，必先利其器。在定位与排查网络故障过程中，有时会难以确定故障根源，借助有效工具，可以降低诊断的难度。

某办公室网络采用双绞线为传输介质，3 号工位员工突然不能上网，其他工位都没有问题；查看办公室交换机，可看到指示灯亮，没有其他不正常现象。

（1）任务分析

1）交换机指示灯亮，只能说明该端口连接有终端设备，不能显示通信状态，因为只要插有网线的端口指示灯都会亮。

2）只有 3 号工位不能上网，说明不是网络本身的问题。

3）该办公室网络是使用双绞线做传输介质，可能有端口接触不良或线缆本身的问题。

4）如果线缆没问题，需要检查网卡及其接口是否能正常工作。

（2）故障定位与排除

1）检查是否网线故障。因故障现象出现的比较突然，手头并没有合适的检测工具，可采用替代法检查。从其他工位找一根能正常工作的网线来连接主机和交换机，如果能上网，则说明是网线有问题，换根网线或重新制作该网线。

2）检查是否网卡故障。如果换了网线依然出现前面的故障，则检查是否网卡出现故障。

- 判断是否正确安装网卡驱动程序、TCP/IP。可以卸载网卡驱动程序重新安装。
- 若在“设备管理器”中检测不到网卡。系统检测时报错或检查不到网卡的配置信息，说明网卡没有正确安装，可尝试更换网卡插槽。如果网卡是与主板集成的，不能随便更换，则可以使用 ping 命令来快速判断网络问题。

3）观察指示灯闪烁情况。正常情况下，不传数据时，网卡的指示灯闪烁较慢，传送数据时闪烁较快。首先检查网卡指示灯状态。“闪烁状态”说明网卡没问题，可检查网卡驱动程序、配置参数或 TCP/IP 安装情况。如果不亮或长亮不闪烁，可先断电然后直接更换同品牌的网卡，避免与其他设备发生冲突。

（3）应用 ping 命令测试网卡工作状态

1）ping 127.0.0.1。ping 命令常见应用见表 10-5。

表 10-5　ping 命令的常见应用

使用方法	功　能
ping 主机地址或者 127.0.0.1（localhost，见图 10-7）	检测本机是否正确安装了网卡（网卡驱动、TCP/IP 等）
ping 网关地址	检测主机端至路由器端线路是否出现问题
ping DNS 服务器地址	检测主干线路是否出现问题

测试网卡工作状态可以采用图 10-7 所示的命令，即 ping 127.0.0.1。若测试结果如图所示则说明网卡没有问题。

```
C:\Windows\system32\cmd.e
Microsoft Windows [版本 10.0.22621.3296]
(c) Microsoft Corporation。保留所有权利。

C:\Users\admin>ping 127.0.0.1

正在 Ping 127.0.0.1 具有 32 字节的数据:
来自 127.0.0.1 的回复: 字节=32 时间<1ms TTL=64
来自 127.0.0.1 的回复: 字节=32 时间<1ms TTL=64
来自 127.0.0.1 的回复: 字节=32 时间<1ms TTL=64
来自 127.0.0.1 的回复: 字节=32 时间<1ms TTL=64

127.0.0.1 的 Ping 统计信息:
    数据包: 已发送 = 4，已接收 = 4，丢失 = 0 (0% 丢失)，
往返行程的估计时间(以毫秒为单位):
    最短 = 0ms，最长 = 0ms，平均 = 0ms
```

图 10-7　ping 本机

2）ping 命令的参数使用。如果测试过程中返回的数据包不稳定，则可尝试使用参数，具体如图 10-8 所示。其中，-t 参数用于查看网络是否稳定；-n count 参数用于设置返回数据包的个数；-l size 参数用于设置测试数据包的大小。

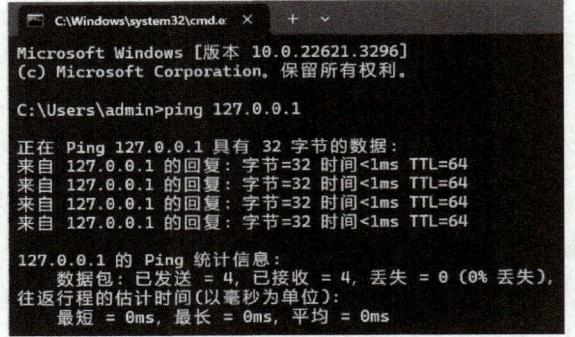

（4）应用 ping 命令测试计算机与网关的连接状态

在 ping 命令后接网关地址，连接通畅则说明计算机数据能正确到达网关。

```
C:\Users\admin>ping/?
选项 /? 不正确。

用法: ping [-t] [-a] [-n count] [-l size] [-f] [-i TTL] [-v TOS]
           [-r count] [-s count] [[-j host-list] | [-k host-list]]
           [-w timeout] [-R] [-S srcaddr] [-c compartment] [-p]
           [-4] [-6] target_name
```

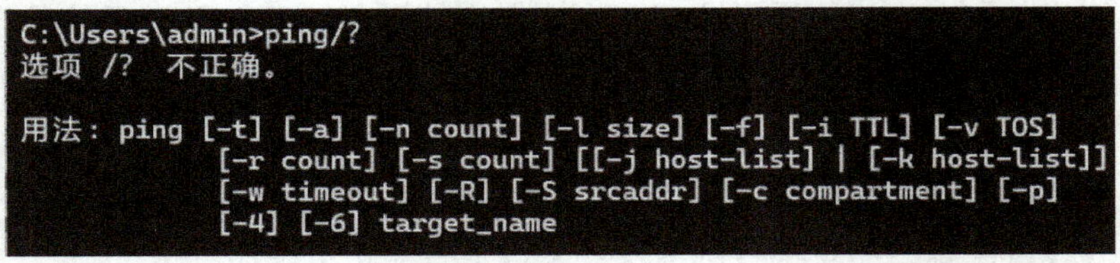

图 10-8　ping 的用法

（5）应用 ping 命令测试计算机与 DNS 服务器的连接状态

在 ping 命令后接 DNS 服务器地址，连接通畅则说明计算机数据能正确到达网关 DNS 服务器。

（6）应用 ping 命令测试计算机与网站的连接状态

ping 网站域名或 ping 网站 IP 地址，连接通畅则说明问题结局。

（7）检查从用户的计算机经过哪些中转服务器才能最终到达目标机

可使用 tracert 命令来探测数据包从源地址到目的地址经过的路由器 IP 地址，了解数据采用的路径及中间主机的响应时间。以用户计算机访问 www.baidu.com 为例说明其具体路径，如图 10-9 所示。

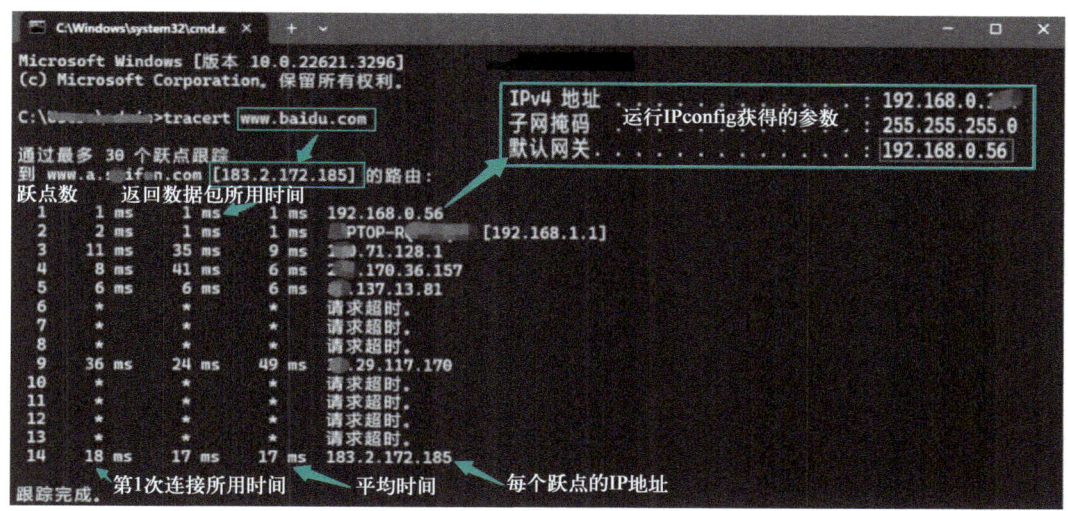

图 10-9　tracert 命令使用示例

由图 10-9 可知，本机访问百度网站共经过了 14 个节点，一般来说时间越短，访问速度越快，超过 30 个节点的网站默认无法访问，该工具跟踪的节点最多不超过 30 个。其具体用法可查看其帮助信息。

为什么使用 tracert 命令可以追踪访问路径呢？具体如图 10-10 所示。

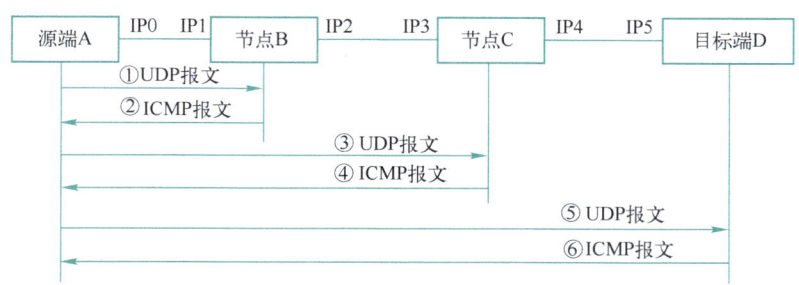

图 10-10　tracert 命令的工作原理

图中数字编号的含义如下。

① 源端 A 向目标端 D 发送一个 UDP 报文，目的 UDP 端口号大于 30000，确保其他任何应用程序都不会占用，TTL 值为 1。

② 节点 B 收到源端 A 发出的 UDP 报文，查看到目的 IP 与本机 IP 不符，将 TTL 值减 1 后得 0，丢弃报文；并向源端 A 发送一个 ICMP 超时（Time Exceeded）报文（包含 IP1），这样源端就得到了节点 B 的地址。

③ 源端 A 收到节点 B 返回的 ICMP 超时报文后，再向目标端 D 发送一个 UDP 报文，TTL 值为 2（在第 1 次的基础上加 1）。

④ 节点 C 收到源端 A 发出的 UDP 报文后，返回一个 ICMP 超时报文（包含 IP3），这样源端 A 就得到了节点 C 的地址。

⑤ 源端 A 收到节点 C 返回的 ICMP 超时报文后，再向目的端 D 发送一个 UDP 报文，TTL 值为 3（在第 2 次的基础上加 1）。

⑥ 目标端 D 收到源端 A 发出的 UDP 报文后，根据报文中的目的 UDP 端口号寻找占用此端口号的上层协议，因目标端没有应用程序使用该 UDP 端口号，则向源端 A 返回一个 ICMP 端口不可达（Destination Unreachable）报文（包含 IP5）。

源端 A 收到目标端 D 返回的 ICMP 端口不可达报文后，判断出 UDP 报文已经到达目的端，停止追踪，获取到从源端到目的端所经历的所有节点的 IP 地址。

 为什么源端 A 收到目标端 D 返回的 ICMP 端口不可达报文就能判断出 UDP 报文已经到达目的端？因为源端发出报文时，目的端口号大于 30000，没有应用程序使用，只有报文到达了目的端，才会查找端口号对应的应用程序，才会有"端口不可达"报文，而不是继续跳转。

任务 11　防护办公网络安全

11.1　环境准备

本任务实施环境按小组准备，每小组准备工具如下。

1. 硬件资源

三层交换机（2 台）、带网口的笔记本计算机或台式计算机 4 台、双绞线若干、测线仪 1 个、压线钳 1 把。

2. 软件资源

设备配套使用说明书、截图软件、eNSP 软件等。

11.2　知识链接

11.2.1　VLAN 简介

VLAN 简介

VLAN（Virtual Local Area Network，虚拟局域网）是一组逻辑上的设备和用户，这些设备和用户并不受物理位置的限制，可以根据功能、部门及应用等因素组织，同一 VLAN 的用户通信就像在同一个网段中一样。该技术可提高网络的安全性，在没有启用路由的情况下 VLAN 之间不能通信，一个 VLAN 就是一个广播域，有效隔离了用户。

1. VLAN 标准

VLAN 标准目前支持交换机打封装的协议有 IEEE 802.1Q 和 ISL，见表 11-1。

模块 4　办公网络

表 11-1　VLAN 标准

标 准 名 称	描　　　述
IEEE 802.10	1996 年前全球范围内作为 VLAN 安全性的统一规范
802.1Q	国际标准协议，适用于各种类型的交换机，通常写成 dot1q；统一了 Frame-Tagging 方式中不同厂商的标签格式
ISL（Inter-Switch Link）	Cisco 公司的专有封装方式，只能在 Cisco 的设备上使用

2. VLAN 的划分方法

VLAN 的主要划分方法见表 11-2。

表 11-2　VLAN 的主要划分方法

划分方法	层 次	描　　　述
基于端口	物理层	把一个或多个交换机上的端口划分成一个逻辑组，是最常用的一种划分方式，与端口连接的设备无关
基于 MAC 地址	数据链路层	根据主机的 MAC 地址划分为不同的组。优点是当用户物理位置移动时（即从一台交换机换到另一台交换机），不用重新配置 VLAN，但初始阶段工作量大，每台主机都需配置
基于路由	网络层	根据每台主机的 IP 地址或协议类型（如果支持多协议）划分，允许一个 VLAN 跨越多个交换机，或一个端口位于多个 VLAN 中
基于 IP 组播		一个组播组就是一个 VLAN
基于策略		自动配置 VLAN，交换机中软件自动检查进入交换机端口的广播信息的 IP 源地址，然后自动将这个端口分配给一个由 IP 子网映射成的 VLAN 中
基于用户		基于用户定义、非用户授权来划分 VLAN，是为了适应特别的 VLAN 网络，根据具体网络用户的特别要求来定义和设计的，可以让非 VLAN 群体用户访问 VLAN，但需提供用户密码，得到 VLAN 管理认证后才可以加入到 VLAN 中

11.2.2　VTP 简介

VTP（VLAN Trunking Protocol）处于 OSI 参考模型的第二层，是 VLAN 链路聚集协议，主要用于管理同一个域的网络范围内 VLAN 的建立、删除和重命名。在一台 VTP Server 上配置一个新的 VLAN 时，该 VLAN 的配置信息将自动传播到本域内的其他所有交换机。这些交换机会自动地接收这些配置信息，使其 VLAN 的配置与 VTP Server 保持一致，从而减少在多台设备上配置同一个 VLAN 信息的工作量，而且保持了 VLAN 配置的统一性。

VTP 有三种工作模式，分别为 Server、Client、Transparent，具体含义见表 11-3。

表 11-3　VTP 工作模式

工 作 模 式	含　　　义
Server	允许在该交换机上创建、修改、删除 VLAN 及其他一些对整个 VTP 域的配置参数，同步本 VTP 域中其他交换机传递来的最新的 VLAN 信息
Client	本交换机不能创建、删除、修改 VLAN 配置，也不能在 NVRAM 中存储 VLAN 配置，但可同步由本 VTP 域中其他交换机传递来的 VLAN 信息
Transparent	可以创建、修改和删除本地 VLAN 数据库中的 VLAN，但不传播 VLAN 配置变化信息给其他交换机，即 VLAN 配置改变，只对处于透明模式的交换机自身有效

11.2.3 交换机命令模式

配置交换机的命令模式主要有三种,分别为用户模式、特权模式、配置模式。

(1) 用户模式(User EXEC)

用户模式是交换机启动时的默认模式,仅允许执行一些非破坏性的操作,如查看交换机的配置参数,测试交换机的连通性等,不能对交换机配置做任何改动。该模式下的提示符(Prompt)为">"。

(2) 特权模式(Privileged EXEC)

特权模式也叫使能(Enable)模式,提示符为"#"。在该模式下,可对交换机进行更多的操作。

(3) 配置模式(Global Configuration)

配置模式是交换机的最高操作模式,可以设置在交换机上运行的硬件和软件的相关参数;配置各接口、路由协议和广域网协议;设置用户和访问密码等。在特权模式"#"提示符下输入 config 命令,进入配置模式。

11.3 任务实施

11.3.1 安全隔离同一交换机上的办公网络

某公司包括行政部、市场部、研发部、技术部、财务部等部门,其中,技术部和市场部处于同一楼层,其余各部门处于不同的楼层。为了各部门的信息安全,需划分为 5 个 VLAN,分别为行政部 VLAN10、技术部 VLAN20、市场部 VLAN30、研发部 VLAN40、财务部 VLAN50,在需要的时候各部门之间可以相互通信。以技术部和市场部为例说明 VLAN 的配置与通信。

技术部与市场部处于同一楼层,而且成员不是很多,连接在同一台交换机上,其网络拓扑结构如图 11-1 所示。

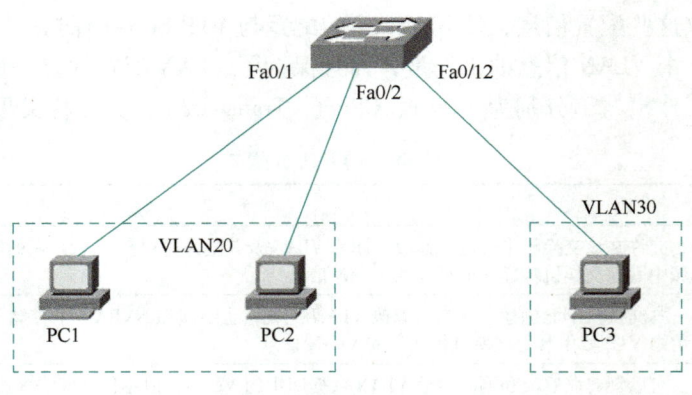

图 11-1 本地 VLAN 拓扑结构

(1) 熟悉操作要求

1) 按照图 11-1 所示的网络拓扑结构准备并连接好硬件设备。

2) 规划 IP 地址与 VLAN。

将网络划分为两个 VLAN：PC1 和 PC2 处于技术部，划分到 VLAN20 中；PC3 是市场部的成员，划分到 VLAN30 中。

3) 配置 IP 地址和网关。

- 在 S3550 交换机上设置 VLAN20（172.16.2.1/24）、VLAN30（172.16.3.1/24）。
- 将 PC1（172.16.2.12/24）、PC2（172.16.2.13/24）加入 VLAN20，PC1 与 PC2 的网关均为 172.16.2.1；将 PC3（172.16.3.12/24）加入 VLAN30，PC3 的网关为 172.16.3.1。

4) 测试计算机的连通性。

- 在 PC1 上 ping PC3，测试结果不通。
- 在 PC1 上 ping PC2，测试结果为通畅。

(2) 配置交换机

创建两个 VLAN：一个编号为 20、名称为 student；另一个编号为 30、名称为 teacher。具体命令如下。

```
Switch>en                                    由用户模式进入特权模式
Switch#conf t                                由特权模式进入配置模式
Switch(config)#hostname  C3550               在配置模式下修改主机名
C3550(config)#exit
C3550#vlan database                          进入 VLAN 配置模式
C3550(vlan)#vlan 20 name   student           创建一个编号为 20 名字为 student 的 VLAN
C3550(vlan)#vlan 30 name   teacher           创建一个编号为 30 名字为 teacher 的 VLAN
C3550(vlan)#exit
C3550#conf t
C3550(config)#int fastethernet 0/1           进入快速以太网口
C3550(config-if)#switchport access vlan 20   将快速以太网口划分入 VLAN20
C3550(config-if)#exit
C3550(config)#int fastethernet0/2
C3550(config-if)#switchport access vlan 20
C3550(config-if)#exit
C3550(config)#int fastethernet0/12
C3550(config-if)#switchport access vlan 30
C3550(config-if)#end
C3550#write                                  保存配置信息
C3550#conf  t
C3550(config)# int  vlan 20                  给 VLAN20 的所有节点分配静态 IP 地址
C3550(config-if)# ip add 172.16.2.1  255.255.255.0
C3550(config-if)#no shut
C3550(config-if)#exit
```

```
C3550(config)# int    vlan 30
C3550(config-if)# ip add 172.16.3.1    255.255.255.0
C3550(config-if)#no shut
C3550(config-if)#end
C3550#conf   t
C3550(config)# ip routing                启用路由
C3550(config)#end
C3550# write
```

（3）连通性测试

在 PC1 上 ping   PC2，能 ping 通；

在 PC1 上 ping   PC3，能 ping 通；

在 PC2 上 ping   PC3，能 ping 通。

从上述测试结果可知，VLAN 20 和 VLAN 30 之间实现了通信。

11.3.2　安全隔离不同交换机上的办公网络

1. 使用三层交换机实现 VLAN 间通信

财务部与市场部处于不同楼层，分别连接在 S1 和 S2 两台交换机上，财务部有一个员工临时到市场部帮忙，为了避免计算机搬动的麻烦和部门安全，建议将该员工的计算机从逻辑上划分到市场部，其网络拓扑结构如图 11-2 所示。

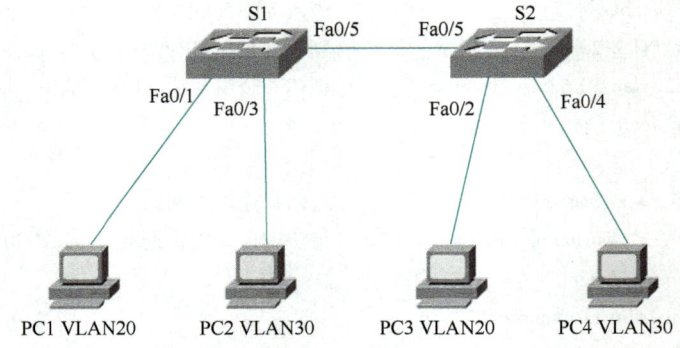

图 11-2　跨交换机 VLAN 的拓扑结构

（1）熟悉操作要求

1）按照图 11-2 所示的网络拓扑结构连接好设备。

2）规划 IP 地址与 VLAN。

将网络划分为两个 VLAN：PC1 和 PC3 划分到 VLAN20，PC2 和 PC4 划分到 VLAN30。

3）配置 IP 地址和网关。

- S1、S2 交换机上配置 VLAN20（172.16.2.1/24）、VLAN30（172.16.3.1/24）两个 VLAN 和 Trunk 链路。
- 将 PC1（172.16.2.12/24）、PC3（172.16.2.13/24）加入 VLAN20，PC1 与 PC3 的网关均为 172.16.2.1。

- 将 PC2（172.16.3.12/24）、PC4（172.16.3.14/24）加入 VLAN30，PC2、PC4 的网关均为 172.16.3.1。

4）测试计算机的连通性。

① 在 PC1 上 ping PC3，测试结果通畅。

② 在 PC1 上 ping PC4，测试结果为不通。

（2）配置交换机

1）设置 VTP DOMAIN（管理域）。VTP 是用于在建立了汇聚链路的交换机之间同步和传递 VLAN 配置信息的协议，以在同一个 VTP 域中维持 VLAN 配置的一致性。

```
S1#vlan database              进入 VLAN 配置模式
S1(vlan)#VTP domain S1        设置 VTP 管理域名称 S1
S1(vlan)#VTP server           设置交换机为服务器模式
S2#vlan database              进入 VLAN 配置模式
S2(vlan)#VTP domain S1        设置 VTP 管理域名称 S1
S2(vlan)#VTP Client           设置交换机为客户端模式
```

2）配置中继（保证管理域能够覆盖所有的分支交换机）。

在核心交换机端配置如下：

```
S1(config)#interface FastEthernet 0/5
S1(config-if)#switchport trunk encapsulation dot1q  配置中继协议
S1(config-if)#switchport mode trunk
```

在分支交换机端配置如下：

```
S2(config)#interface FastEthernet 0/5
S2(config-if)#switchport mode trunk
```

Trunk 链路为汇聚链路，承载了所有 VLAN 的通信流量，为了标识数据帧属于哪一个 VLAN，需要对流经汇聚链路的数据帧进行封装，以附加 VLAN 信息。

本任务是在核心交换机上创建 VLAN。实际上，在管理域中的任何一台 VTP 属性为 Server 的交换机上都可创建 VLAN，它会通过 VTP 通告整个管理域中所有的交换机。VTP 会通告 VLAN 的更改，但不会通告将具体的交换机端口划入某个 VLAN，必须在该端口所属的交换机上进行设置。

```
S1#vlan database
S1(vlan)#vlan 20 name VLAN20  创建一个编号为 20、名称为 VLAN20 的 VLAN
S1(vlan)#vlan 30 name VLAN30  创建一个编号为 30、名称为 VLAN30 的 VLAN
```

将交换机端口划入 VLAN。

端口类型与归属 VLAN 配置实例

```
S1#conf t
S1(config)#interface fastEthernet 0/1   配置端口 1
S1(config-if)#switchport access vlan 20  归属 VLAN20
```

```
S1(config-if)#exit
S1(config)#interface fastEthernet 0/3    配置端口 2
S1(config-if)#switchport access vlan 30    归属 VLAN30
S1(config-if)#end
S1#write
S2#conf t
S2(config)#interface fastEthernet 0/2    配置端口 1
S2(config-if)#switchport access vlan 20    归属 VLAN20
S2(config-if)#exit
S2(config)#interface fastEthernet 0/4 配置端口 2
S2(config-if)#switchport access vlan 30 归属 VLAN30
S2(config-if)#end
S2#write
```

3）配置三层交换，给 VLAN 所有的节点分配静态 IP 地址。在核心交换机上分别设置各 VLAN 的接口 IP 地址。

```
S1(config)#interface vlan 20
S1(config-if)#ip address 172.16.2.1 255.255.255.0        VLAN20 接口 IP
S1(config)#interface vlan 30
S1(config-if)#ip address 172.16.3.1 255.255.255.0        VLAN30 接口 IP
```

（3）连通性测试

在 PC1 上 ping PC3，能通，表示同一 VLAN 内可以实现通信。

VLAN20 与 VLAN30 需要通信，在三层交换机 S1 上通过 ip routing 命令启用路由。然后在 PC1 上 ping PC4，能通，说明不同 VLAN 之间可以通信了。

不启用路由的情况下，不同 VLAN 间是不可以通信的。

2. 使用路由器实现 VLAN 间通信

根据前面的任务描述，如果网络拓扑结构如图 11-3 所示，具体配置要求如下：

- R2811：以太网口 0 通过直连线与 S3750 交换机相连。
- S3750：0、1 口为 Trunk 口，2、3、4 口配置到 VLAN10，5、6、7 口配置到 VLAN20。
- S2950：0 口为 Trunk 口，2、3、4 口配置到 VLAN10，5、6、7 口配置到 VLAN20。

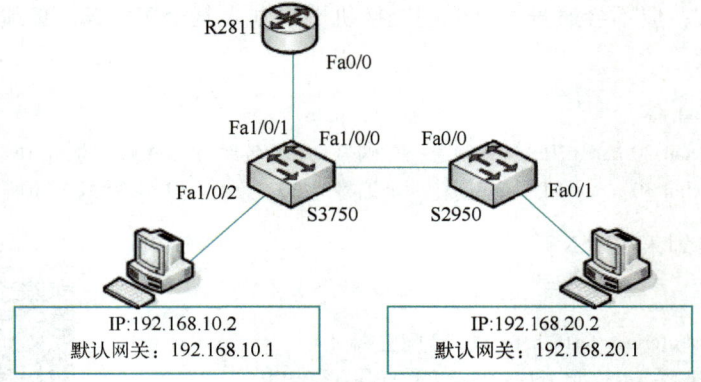

图 11-3   VLAN 间路由配置结构

要实现 VLAN 间的通信,具体配置过程如下。

(1) R2811

```
Router#config terminal
Router(config)#interface fa0/0
Router(config-if)#no shutdown
Router(config-if)#int fa0/0.10
Router(config-subif)#encapsulation dot1q 10
Router(config-subif)#ip address 192.168.10.1 255.255.255.0
Router(config-subif)#no shutdown
Router(config-subif)# int fa0/0.20
Router(config-subif)#encapsulation dot1q 20
Router(config-subif)#ip address 192.168.20.1 255.255.255.0
Router(config-subif)#no shutdown
Router(config-subif)#exit
```

(2) S3750

```
s3750#vlan database
s3750(vlan)#vlan 10 name teacher
s3750(vlan)#vlan 20 name student
s3750(vlan)#VTP server
s3750(vlan)#exit
s3750#config terminal
s3750(config)#interface range fa1/0/2-4
s3750(config-if-range)#switchport access vlan 10
s3750(config)#interface range fa1/0/5-7
s3750(config-if-range)#switchport access vlan 20
s3750(config)#interface fa1/0/1
s3750(config-if)#switchport trunk encapsulation dot1q
s3750(config-if)#switchport mode trunk
s3750(config-if)#exit
s3750(config)#interface fa1/0/0
s3750(config-if)#switchport trunk encapsulation dot1q
s3750(config-if)#switchport mode trunk
s3750#show vlan brief
```

(3) S2950

```
S2950# vlan database
S2950(vlan)#vtp client
S2950(vlan)#exit
S2950#show vlan brief
S2950#config terminal
```

```
S2950(config)#int fa0/0
S2950(config-if)# switchport mode trunk
S2950(config)#interface range fa0/2-4
S2950(config-if-range)#switchport access vlan 10
S2950(config-if-range)# interface range fa0/5-7
S2950(config-if-range)#switchport access vlan 20
S2950(config-if-range)#exit
```

将计算机分别接入 VLAN10 和 VLAN20。从 VLAN10 中选择一台计算机对 VLAN20 中的计算机发起 ping 测试,检查 VLAN 间的连通性。

【实施评价】

办公局域网能实现公司或部门内部的资源共享,简化数据交换操作。同时,可以实现扫描仪、打印机等硬件设施共享,节省办公成本。

本项目的主要训练目标是让学习者学会办公局域网结构设计、合理分配和使用 IP 地址、能组建和测试网络。

任务实施评价见下表。

表 任务实施评价

序号	评价指标		A 等标准	自我描述与评价	老师记录与评价
1	安全意识	• 任务实施过程中遵守纪律,没有出现打闹、受伤等情况 • 选择设备时考虑可用的先进的安全技术	□ 遵守纪律 □ 无打闹、受伤等情况 □ 可用性强 □ 安全参数:VLAN 个数、与 IP 地址选择、子网划分等考虑晚上 □ 查看配置信息,安全机制设置全面,能保证网络安全		
2	需求分析	从办公网络的实际情况出发,需求准确	□ 针对性强,能解决网络广播、防止信息泄露等实际问题 □ 调研过程中态度认真,考虑周到、细致 □ 调研过程中表述清晰、沟通能力强		
3	选购设备	能根据实际需求选择合适的交换、路由设备	□ 功能性强,能满足用户的需求 □ 性价比高,有成本意识		
4	构建网络	• 实地勘察后沟通修订需求,及时修改、调整方案 • 安全施工 • 网络可靠、安全 • 节约成本、IP 地址	□ 实地勘察,查看记录表记录情况(完整、细致、与实际相符) □ 信号全覆盖 □ 操作规范,无安全隐患		

【技能延伸】

学会文件系统转换,如将 FAT32 格式转换为 NTFS 格式,以提高其安全性。

步骤 1:查看文件系统格式,如为 FAT32 格式,则需转换为 NTFS 格式。

步骤 2：转换格式。转换有以下两种方式。

方式一：

1）系统安装完成后，在"此电脑"窗口中，右击驱动器，从弹出的快捷菜单中选择"格式化"命令，打开下图所示的"格式化"对话框。

图 "格式化"对话框

2）在"文件系统"下拉列表框中选择"NTFS"格式，然后单击"开始"按钮，即可将该分区格式化为 NTFS 格式。

方式二：

1）单击"开始"按钮，选择"运行"命令，打开"运行"对话框，在其中输入"cmd"命令，单击"确定"按钮，进入命令提示窗口。

2）切换到需要转换格式的磁盘下，在命令提示符下输入"convert 卷标/FS：NTFS"命令，按<Enter>键则可将文件系统转换为 NTFS 格式。

【练习与思考】

一、选择题

1. （　　）是用于连接多个逻辑上分开的网络。
　　A. 路由器　　　　B. 网卡　　　　C. 调制解调器　　　D. 交换机

2. 小明在办公室使用的是台式计算机（有线网），现在需要把手机接入同一个网络发送数据，他的网络中需要有（　　）设备。
　　A. 路由器　　　　B. 网卡　　　　C. 调制解调器　　　D. 交换机

3. 二层以太网交换机根据端口接收到报文的（　　）生成 MAC 地址表选项。
　　A. 源 MAC 地址　　B. 目的 MAC 地址　　C. 源 IP 地址　　　D. 目的 IP 地址

4. 一个 C 类地址的网段要划分出 15 个子网，下面（　　）子网掩码比较适合。
　　A. 255.255.255.252　　　　　　　B. 255.255.255.248

C. 255.255.255.240　　　　　　　　D. 255.255.255.255

5. 在局域网标准中，100BASE-T 规定从收发器到交换机的距离不超过（　　）米。
   A. 100　　　　　　B. 185　　　　　　C. 300　　　　　　D. 1000

6. ARP 的作用是（①），它的协议数据单元封装在（②）中传送。ARP 请求是采用（③）方式发送的。
   ① A. 将 MAC 地址解析为 IP 地址　　　　B. 将 IP 地址解析为 MAC 地址
      C. 由 IP 地址查找域名　　　　　　　　D. 由域名查找 IP 地址
   ② A. IP 分组　　　　B. 以太帧　　　　C. TCP 段　　　　D. UDP 报文
   ③ A. 单播　　　　　B. 组播　　　　　C. 广播　　　　　D. 点播

二、判断题（在正确项后打√，错误项后打×）

1. 无线局域网中，AP 的作用主要是用户认证。（　　）
2. 通过以太网交换机连接的一组工作站组成一个广播域，但不是一个冲突域。（　　）
3. "三层交换机只能根据第三层协议进行交换"的说法是错误的。（　　）
4. 网络中采用 DHCP 分配 IP 地址的主要目的是减少网络管理员的工作量、减少 IP 地址分配出错的可能及合理分配 IP 地址资源。（　　）

三、思考题

1. 某公司设立了 5 个部门，目前每个部门配置 20 台主机、2 台服务器，使用地址为 192.168.10.0/24。为了增强安全性，每个部门设置独立网段，请规划各部门的 IP 地址使用范围，方便 DHCP 服务器地址池配置。

2. 某公司的网络拓扑结构如下图所示，其中设备 2 与设备 3 的物理位置相隔较远，需要使用光纤相连。设备参数见下表。请给设备 1~4 选择合适的参数。

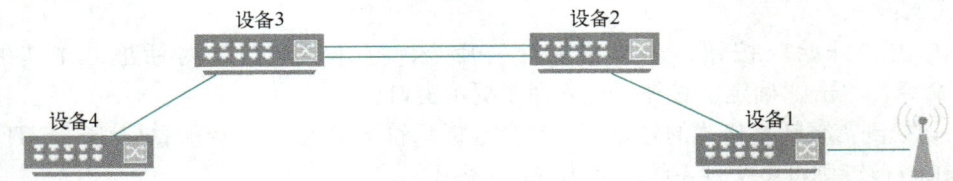

图　某公司的网络拓扑结构

表　网络设备参数列表

设备名称	主要参数
1	交换容量≥1 Tbit/s；包转发率≥750 Mp/s；业务插槽数≥6；双引擎，冗余电源；配置接口≥12 口千兆光口；≥24 口千兆电口
2	交换容量≥190 Gbit/s；包转发率≥40 Mp/s；接口为 24 个 10/100/1000M 电口；至少有 2 个 1000M SFP 光口；支持 802.1x 认证、MAC 和 Web 认证
3	交换容量≥70 Gbit/s；包转发率≥40 Mp/s；接口为 24 个 10/100/1000M 电口，2 个 1G SFP；可管理 AP 数目≥16；支持高级加密标准（AES）、临时密钥交换协议（TKIP）及有线对等加密（WEP），支持 WPA 及 WPA2 加密算法，防止 ARP 欺骗攻击
4	交换容量≥268 Gbit/s；包转发率≥150 Mp/s；接口为 24 个 10/100/1000Base-T 以太网端口，4 个 1/10G SFP

计算机网络基础与应用项目手册

姓　　名：_____

专　　业：_____

班　　级：_____

任课教师：_____

机械工业出版社

目　　录

项目1　虚拟机的安装与使用 ··· 1

【项目描述】 ··· 1
【项目实施】 ··· 1
　　任务1.1　安装虚拟机软件 ·· 1
　　任务1.2　新建虚拟机 ··· 9
　　任务1.3　安装虚拟机系统 ··· 16
　　任务1.4　设置虚拟网络编辑器 ··· 22
　　任务1.5　安装VMware Tools ··· 31
　　任务1.6　设置共享文件夹 ··· 36
　　任务1.7　拍摄与管理快照 ··· 41
【实施与评价】 ··· 43

项目2　实训室网络结构规划 ··· 45

【项目描述】 ··· 45
【项目实施】 ··· 45
　　任务2.1　参观了解网络结构 ·· 45
　　任务2.2　安装绘图工具软件 ·· 47
　　任务2.3　绘制网络拓扑结构图 ··· 50
　　任务2.4　制作网线 ·· 54
　　任务2.5　制作信息模块 ·· 59
【实施与评价】 ··· 64

项目3　检测网络故障 ··· 66

【项目描述】 ··· 66
【项目实施】 ··· 66
　　任务3.1　测试单台计算机的连通性 ··· 66
　　任务3.2　测试多台计算机的连通性 ··· 71
　　任务3.3　实现MAC地址过滤 ·· 73
【实施与评价】 ··· 77

项目 1　虚拟机的安装与使用

【项目描述】

实训室管理员在管理某基础实训室时,发现该实训室使用频率很高,由于课程应用操作系统不一样,因此需要频繁更换操作系统。在同一台计算机上安装几个操作系统,导致计算机运行速度缓慢,管理难度增大;而且,一个班的学生配置完成后,其他班级继续操作就比较难,需要老师重新恢复。

因此,他希望能像应用单台计算机、单个系统一样方便,可以随时恢复到系统应用的最初状态,方便任何一个班级操作;同时,能方便资源共享。

最简单的实现方式就是使用虚拟机,具体操作任务如下。

1)安装虚拟机软件。
2)新建虚拟机。
3)安装虚拟机系统。
4)设置虚拟网络编辑器。
5)安装 VMware Tools。
6)设置共享文件夹。
7)拍摄与管理快照。

【项目实施】

任务 1.1　安装虚拟机软件

1. 工具准备

任务 1.1 的工具准备见表 1-1。

表 1-1　任务 1.1 的工具准备

工具/材料名称	数量与单位	说　　明
虚拟机软件	1 个/人	每人独立完成虚拟机软件的安装
计算机	1 台/人	在计算机上安装虚拟机软件
网络		通畅的互联网

2. 任务卡

任务 1.1 的任务卡见表 1-2。

表 1-2 任务 1.1 任务卡

任务编号	001-1	任务名称	安装虚拟机软件	计划工时	90 min
任务目标					
（1）了解常用虚拟机软件的种类和功能 （2）学会安装 VMware Workstation 虚拟机软件 （3）思考为什么要选择最新版的虚拟机软件（尽可能避免漏洞）					
操作任务分析					
（1）下载虚拟机软件 （2）安装虚拟机软件 （3）检查安装结果					

3. 操作步骤

（1）全新安装

在 VMware Workstation 官网上下载虚拟机软件后就可以准备进行安装了。本项目以 VMware Workstation Pro16.0 的安装为例进行说明。

步骤 1：双击打开图 1-1 所示的虚拟机软件压缩包，解压其安装文件。

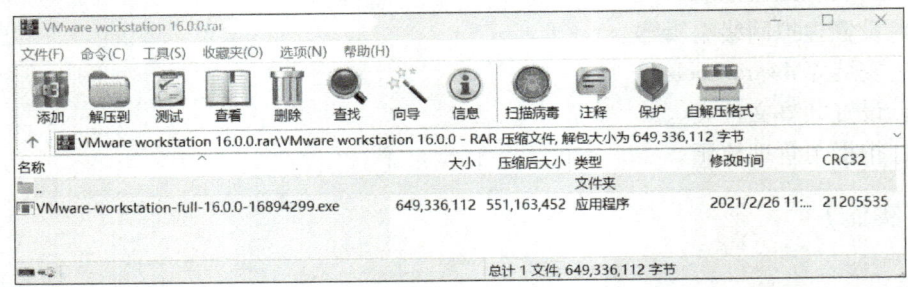

图 1-1 虚拟机软件压缩包

步骤 2：双击安装文件打开图 1-2 所示的 VMware Workstation Pro 安装向导欢迎界面。

步骤 3：单击"下一步"按钮，进入图 1-3 所示的"最终用户许可协议"界面。选中"我接受许可协议中的条款"复选框。

 为避免系统盘出问题导致所有应用程序重新安装，不建议将应用程序安装到系统盘中，建议选择其他分区。

步骤 4：单击"下一步"按钮，进入图 1-4 所示的"自定义安装"界面。单击"更改"按钮，在弹出的对话框中选择合适的安装位置。

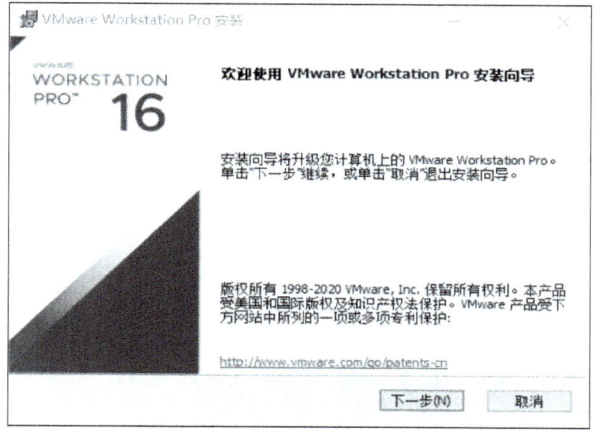

图 1-2　VMware Workstation Pro 安装向导欢迎界面

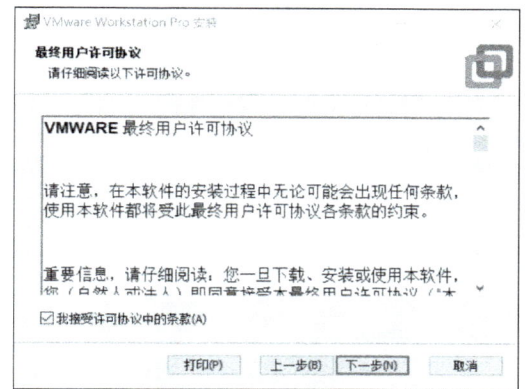

图 1-3　"最终用户许可协议"界面

图 1-4　"自定义安装"界面

步骤 5：单击"下一步"按钮，进入图 1-5 所示的"用户体验设置"界面。根据个人情况合理选择复选框，建议都不选。

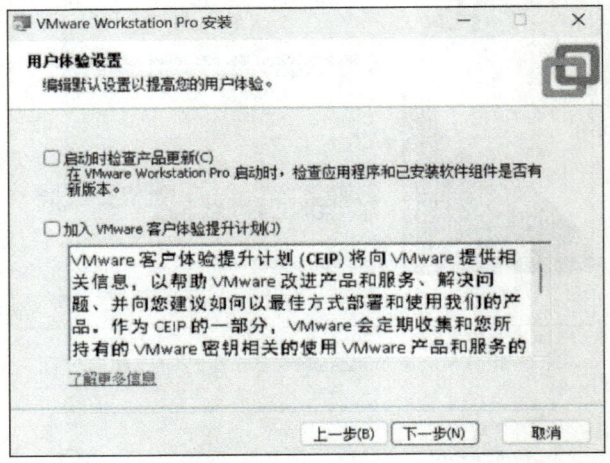

图 1-5 "用户体验设置"界面

步骤 6：单击"下一步"按钮，进入图 1-6 所示的"快捷方式"界面。为了操作方便，建议选中两个复选框。

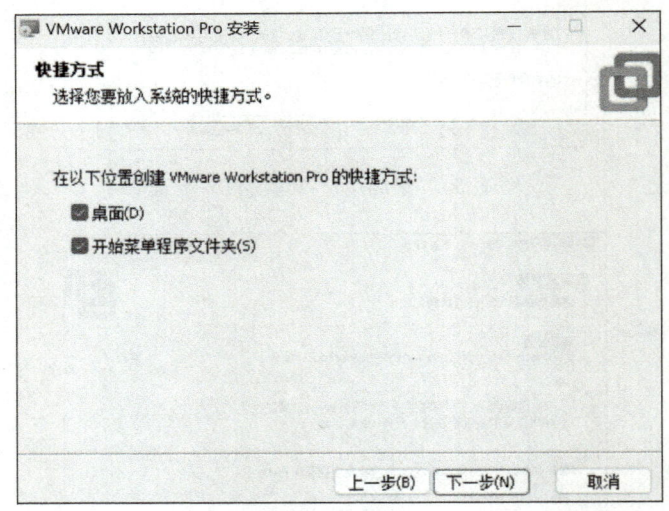

图 1-6 "快捷方式"界面

步骤 7：单击"下一步"按钮，进入图 1-7 所示的"准备升级 VMware Workstation Pro"界面。

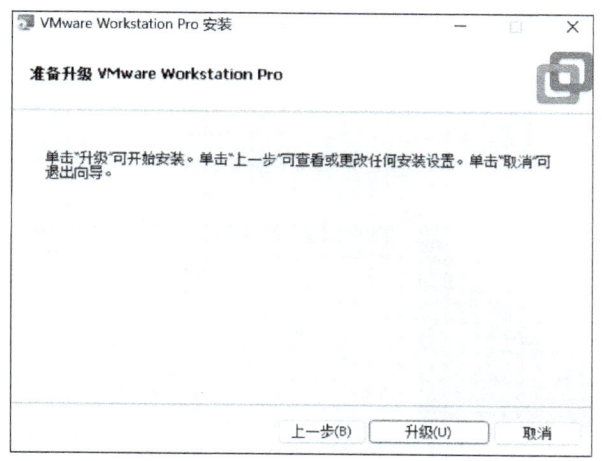

图 1-7 "准备升级 VMware Workstation Pro"界面

步骤 8：单击"升级"按钮，进入图 1-8 所示的"正在安装 VMware Workstation Pro"界面。等待进度条显示完成后，"下一步"按钮会变成黑色可用状态。

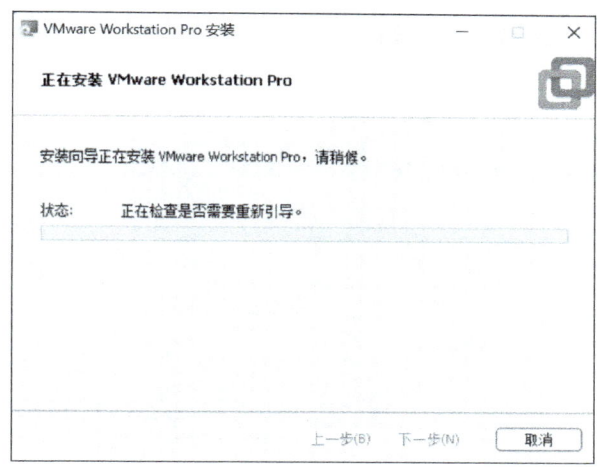

图 1-8 "正在安装 VMware Workstation Pro"界面

步骤 9：单击"下一步"按钮，进入图 1-9 所示的"VMware Workstation Pro 安装向导已完成"界面。

步骤 10：单击"完成"按钮，退出安装向导。这里单击"许可证"按钮，进入图 1-10 所示的"输入许可证密钥"界面。在"许可证密钥格式："下方的文本框中输入产品密钥，产品密钥可在产品下载网站查询。

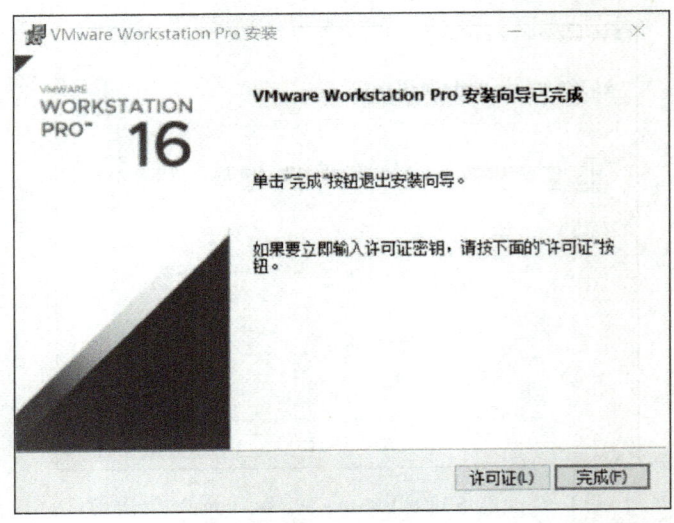

图 1-9 "VMware Workstation Pro 安装向导已完成"界面

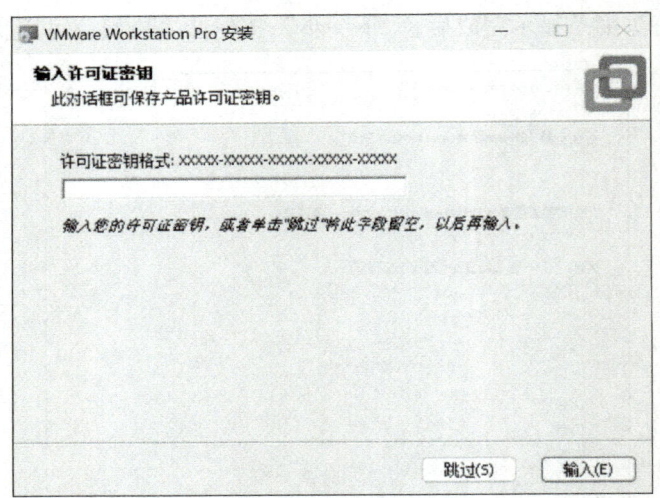

图 1-10 "输入许可证密钥"界面

产品密钥正确,则会打开图 1-11 所示的 VMware Workstation 工作界面,说明虚拟机软件安装完毕。

(2)升级

如果已经安装了虚拟机软件,但希望使用最新版本的虚拟机软件,则可对原有版本进行升级,具体操作如下。

步骤 1:打开虚拟机软件,选择"帮助"→"软件更新"命令,连接更新服务

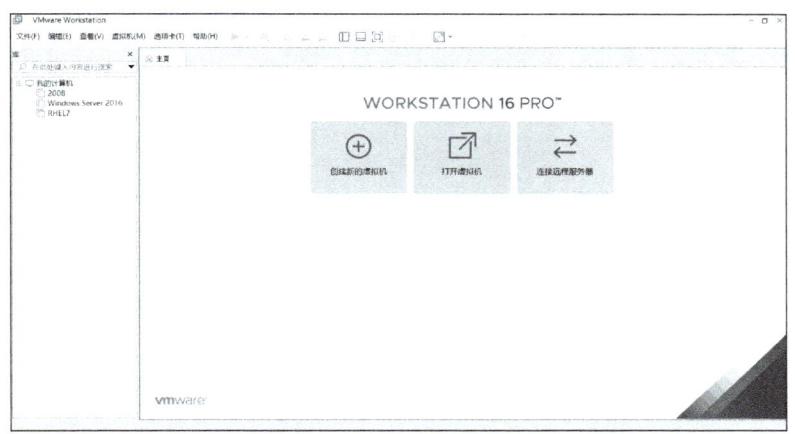

图 1-11　VMware Workstation 工作界面

器，检查软件的新旧情况，如有新版本软件则显示图 1-12 所示的"软件更新"对话框，显示最新的版本信息。

图 1-12　"软件更新"对话框

步骤 2：单击"下载并安装"按钮，进入图 1-13 所示的等待下载的界面。在文件下载完成后就进入安装向导。

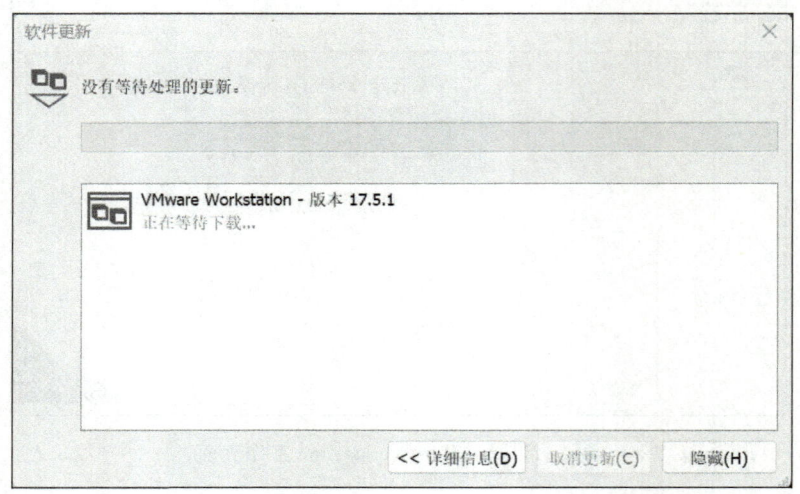

图 1-13　等待下载的界面

步骤 3：按向导安装完成，进入图 1-14 所示的完成界面，单击"完成"按钮就完成了升级。

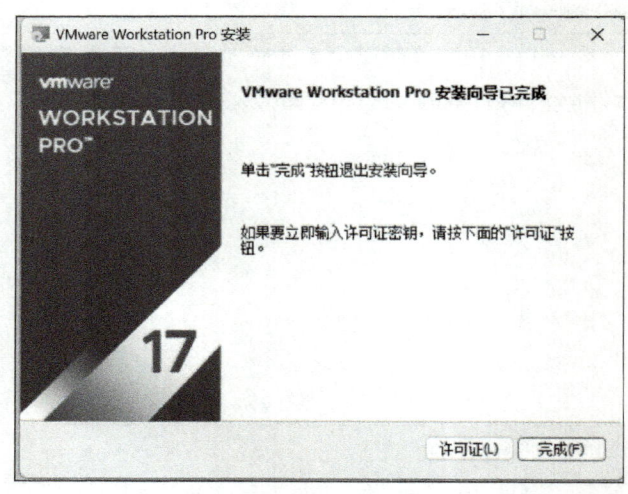

图 1-14　虚拟机软件升级完成

4. 任务完成情况检查

任务 1.1 的完成情况按表 1-3 进行。

表 1-3　任务 1.1 完成情况记录表

任务编号	001-1	任务名称	安装虚拟机软件	计划工时	90 min
完成人姓名		完成机号		完成时间	
目标完成度					
（1）写出 3 种常用虚拟机软件的名称。如果你自己选择，你会选择哪种？为什么 （2）截取软件安装成功的界面					
操作注意事项					
记录在操作过程中遇到的问题和解决办法					

任务 1.2　新建虚拟机

1. 工具准备

任务 1.2 的工具准备见表 1-4。

表 1-4　任务 1.2 的工具准备

工具/材料名称	数量与单位	说　　明
计算机	1 台/人	安装有虚拟机软件 VMware Workstation Pro
网络		通畅的互联网
准备安装的操作系统		Windows Server 2019

2. 任务卡

任务 1.2 的任务卡见表 1-5。

表 1-5　任务 1.2 的任务卡

任务编号	001-1	任务名称	新建虚拟机	计划工时	45 min
任务目标					
（1）学会规划虚拟机内存、容量等参数 （2）理解桥接网络、网络地址转换、仅主机模式网络、不使用网络连接等网络连接类型的含义，并能正确区分它们之间的差别 （3）根据实际应用需求，选择合适的网络类型					
操作任务分析					
根据"新建虚拟机向导"完成新虚拟机的创建					

3. 操作步骤

步骤 1：在图 1-11 所示的 VMware Workstation 工作界面中，单击"创建新的虚拟机"图标按钮，打开"新建虚拟机向导"。如果不熟悉安装，就选中"典型（推荐）"单选按钮；如果熟悉，则可选中"自定义（高级）"单选按钮。

步骤 2：单击"下一步"按钮，进入图 1-15 所示的"选择虚拟机硬件兼容性"。

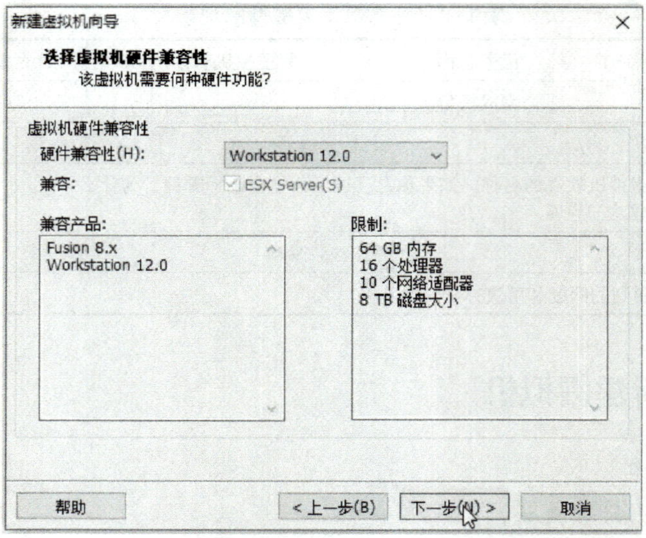

图 1-15 "选择虚拟机硬件兼容性"界面

步骤 3：单击"下一步"按钮，进入图 1-16 所示的"命名虚拟机"界面。在"虚拟机名称"文本框中填入虚拟机的名称，为了容易识别，一般命名为系统名称。因为在本任务中要安装 Windows Server 2019 系统，所以填入"Windows server 2019"。

 为了保证虚拟机系统能稳定运行，内存要尽可能大，一般至少保证在 2 GB 及以上。

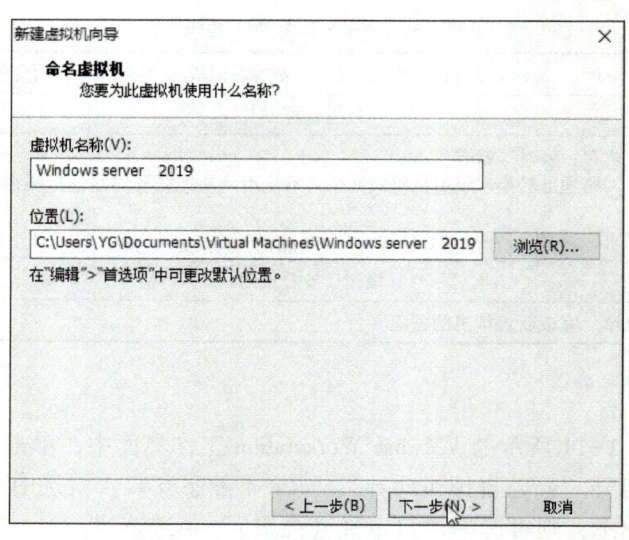

图 1-16 "命名虚拟机"界面

步骤 4：单击"下一步"按钮，进入图 1-17 所示的"处理器配置"界面。根据实际情况选择处理器的数量。

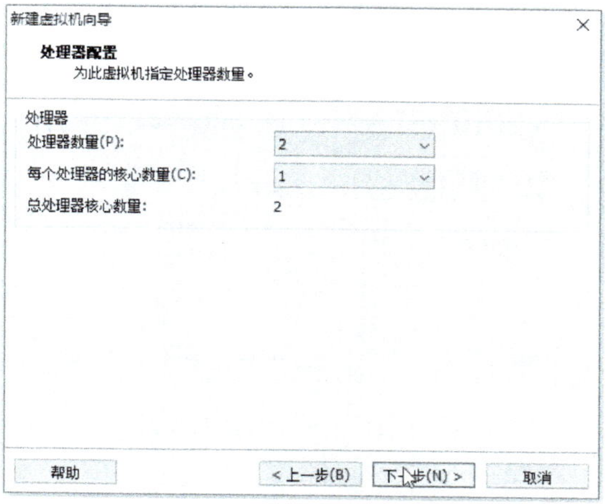

图 1-17 "处理器配置"界面

步骤 5：单击"下一步"按钮，进入图 1-18 所示的"此虚拟机的内存"界面。调整"此虚拟机的内存"，在整体内存比较大的情况下可以分配得大一点。

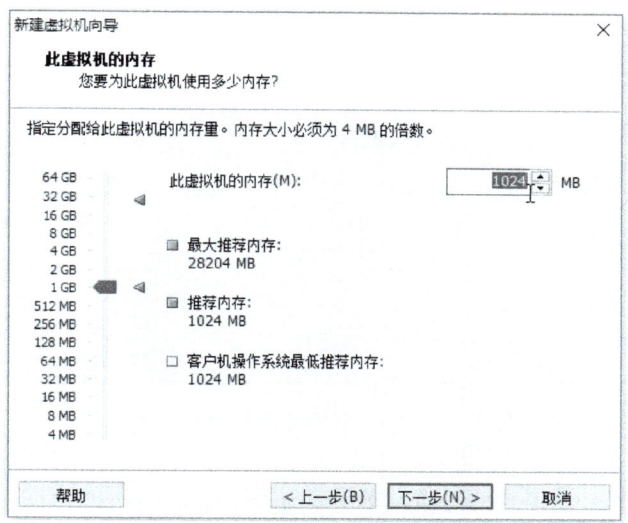

图 1-18 "此虚拟机的内存"界面

步骤 6：单击"下一步"按钮，进入图 1-19 所示的"网络类型"界面。根据个人需求选择合适的网络连接方式，这里选择"使用网络地址转换（NAT）"单选按钮。

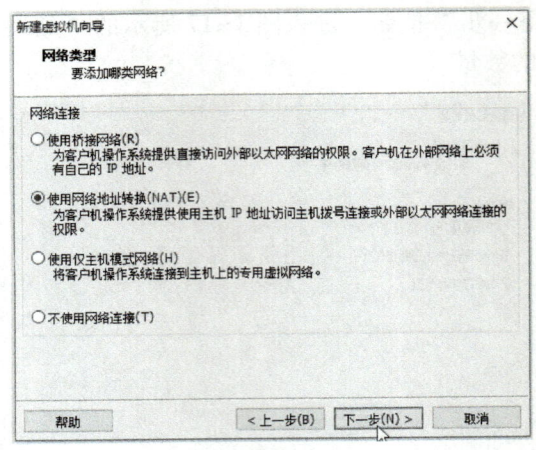

图 1-19 "网络类型"界面

步骤 7：单击"下一步"按钮，进入图 1-20 所示的"选择 I/O 控制器类型"界面。一般根据实际情况选择。

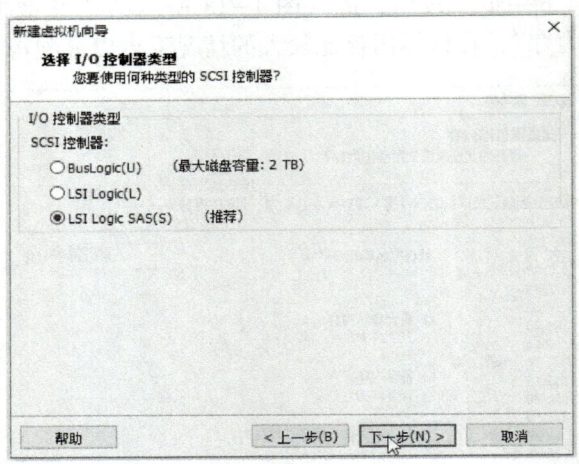

图 1-20 "选择 I/O 控制器类型"界面

步骤 8：单击"下一步"按钮，进入图 1-21 所示的"选择磁盘类型"界面。选中与磁盘类型匹配的接口，如不明确的话就选择推荐项。

步骤 9：单击"下一步"按钮，进入图 1-22 所示的"选择磁盘"界面，选择"创建新虚拟磁盘"单选按钮。

步骤 10：单击"下一步"按钮，进入图 1-23 所示的"指定磁盘容量"界面。可根据实际硬盘容量的大小进行选择，一般 Windows 7 以上的系统最小分配 60 GB。

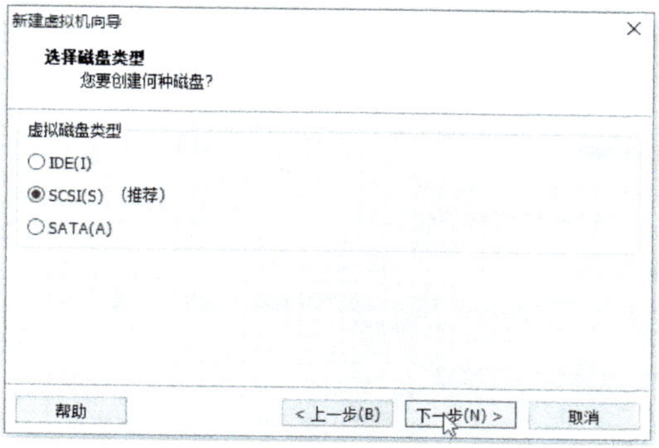

图 1-21 "选择磁盘类型"界面

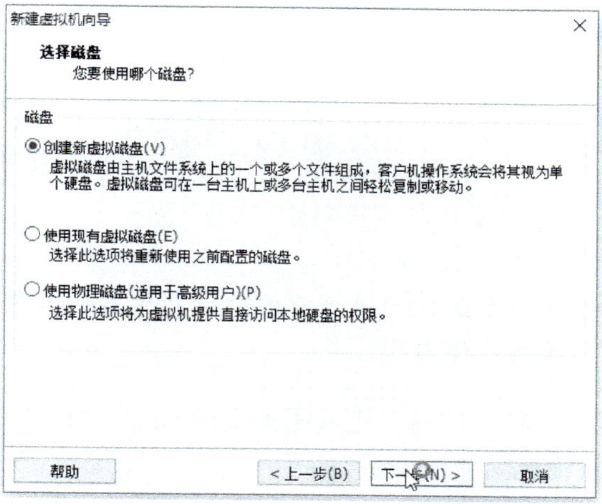

图 1-22 "选择磁盘"界面

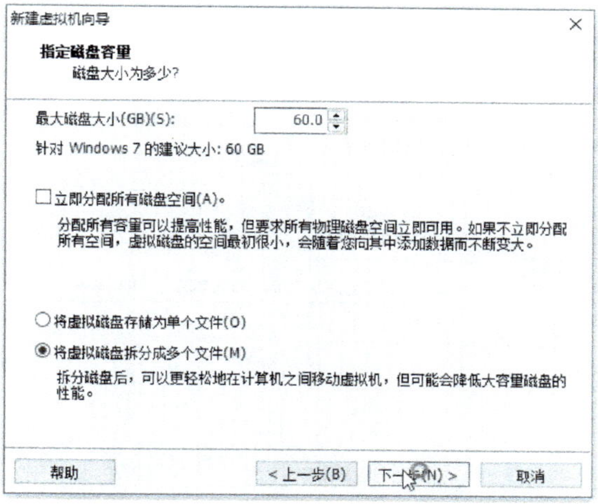

图 1-23 "指定磁盘容量"界面

步骤 11：单击"下一步"按钮，进入图 1-24 所示的"指定磁盘文件"界面，选择合适的存储位置。

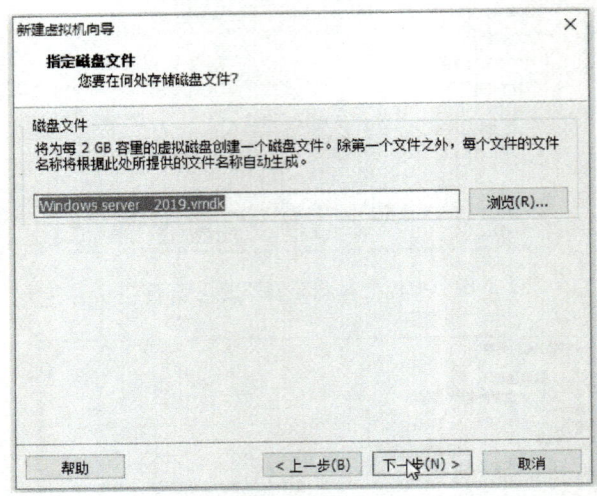

图 1-24 "指定磁盘文件"界面

 不建议存储在系统盘里：一是可能影响运行速度；二是，若系统一旦出现问题，则可能丢失存储内容。

步骤 12：单击"下一步"按钮，进入图 1-25 所示的"已准备好创建虚拟机"界面，查看创建的虚拟机情况。

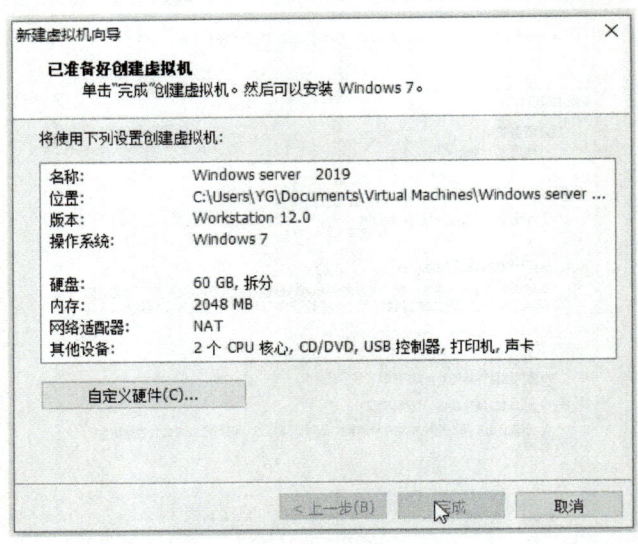

图 1-25 "已准备好创建虚拟机"界面

步骤 13：如果没有问题则单击"完成"按钮进入图 1-26 所示的虚拟机界面。这说明虚拟机系统已经安装完成，可以进入系统安装进程了。

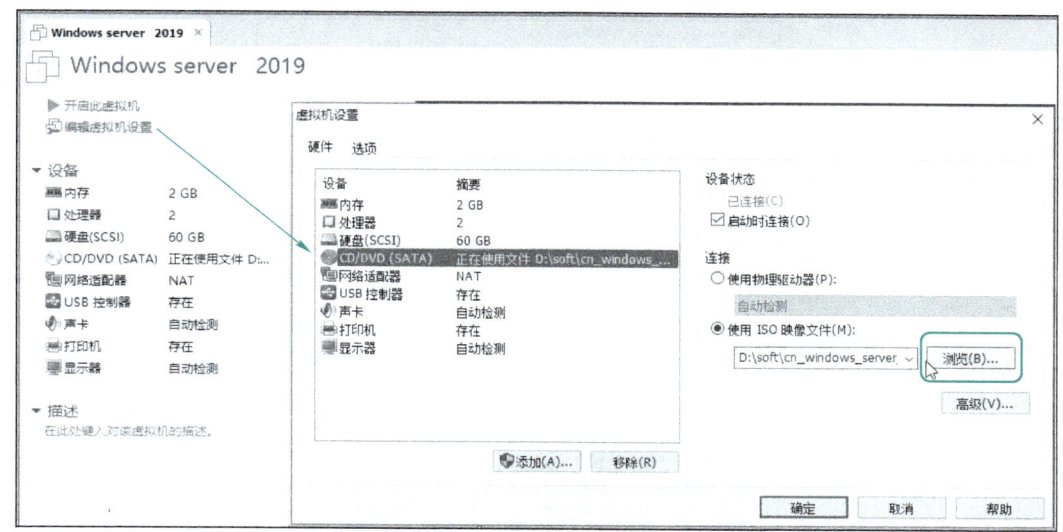

图 1-26 Windows server 2019 虚拟机界面

步骤 14：单击"编辑虚拟机设置"项，打开"虚拟机设置"对话框。选中"CD/DVD（SATA）"选项，单击"浏览"按钮，选择需安装的操作系统的镜像文件，单击"确定"按钮，回到 Windows server 2019 界面。

虚拟机安装完成，还只是相当于购买了一台裸机，还需要安装操作系统才能使用。

4. 任务完成情况检查

任务 1.2 的完成情况按表 1-6 进行记录。

表 1-6 任务 1.2 的完成情况记录表

任务编号	001-2	任务名称	新建虚拟机	计划工时	45 min
完成人姓名			新建虚拟机的名字		完成时间	
目标完成度						

（1）写出虚拟机磁盘文件的扩展名
（2）新建虚拟机时可使用的网络类型有哪几种？其主要区别有哪些？（建议以表格的形式完成区分）
（3）根据个人新建虚拟机状态截取与下图类似的图片

（续）

目标完成度
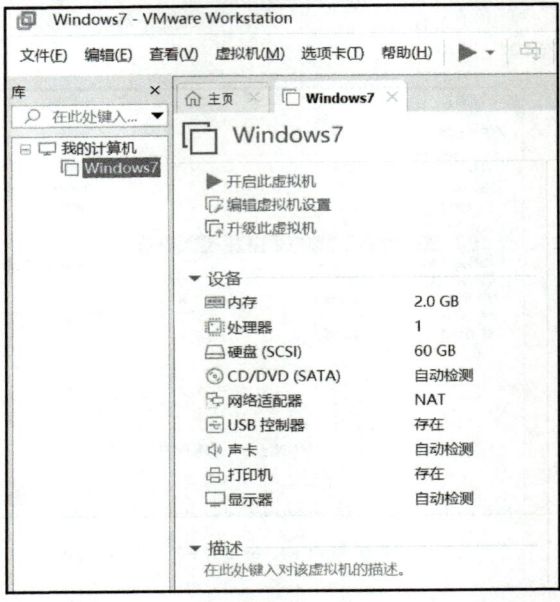
操作注意事项
记录在操作过程中遇到的问题和解决办法

任务 1.3　安装虚拟机系统

1. 工具准备

任务 1.3 的工具准备见表 1-7。

表 1-7　任务 1.3 的工具准备

工具/材料名称	数量与单位	说　明
Windows Server 2019 等系统镜像文件	1 个/人	安装系统用
计算机	1 台/人	计算机上新建有虚拟机
网络		通畅的互联网

2. 任务卡

任务 1.3 的任务卡见表 1-8。

表 1-8　任务 1.3 的任务卡

任务编号	001-3	任务名称	安装虚拟机系统	计划工时	90 min
任务目标					
（1）了解系统安装过程，熟悉安装界面 （2）学会使用 VMware Workstation 安装虚拟机系统					
操作任务分析					
（1）选择合适的虚拟机系统 （2）安装虚拟机系统 （3）检查安装结果					

3. 操作步骤

在本任务中，以安装 Windows Server 2019 系统为例进行说明。

步骤 1：单击"开启此虚拟机"图标按钮，打开图 1-27 所示的"Windows 安装程序"窗口。

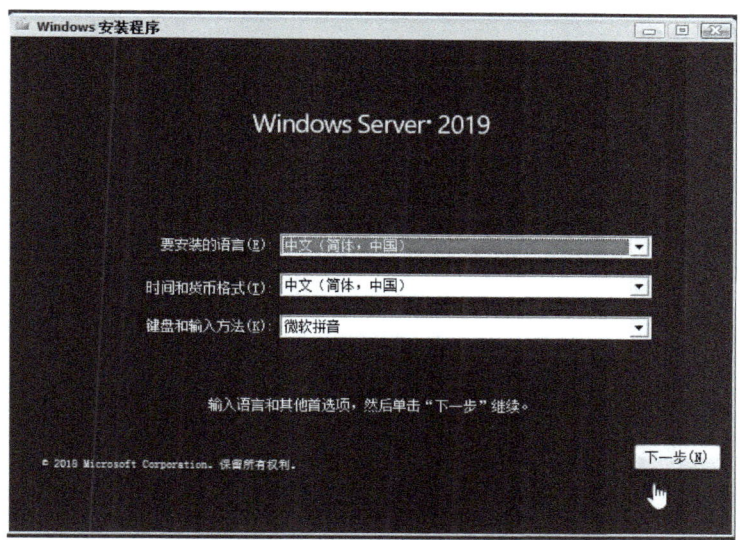

图 1-27　"Windows 安装程序"窗口

步骤 2：单击"下一步"按钮，进入准备安装界面，如图 1-28 所示。

步骤 3：单击"现在安装"按钮，进入图 1-29 所示的"激活 Windows"界面。

步骤 4：找到密钥，在文本框中输入密钥；如果没有密钥，就单击"我没有产品密钥"文字链接，打开图 1-30 所示的"选择要安装的操作系统"界面，选择体验版。

图 1-28 "准备安装"界面

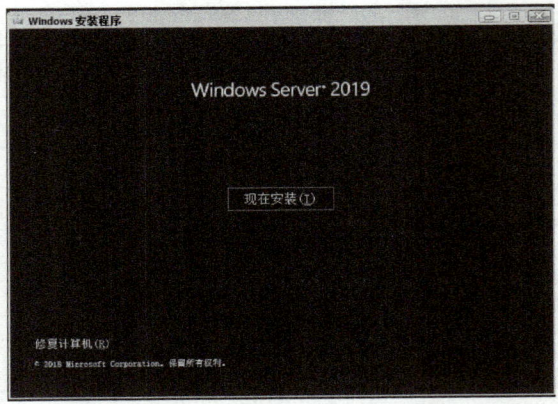

图 1-29 "激活 Windows"界面

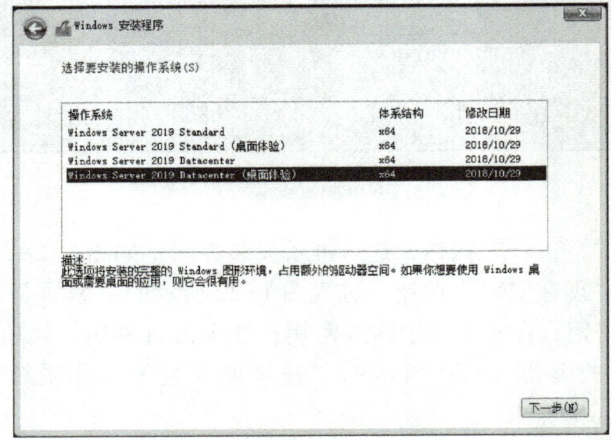

图 1-30 "选择要安装的操作系统"界面

步骤 5：单击"下一步"按钮，进入图 1-31 所示的"适用的声明和许可条款"界面，选中"我接受许可条款"复选框。

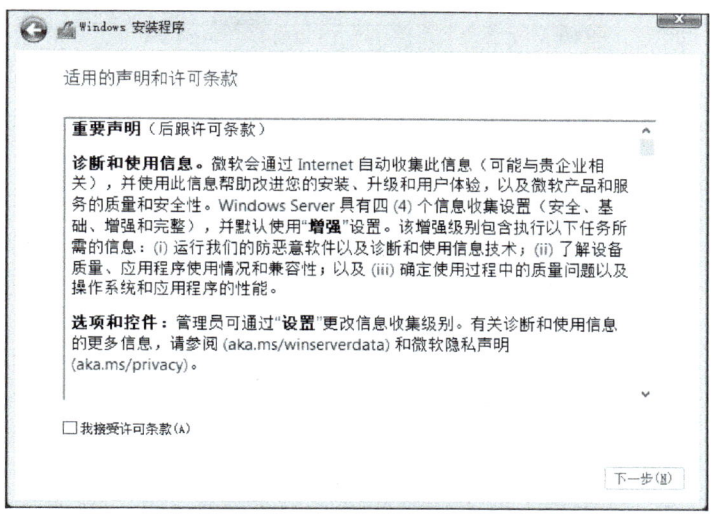

图 1-31 "适用的声明和许可条款"界面

步骤 6：单击"下一步"按钮，进入图 1-32 所示的"你想执行哪种类型的安装"界面。

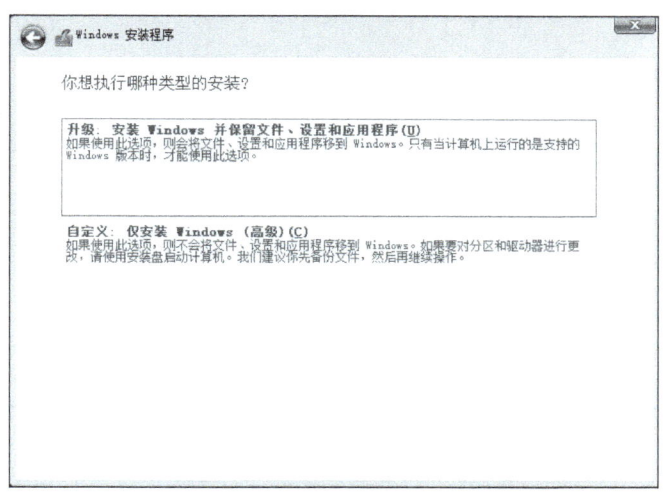

图 1-32 "你想执行哪种类型的安装"界面

步骤 7：单击选中要执行的安装类型，进入图 1-33 所示的"你想将 Windows 安装在哪里？"界面。

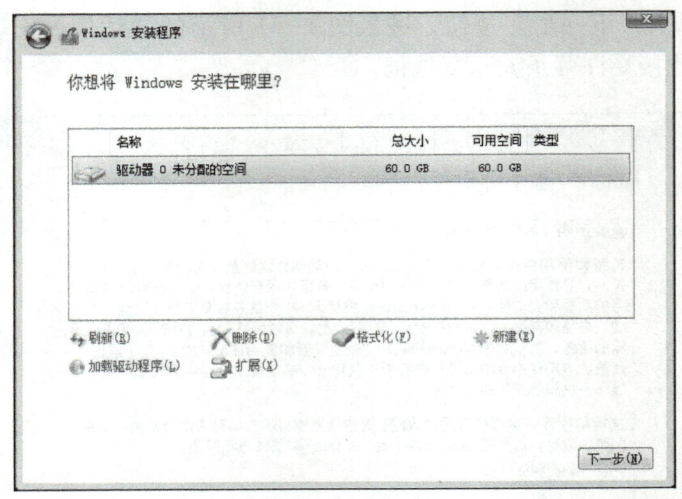

图 1-33 "你想将 Windows 安装在哪里？"界面

步骤 8：单击"下一步"按钮，进入图 1-34 所示的"正在安装 Windows"界面。

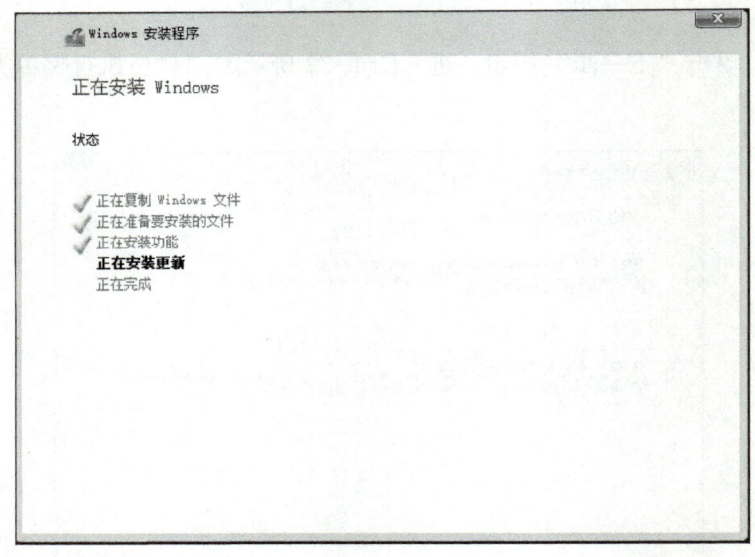

图 1-34 "正在安装 Windows"界面

步骤 9：等待一会儿，进入图 1-35 所示的"Windows 需要重启才能继续"界面。

步骤 10：单击"立即重启"按钮，等待进行图 1-36 所示的"自定义设置"界面。

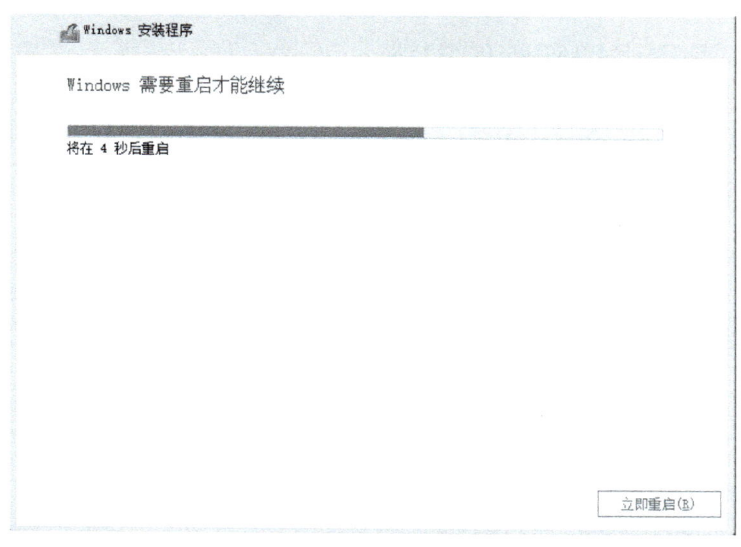

图 1-35 "Windows 需要重启才能继续"界面

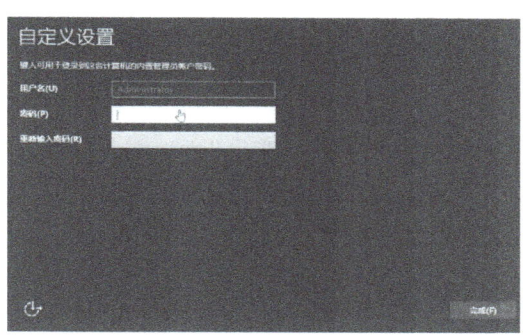

图 1-36 "自定义设置"界面

4. 任务完成情况检查

任务 1.3 的任务完成情况按表 1-9 进行记录。

表 1-9　任务 1.3 的完成情况记录表

任务编号	001-3	任务名称		安装虚拟机系统	计划工时	90 min
完成人姓名		完成机号			完成时间	
目标完成度							
（1）写出三种常用的虚拟机系统的名称。你会选择哪种？说明原因 （2）截取软件安装成功的界面							
操作注意事项							
记录在操作过程中遇到的问题和解决办法							

任务 1.4 设置虚拟网络编辑器

1. 工具准备

任务 1.4 的工具准备见表 1-10。

表 1-10 任务 1.4 的工具准备

工具/材料名称	数量与单位	说　　明
虚拟机系统	1 个/人	配置虚拟机网络连接模式
计算机	1 台/人	内存大于 4 GB
网络		通畅的互联网

2. 任务卡

任务 1.4 的任务卡见表 1-11。

表 1-11 任务 1.4 的任务卡

任务编号	001-4	任务名称	设置虚拟网络编辑器	计划工时	30 min
任务目标					
(1) 了解虚拟网络编辑器,熟悉其操作界面 (2) 熟悉三种常见的网络连接模式的区别,可根据实际应用需求选择合适的网络连接模式 (3) 学会设置不同的网络连接模式					
操作任务分析					
(1) 截取设置界面图 (2) 检查设置结果					

3. 操作步骤

操作步骤主要分为以下 3 步。

步骤 1：双击虚拟机快捷启动图标  ，单击"编辑"菜单项，展开图 1-37 所示的菜单命令。

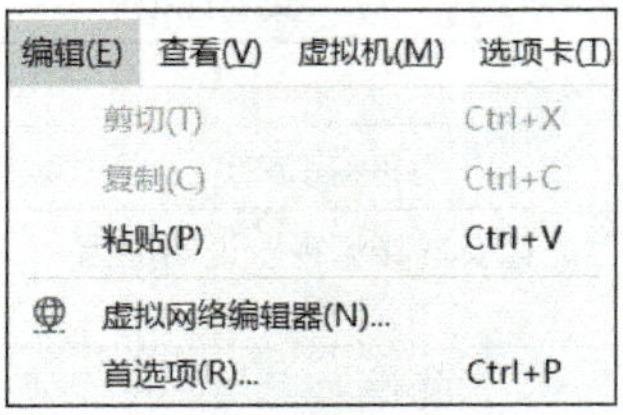

图 1-37 "编辑"菜单命令

步骤 2：选择"虚拟网络编辑器"命令，打开图 1-38 所示的"虚拟网络编辑器"对话框。

图 1-38 "虚拟网络编辑器"对话框

步骤 3：单击"移除网络"按钮，清除不需要的网络类型，根据需要单击"添加网络"添加需要的网络类型。网络类型主要有桥接和 NAT 两种。

（1）设置桥接网络类型

1）设置桥接网络类型的步骤如下。

① 单击图 1-38 中的"添加网络"按钮，弹出图 1-39 所示的"添加虚拟网络"对话框。

图 1-39 "添加虚拟网络"对话框

② 在"选择要添加的网络"下拉列表框中选择"VMnet0"，单击"确定"按钮，打开图 1-40 所示的"虚拟网络编辑器"对话框，可查看到刚刚添加的网络。

③ 单击"确定"按钮即可。

④ 单击图 1-41 中的"编辑虚拟机设置"或"网络适配器"项，打开"虚拟机设置"对话框。选择"网络连接"选项区域中的"桥接模式"单选按钮，并选中其下方的复选框。

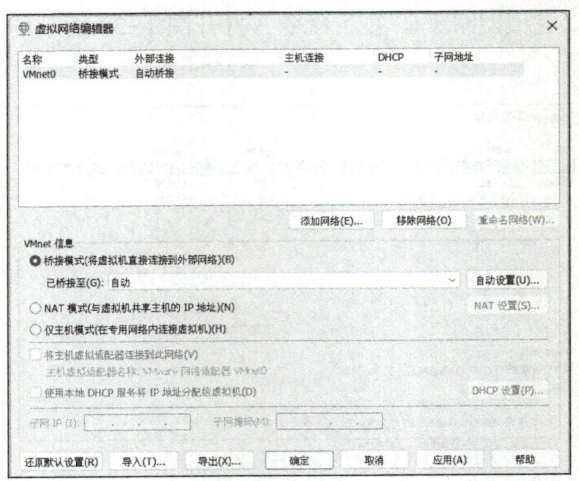

图 1-40 "虚拟网络编辑器"对话框

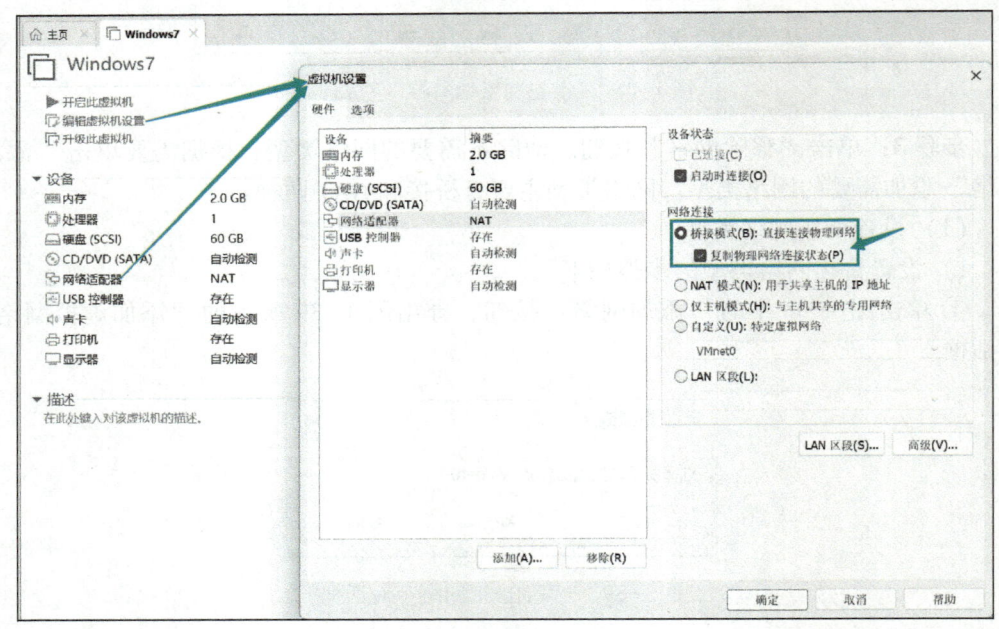

图 1-41 "虚拟机设置"对话框

⑤ 单击"确定"按钮,则网络适配器设置完成,此时"网络适配器"的图标显示为 网络适配器　　　　桥接模式(自动)。

2)桥接网络的连接。

桥接网络连接的工作原理如图 1-42 所示。

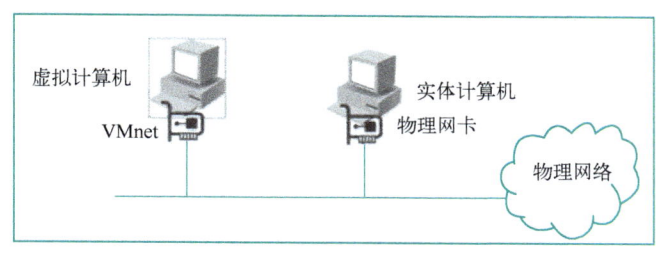

图 1-42 桥接网络连接的工作原理

虚拟网络和实体计算机上的物理网卡进行桥接，使用该虚拟网络的虚拟计算机借用实体计算机的物理网卡和实体网络进行通信。虚拟计算机上的网卡需要配置和真实计算机同一 IP 网段的 IP 地址。

① 地址配置规划。真实机与虚拟机地址信息具体见表 1-12。

表 1-12　真实机与虚拟机的地址表

	IP 地址	网关地址	获取 IP 地址的方式
真实机	192.168.0.101	192.168.0.1	自动获取
虚拟机	192.168.0.111	192.168.0.1	手动指定

② 虚拟网络连接图。该虚拟机的网卡和 VMnet0 虚拟网络进行连接，如图 1-43 所示。

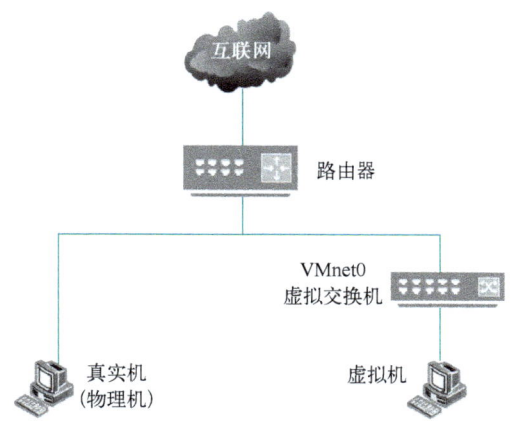

图 1-43　桥接虚拟网络连接示意

③ 多台虚拟机的虚拟网络连接。虚拟机就是一台单独的计算机，虚拟机和主机通过虚拟交换机 VMnet0 连接到外界。它有单独的 IP，可以随意和互联的每一个主机进行联系。如图 1-44 所示，虚拟机 A、C 与真实机 A、B、C 之间是可以任意联系的，没有什么限制。

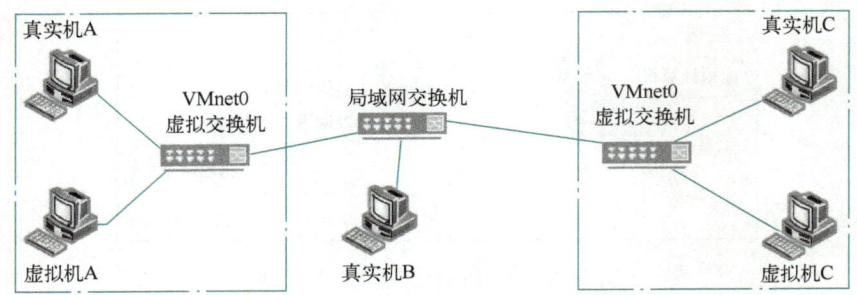

图 1-44　多台虚拟机的虚拟网络连接

3）测试。

① 检查虚拟机与真实机设置的 IP 地址是否处于同一网段。

在虚拟机中单击 Windows 图标，然后按<Win+R>组合键，打开"运行"对话框，在其中输入"cmd"命令，进入命令提示窗口，在提示符下输入"ipconfig/all"命令，查看虚拟机的 IP 地址（192.168.0.110）、网关（192.168.0.1）、获取地址方式等信息。以同样的方式查看真实机的 IP 地址（192.168.0.103）、网关（192.168.0.1）。

② 从真实机对虚拟机发起连通性测试。测试结果若如图 1-45 所示，则说明两者是连通的。

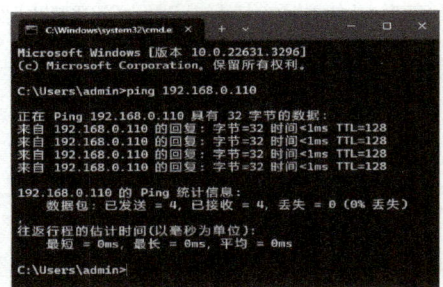

图 1-45　从真实机测试虚拟机的连通性

③ 从虚拟机（192.168.0.110）对真实机（192.168.0.103）发起连通性测试。测试结果若如图 1-46 所示，则说明两者是连通的。

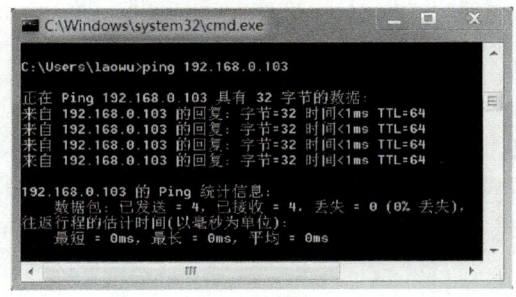

图 1-46　从虚拟机测试真实机的连通性

④ 虚拟机接入互联网测试。在虚拟机中开启浏览器，打开 www.baidu.com 网站。若结果如图 1-47 所示，则说明虚拟机接入 Internet 成功。

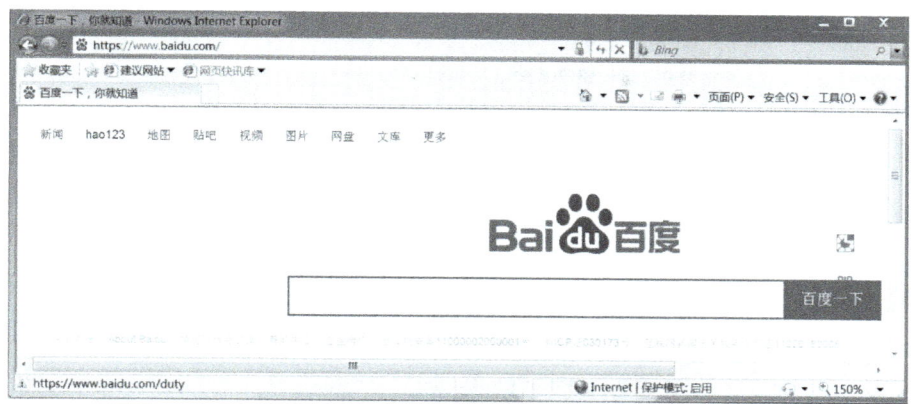

图 1-47　Internet 接入测试

（2）设置 NAT 网络类型

1）NAT 网络类型设置的步骤如下。前两个步骤与桥接网络的相同。

① 在图 1-48 所示的"虚拟网络编辑器"对话框中，设置网络连接类型为 NAT。

图 1-48　选择 NAT 模式

② 如需要对 NAT 进行设置，则单击"NAT 设置"按钮，打开图 1-49 所示的"NAT 设置"对话框，在其中配置 NAT 端口等内容。

27

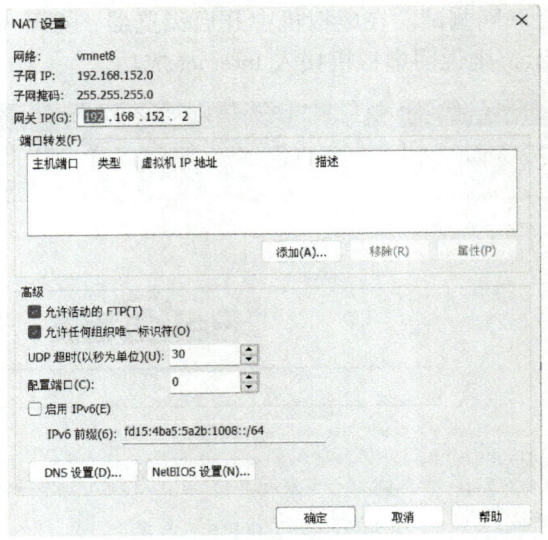

图 1-49 "NAT 设置"对话框

③ 单击"确定"按钮完成配置。

④ 在"虚拟机设置"对话框中选择"网络连接"选项区域下的"NAT 模式"单选按钮,如图 1-50 所示。

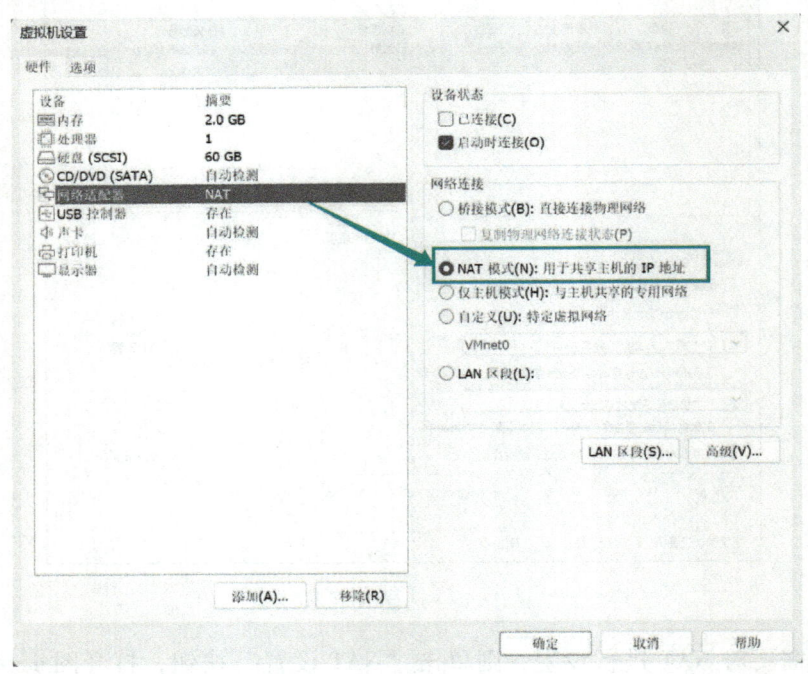

图 1-50 设置网络适配器为 NAT 模式

28

⑤ 单击"确定"按钮完成配置。

2）NAT 网络的连接。

① 工作原理。真实机上启用 NAT，连接到该虚拟网络的虚拟机通过 NAT 和物理网络进行连接，该虚拟机的网卡和 VMnet8 虚拟网络进行连接，如图 1-51 所示。

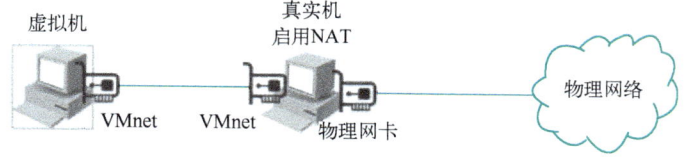

图 1-51　NAT 网络连接的工作原理

② 虚拟网络连接。该虚拟机的网卡和 VMnet8 虚拟网络进行连接，如图 1-52 所示。

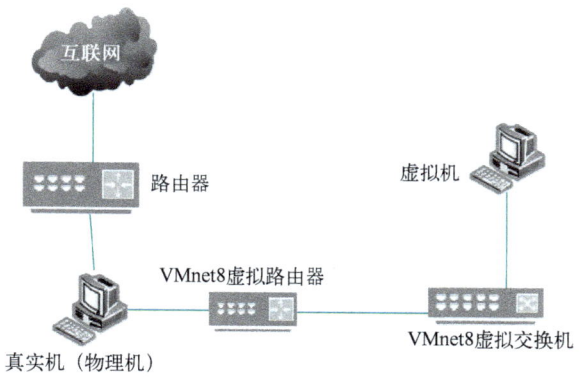

图 1-52　NAT 虚拟网络的连接

打开真实机资源管理器，右击"计算机"项，在弹出的快捷菜单中选择"连接到网络"命令，将虚拟机与物理主机连接起来，如图 1-53 所示。

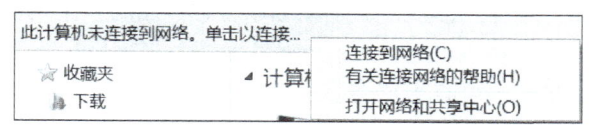

图 1-53　连接网络

③ 多台虚拟机的 NAT 虚拟网络连接。多台虚拟机、真实机连接组成的局域网如图 1-54 所示。有 A、B、C 三台真实机及 A、C 两台虚拟机，通过一台交换机连接组成一个局域网。

虚拟机 A 相当于真实机 A 的一个特定的服务器，可以访问真实机 B、C，但是却无法访问虚拟机 C。同样，虚拟机 C 也无法访问虚拟机 A。该模式是单向访问。

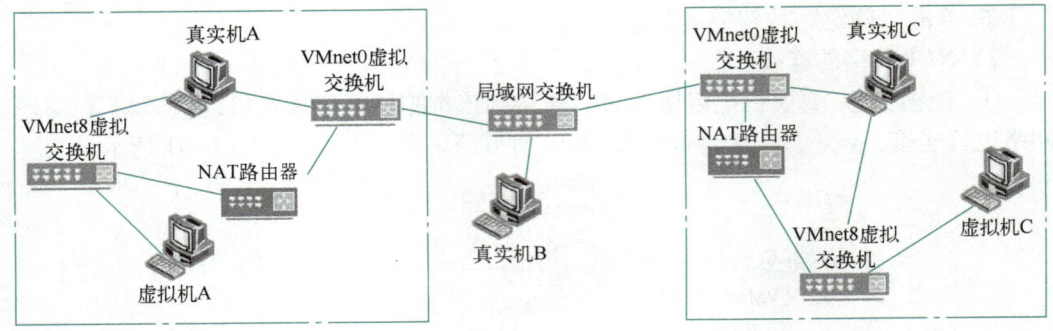

图 1-54　多台虚拟机、真实机连接组成的局域网

3）测试。

① 查看主机的配置情况。通过命令查看网卡的工作情况，结果如图 1-55 所示。

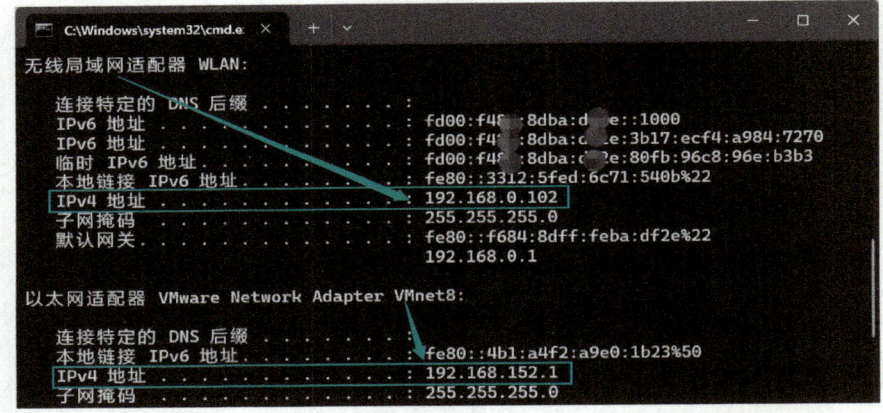

图 1-55　网卡信息

会显示两个网卡信息，一个是真实网络连接情况，另外一个是 VMnet8。由图 1-55 可以发现，物理主机的地址与虚拟机的地址不在同一个网段。

在"运行"对话框中输入"services.msc"命令后按<Enter>键，打开图 1-56 所示的"服务"窗口。在其中可查看服务状态。

② 测试连通性。测试虚拟机与真实机之间的通信情况，具体过程与桥接网络的相同，结果应是两者是连通的。主机能上网的情况下，虚拟机也可以上网。

（1）NAT 连接模式与桥接网络不同的是对两台设备的 IP 地址配置没有特殊要求。

（2）真实机能正常上网的情况下，VMware 虚拟机 NAT 模式下无法上网，则可通过"services.msc"命令开启 VMware DHCP Service 和 VMware NAT Service 这两个服务。如果已启动，重启服务即可上网。

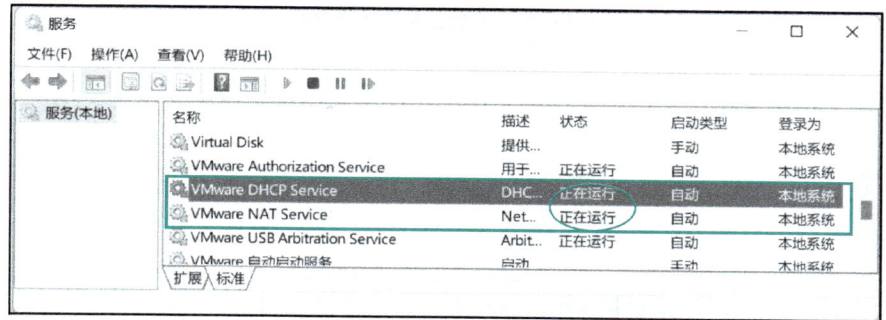

图 1-56 "服务"窗口

4. 任务完成情况检查

任务 1.4 的完成情况记录按表 1-13 进行记录。

表 1-13 任务 1.4 的完成情况记录表

任务编号	001-4	任务名称	设置虚拟机网络编辑器	计划工时	30 min
完成人姓名		完成机号		完成时间	
目标完成度					
(1) 说明 NAT 和桥接的含义和作用,比较两者之间的不同 (2) 截取 NAT 和桥接网络的设置图 (3) 分别记录不同连接模式下虚拟机和真实机的 IP 地址					
操作注意事项					
记录在操作过程中遇到的问题和解决办法					
问题			解决方法		
设置桥接模式后,从虚拟机 ping 真实机,连通;从真实机上却 ping 不通虚拟机			方法 1:查看虚拟机地址是静态地址,而真实机地址是自动获取的。可尝试将虚拟机静态地址改成自动获取。重新测试 方法 2:查看虚拟机防火墙是否启用,如果已启用则将其关闭,重新测试		

任务 1.5　安装 VMware Tools

安装 VMware Tools 主要是为了方便用户直接从物理主机往虚拟机里面拖动文件;同时,也方便主机和虚拟机之间的切换,不用每次要按<Ctrl+Alt>组合键才能从虚拟机切换到主机;另外,还会自动安装声卡驱动等。

 安装了 VMware Tools 后,虚拟机就如同是主机中的一个程序。

1. 工具准备

任务 1.5 的工具准备见表 1-14。

表 1-14　任务 1.5 的工具准备

工具/材料名称	数量与单位	说　　明
虚拟机系统	1 个/人	配置虚拟机网络连接模式
计算机	1 台/人	内存大于 4 GB
VMware Tools 安装文件	1 个/人	

2. 任务卡

任务 1.5 的任务卡见表 1-15。

表 1-15　任务 1.5 的任务卡

任务编号	001-5	任务名称	安装 VMware Tools	计划工时	30 min
任务目标					
(1) 了解 VMware Tools 的作用，知道为什么要使用 VMware Tools (2) 会安装 VMware Tools，并能及时测试安装结果					
操作任务分析					
(1) 检查当前虚拟机是否安装了 VMware Tools，截取检查状态图 (2) 如没有，则安装，截取安装结果图					

3. 操作步骤

使用虚拟机时，常用到真实机中的文件或程序。能不能像把文件从一个文件夹移入另外一个文件夹那样简单，或者是将文件从真实机拖入 U 盘一样呢（见图 1-57）？

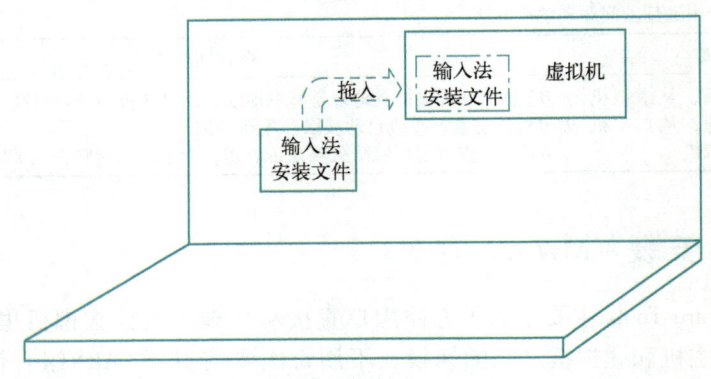

图 1-57　将真实机中的单个文件拖入虚拟机

答案是肯定的。具体操作如下。

（1）查看虚拟机中是否安装了 VMware Tools 工具

单击"虚拟机"菜单项，在展开的菜单中查看"管理"命令下有无 VMware Tools 信息。若如图 1-58a 所示，即为已安装了 VMware Tools 工具，可以直接使用；若如图 1-58b 所示，则说明还没有安装，需要安装 VMware Tools。

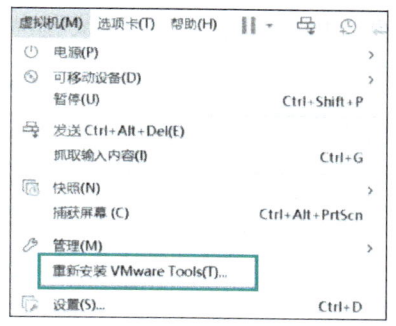 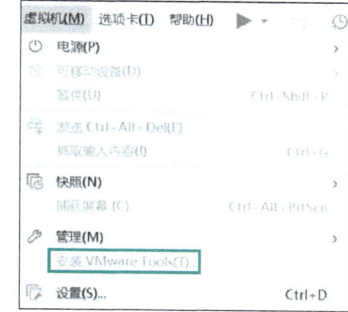

a) 已安装VMware Tools　　　　　　　b) 未安装VMware Tools

图 1-58　查看是否安装了 VMware Tools 工具

（2）根据向导安装 VMware Tools

1）打开图 1-59 所示的"欢迎使用 VMware Tools 的安装向导"对话框。

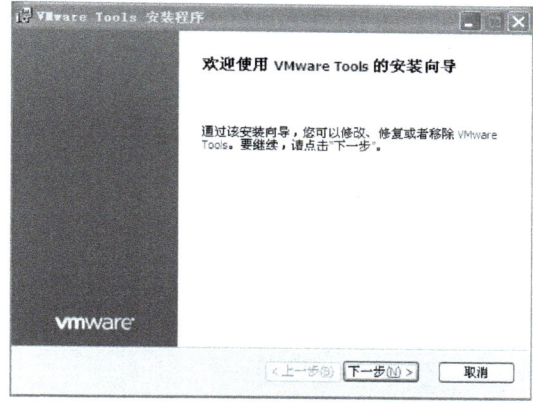

图 1-59　"欢迎使用 VMware Tools 的安装向导"对话框

2）单击"下一步"按钮，进入图 1-60 所示的"程序维护"界面，选中"修复"单选按钮。

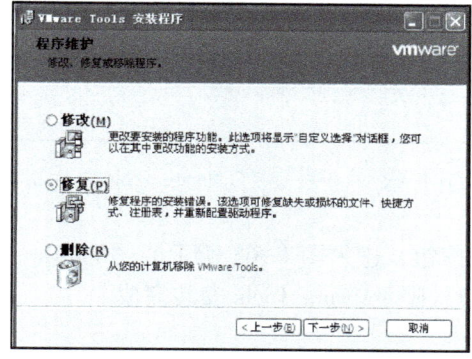

图 1-60　"程序维护"界面

33

3）单击"下一步"按钮，进入图1-61所示的"已准备好修复VMware Tools"界面。

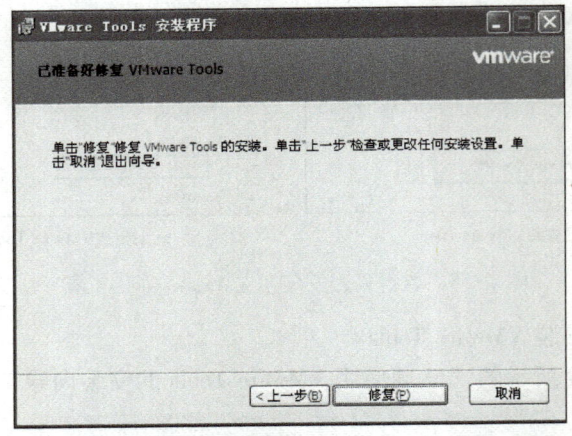

图1-61 "已准备好修复VMware Tools"界面

4）单击"修复"按钮，进入图1-62所示的"正在修复VMware Tools"界面，等待进度条结束。

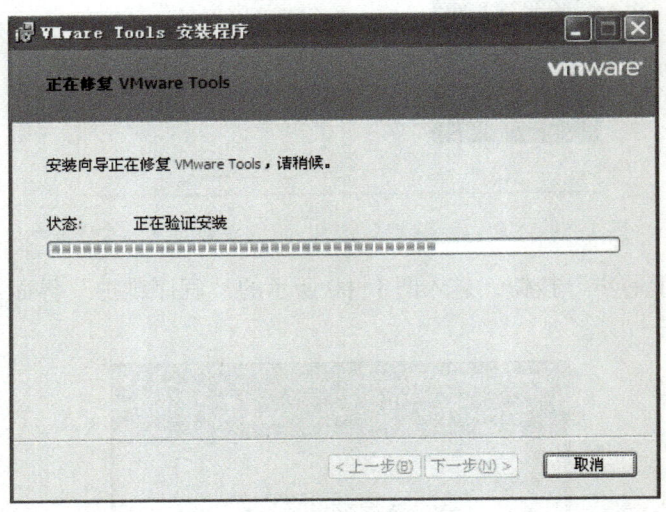

图1-62 "正在修复VMware Tools"界面

5）单击"下一步"按钮，进入图1-63所示的"VMware Tools安装向导已完成"界面。单击"完成"按钮，则VMware Tools安装完成。

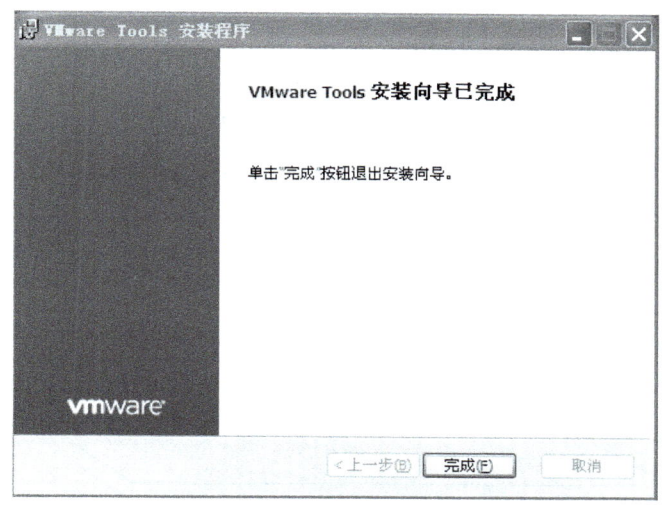

图 1-63 "VMware Tools 安装向导已完成"界面

4. 测试

将真实机中的虚拟机软件拖入虚拟机中，若显示如图 1-64 所示，则说明已成功拖入虚拟机中。

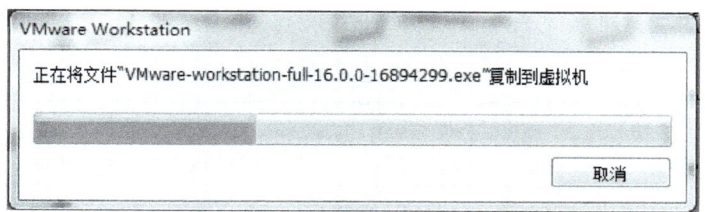

图 1-64 "VMware Workstation"复制文件对话框

5. 任务完成情况检查

任务 1.5 的完成情况按表 1-16 进行记录。

表 1-16 任务 1.5 的完成情况记录表

任务编号	001-5	任务名称		安装 VMware Tools	计划工时	30 min
完成人姓名		完成机号			完成时间	
目标完成度							
（1）检查个人虚拟机中是否已经安装了 VMware Tools，截图说明 （2）如没有安装则进行安装，截取安装结果图							
操作注意事项							
记录在操作过程中遇到的问题和解决办法							

任务 1.6　设置共享文件夹

虚拟机需要使用真实机中的多个文件,拖来拖去很麻烦,能不能就像使用虚拟机中的某个分区一样方便呢,如图 1-65 所示。如果能,如何实现?

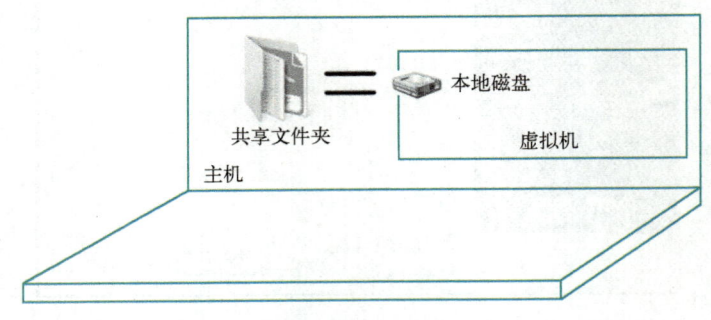

图 1-65　使用真实机中的多个文件

虚拟机要共享真实机中的文件,首先要保证真实机与虚拟机之间是互通的。本任务中以虚拟机采用桥接模式连接为例进行说明。

1. 工具准备

任务 1.6 的工具准备见表 1-17。

表 1-17　任务 1.6 的工具准备

工具/材料名称	数量与单位	说　　明
共享文件夹	1 个/人	文件夹内文件 share 1\share 2
安装有虚拟机的计算机	1 台/人	内存大于 4 GB

2. 任务卡

任务 1.6 的任务卡见表 1-18。

表 1-18　任务 1.6 的任务卡

任务编号	001-6	任务名称	设置共享文件夹	计划工时	30 min
任务目标					
(1) 了解共享文件夹、网络驱动器的作用 (2) 理解共享文件夹的方式,会设置虚拟机共享真实机中的文件 (3) 测试是否成功共享文件					
操作任务分析					
(1) 检查当前共享文件状态,截取共享状态图 (2) 配置网络驱动器					

3. 操作步骤

虚拟机使用的文件较多，每次拖动比较麻烦，希望可以像使用自己分区一样方便，具体操作步骤如下。

步骤1：打开虚拟机，单击"虚拟机"菜单项，打开图1-66所示的"虚拟机"菜单命令列表。

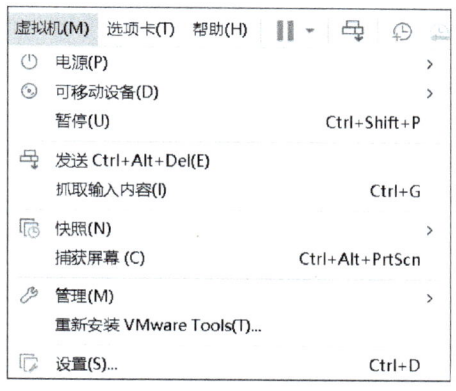

图1-66 "虚拟机"菜单命令列表

步骤2：选择"设置"命令，打开图1-67所示的"虚拟机设置"对话框。单击切换到"选项"选项卡，发现"共享文件夹"已禁用，需要开启才能共享。

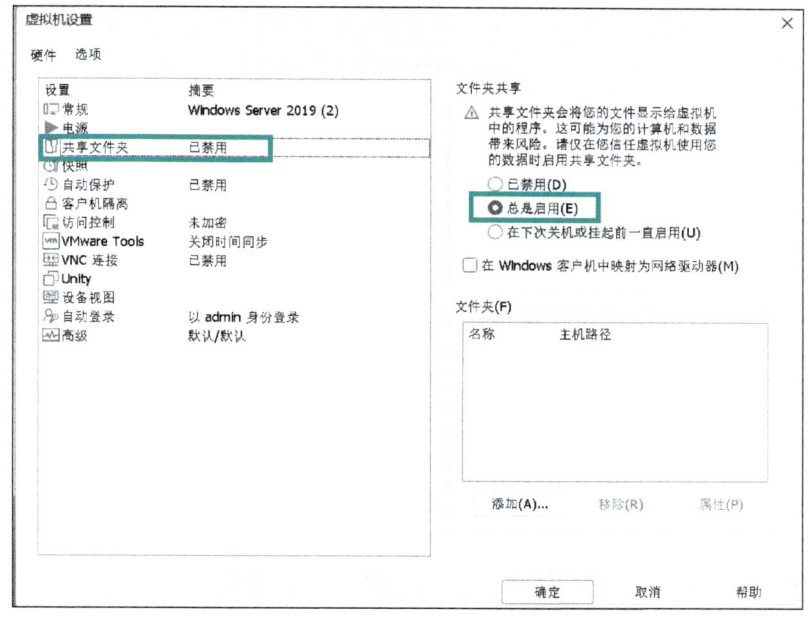

图1-67 "虚拟机设置"对话框的"选项"选项卡

选中左边窗格中的"共享文件夹"选项,在右边的"文件夹共享"选项区域中,选中"总是启用"单选按钮,单击"确定"按钮,则会将"共享文件夹"启用。

步骤 3:在图 1-67 中,单击"添加"按钮,打开添加共享文件夹向导,单击"下一步"按钮,进入图 1-68 所示的"命名共享文件夹"界面。

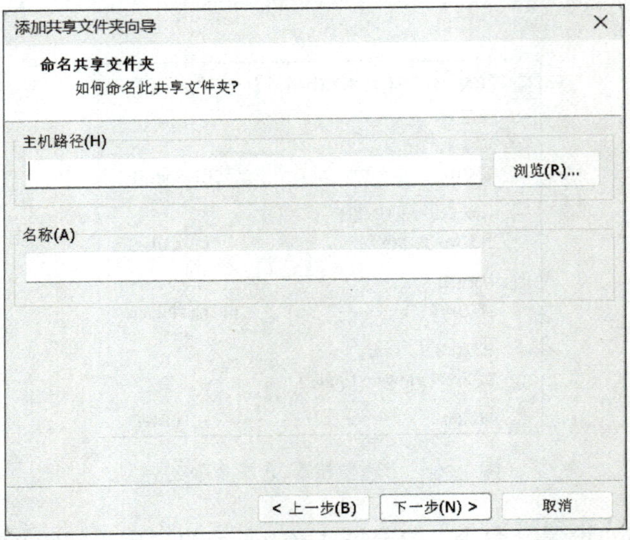

图 1-68 "命名共享文件夹"界面

步骤 4:单击"浏览"按钮,打开图 1-69 所示的"浏览文件夹"对话框,选择需要共享的文件夹。

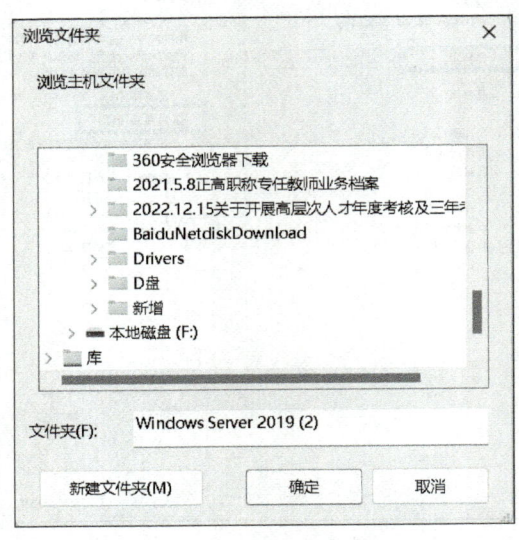

图 1-69 "浏览文件夹"对话框

步骤 5：单击"确定"按钮，返回图 1-70 所示的"命名共享文件夹"界面，设置共享文件的名称。

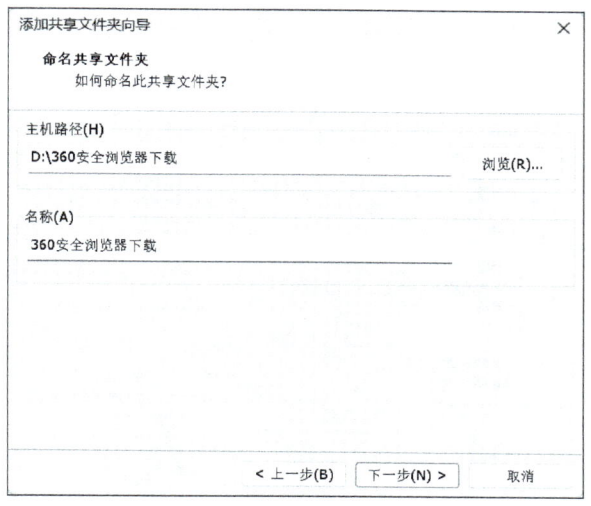

图 1-70 "命名共享文件夹"界面

步骤 6：单击"下一步"按钮，进入图 1-71 所示的"指定共享文件夹属性"界面。在"其他属性"选项区域中选中"启用此共享"复选框，如果只允许读取则也选中"只读"复选框，最后单击"完成"按钮。

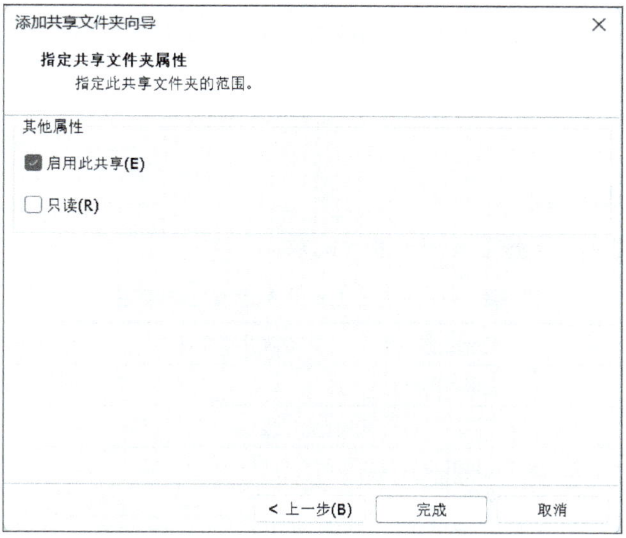

图 1-71 "指定共享文件夹属性"界面

步骤 7：返回"虚拟机设置"对话框，在"选项"选项卡右侧的"文件夹"列表框中，添加了一个"360 安全浏览器下载"文件夹，如图 1-72 所示，说明共享了该文件夹。

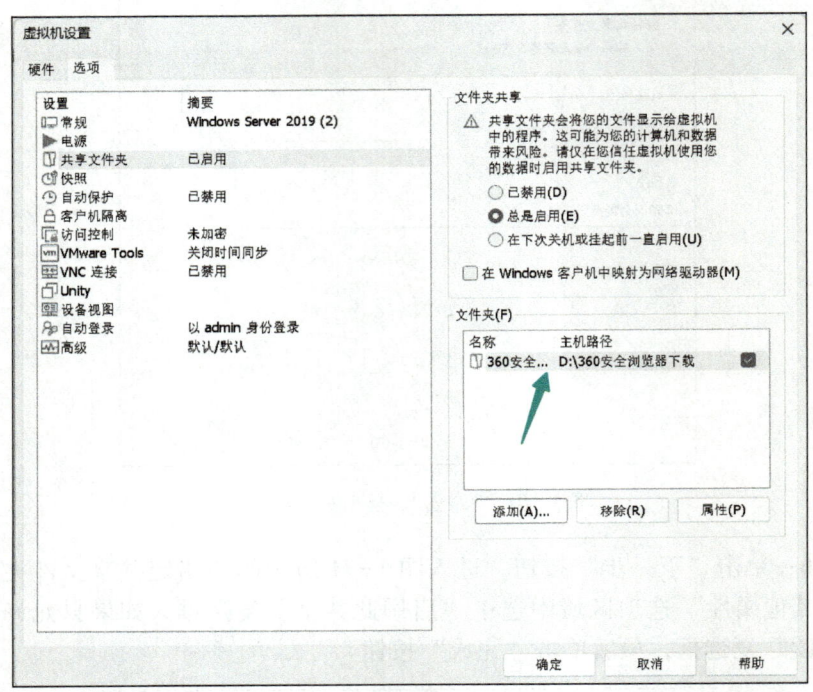

图 1-72 添加了"360 安全浏览器下载"共享文件夹

步骤 8："共享文件夹"图标显示为 共享文件夹 已启用 说明共享文件夹已经被启用。

4. 任务完成情况检查

任务 1.6 的完成情况按表 1-19 进行记录。

表 1-19 任务 1.6 的完成情况记录表

任务编号	001-6	任务名称	设置共享文件夹	计划工时	30 min
完成人姓名			完成机号		完成时间	
目标完成度						
(1) 会根据实际应用需求设置虚拟机共享真实机中的文件 (2) 设置网络驱动器，测试是否成功						
操作注意事项						
记录在操作过程中遇到的问题和解决办法						

任务 1.7　拍摄与管理快照

磁盘"快照"（Snapshot）是虚拟机磁盘文件（VMDK）在某个点的副本。系统崩溃或系统异常时，可通过恢复到快照来保持磁盘文件系统和系统存储。当升级应用和服务器及给它们打补丁的时候，快照就可以保存系统的不同状态。

1. 工具准备

任务 1.7 的工具准备见表 1-20。

表 1-20　任务 1.7 的工具准备

工具/材料名称	数量与单位	说　　明
虚拟机系统	1 个/人	配置虚拟机网络连接模式
计算机	1 台/人	内存大于 4 GB

2. 任务卡

任务 1.7 的任务卡如表 1-21 所示。

表 1-21　任务 1.7 的任务卡

任务编号	001-7	任务名称	拍摄与管理快照	计划工时	30 min
任务目标					
（1）了解快照的作用，知道为什么要使用快照 （2）会拍摄和管理快照 （3）在需要时能使用快照回到虚拟机的某个节点状态					
操作任务分析					
（1）检查当前虚拟机是否安装了 VMware Tools，截取检查状态图 （2）如未安装，则进行安装，并截取安装结果图					

3. 操作步骤

快照文件（delta 文件）的大小不能超过原始磁盘文件的大小，在没创建快照时，其初始大小为 0 字节。该文件用于存储关于快照的元数据和信息，是文本格式的，包含快照显示名称、UID（编号）和磁盘文件名等信息。虚拟机每个快照也会创建一个 .vmss 文件，当移动快照时会自动将其删除。

当快照被删除或被恢复时，delta 文件将会自动被删除，但不是被完全清除，在文件里为每个快照保留了位置，仅增加编号并在 Consolidate Helper 里放置名称，方便整合备份。

快照是一个虚拟机的时间点状态，不能等同于备份。

如果希望保留实验前的设置，在出现问题的时候能够从某一节点重新开始，则可以拍摄快照。具体步骤如下。

步骤 1：打开虚拟机，选择"虚拟机"→"快照"→"拍摄快照"命令，如图 1-73 所示。

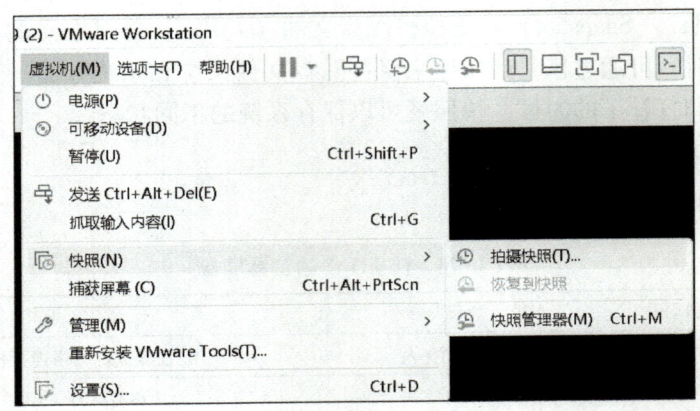

图 1-73 "虚拟机"→"快照"→"拍摄快照"命令

步骤 2：打开图 1-74 所示的"拍摄快照"对话框，在"名称"和"描述"文本框中完善该快照的信息。

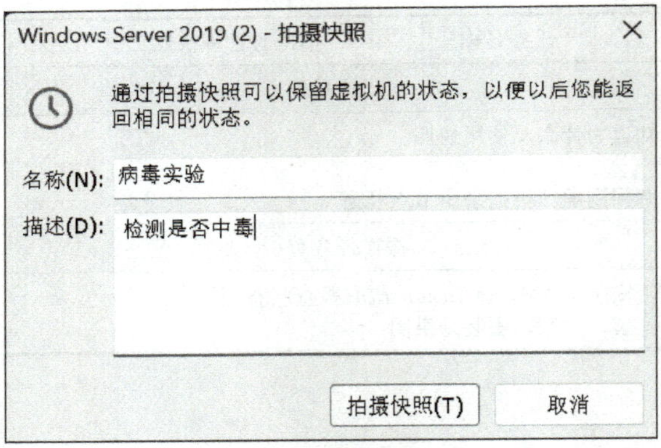

图 1-74 "拍摄快照"对话框

步骤 3：单击"拍摄快照"按钮，快照拍摄完成。

步骤 4：打开"虚拟机"菜单（见图 1-75），可以发现在"快照管理器"命令下出现了上面设置的"病毒实验"快照。这就说明了"病毒实验"快照拍摄成功了。

如果在当前节点后的实验中出现了问题，可以在"快照管理器"中，单击这个快照，即可将运行环境恢复到当前状态，在此之前的设置就不会被破坏。

4. 任务完成情况检查

任务 1.7 的完成情况按表 1-22 进行记录。

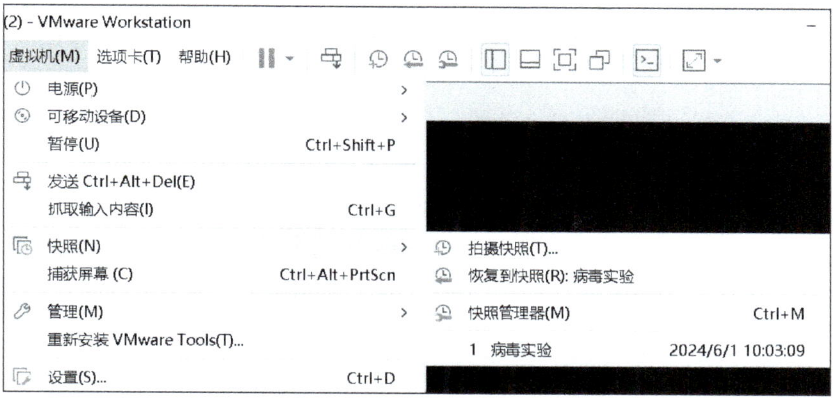

图 1-75 快照拍摄成功

表 1-22 任务 1.7 的完成情况记录表

任务编号	001-7	任务名称	拍摄与管理快照	计划工时	30 min
完成人姓名		完成机号		完成时间	
目标完成情况					
（1）拍摄当前虚拟机系统状态，按"时间节点+姓名英文简称"形式命名，保存截图 （2）查看"快照管理器"，并保存截图					
操作注意事项					
记录在操作过程中遇到的问题和解决办法					

【实施与评价】

项目 1 任务	任务 1（50 分）	任务 2（50 分）
任务得分		
项目 1 得分		
教师评语 （为了加强对过程性考核，建议对每个任务进行评价）		
教师签名		

任务 1：安装虚拟机。（50 分）

（1）安装虚拟机软件。（录制视频，20 分）

（2）创建 Windows Server 2019 操作系统的虚拟机。（录制视频，30 分）

（续）

（3）记录遇到的问题和解决办法、经验、小技巧。（加分项）

任务 2：管理虚拟机。（50 分）
（1）配置虚拟机系统，实现通过虚拟机上网。（录制视频，20 分）

（2）配置虚拟机系统，实现虚拟机上的文件或文件夹可以直接拖动到物理主机上，相反也可。（录制视频，20 分）

（3）配置完成后，拍摄快照，以个人名字命名。（10 分）

（4）记录遇到的问题和解决办法、经验、小技巧。（加分项）

项目 2　实训室网络结构规划

【项目描述】

新来的实训室管理员需要新建实训室，在保证实训室网络、学校网络安全的情况下与外界沟通，如上网、发邮件、即时通信等。但因其刚来，对学校网络情况不了解，他该怎么办呢？

1）实地勘察，参观了解校园网络的整体情况。
2）熟悉网络拓扑结构。
3）了解实训室所在楼栋 IP 地址规划，给整栋楼进行合理的子网划分。
4）制作网线和信息模块。

【项目实施】

任务 2.1　参观了解网络结构

1. 工具准备

任务 2.1 的工具准备见表 2-1。

表 2-1　任务 2.1 的工具准备

工具/材料名称	数量与单位	说　　明
笔、记录本等	1 部/人	记录看到的内容
手机	1 部/人	拍摄设备或网络结构
参观记录表	1 份/人	记录参观内容与要求

参观记录表见表 2-2。

表 2-2　参观记录表

记录内容		选项（在符合项后打√；或填写相应内容）					
基本信息	参观时间		小组成员			姓名	
设备	名称	数量	型号	品牌	图片（正面、侧面、反面）及主要功能		
	路由器						
	交换机						

45

（续）

记录内容		选项（在符合项后打√；或填写相应内容）				
基本信息	参观时间		小组成员		姓名	
设备	名称	数量	型号	品牌	图片（正面、侧面、反面）及主要功能	
	防火墙					
	服务器					
	机柜					
	无线 AC					
	无线路由器					
传输介质	光纤		连接（　）设备与（　）设备（如有多个可自己增加）			
	双绞线		连接（　）设备与（　）设备（如有多个可自己增加）			
网络拓扑结构类型	星形（　），环形（　），树形（　）（拍下网络拓扑结构图片）					
主要功能	如提供网络浏览、电子邮件等信息服务					
网络管理人员	（　）个，岗位职责描述：负责校园网的规划、建设、管理、运行和维护，保障网络系统的设备完好、线路通畅。（示例）					
主要应用	共享访问 Internet（　），共享打印机（　），文件共享（　），FTP 服务（　），邮件服务（　），计费服务（　），DHCP 服务（　），域名服务（　），冗余链路（　），VLAN 规划（　），VPN 访问（　），网页浏览（　），流量安全等					
疑问						

2. 任务卡

任务 2.1 的任务卡见表 2-3。

表 2-3　任务 2.1 的任务卡

任务编号	002-1	任务名称	参观了解网络结构	计划工时	90 min
任务目标					
(1) 了解网络管理人员的岗位职责 (2) 识别网络设备的种类、型号、品牌及其参数等 (3) 熟悉网络中心或实训室的网络结构					
操作任务分析					
(1) 观察网络结构 (2) 识别主要网络设备					

3. 操作步骤

步骤 1：听网络中心管理人员介绍网络现状。

步骤 2：在管理人员的带领下实地参观网络中心或实训室网络，近距离观察网络设备和网络结构。

4. 任务完成情况检查

任务 2.1 的完成情况按表 2-4 进行记录。

表 2-4 任务 2.1 的完成情况记录表

任务编号	002-1	任务名称	参观了解网络结构	计划工时	90 min
完成人姓名		完成地点		完成时间	
目标完成度					
（1）查看参观记录表的记录情况 （2）认识了哪些设备，能否说明各个设备的功能与应用环境					
操作注意事项					
记录在操作过程中遇到的问题和解决办法					

任务 2.2　安装绘图工具软件

建设实训室网络时需要绘制网络拓扑结构图。另外，在实训室中实训时也需要绘制简单的结构图、流程图等。因此，需要在实训室的计算机上安装绘图工具软件。

1. 工具准备

任务 2.2 的工具准备见表 2-5。

表 2-5 任务 2.2 的工具准备

工具/材料名称	数量与单位	说　　明
Visio 软件安装包	1 份/人	以 Visio Pro 2019 为例
计算机	1 台/人	已安装好操作系统
网络		通畅

2. 任务卡

任务 2.2 的任务卡见表 2-6。

表 2-6 任务 2.2 的任务卡

任务编号	002-2	任务名称	安装 Visio 绘图工具软件	计划工时	90 min
任务目标					
（1）了解绘图工具软件的功能 （2）确定软件的安装位置（建议：不安装在系统盘，安装到虚拟机上） （3）正确安装绘图工具软件					
操作任务分析					
（1）下载绘图工具软件 （2）安装绘图工具软件					

3. 操作步骤

绘图软件有很多，本任务以 Microsoft Visio Pro 2019 为例进行说明。Microsoft Visio 是微软办公软件系列中用于绘制流程图和示意图的软件，是一款便于 IT 和商务人员就复杂信息、系统和流程进行可视化处理、分析和交流的软件。

安装 Visio Pro 2019 的具体步骤如下。

（1）解压压缩包查看安装教程

解压压缩包，查看"安装教程.txt"，如图 2-1 所示，根据该安装教程安装 Visio Pro 2019。

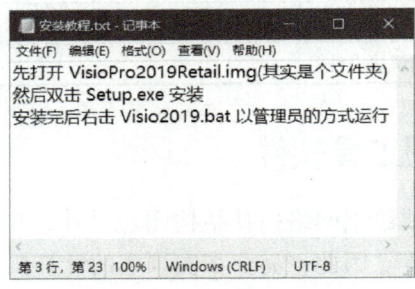

图 2-1　查看安装教程

（2）运行安装程序

根据安装教程指导，双击打开 VisioPro2019Retail.img 文件，找到图 2-2 所示的 Setup.exe 安装程序。

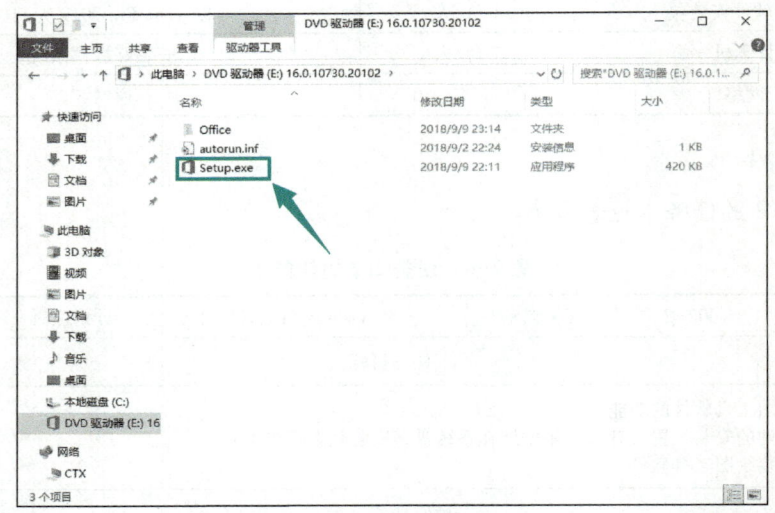

图 2-2　Setup.exe 文件

(3) 安装软件

双击 Setup.exe 安装程序，开始安装，如图 2-3 所示，等待安装完成即可。

图 2-3　等待安装完成

(4) 检查软件安装情况

1) 双击 Visio 快捷启动图标，打开图 2-4 所示的 Visio 工作界面。

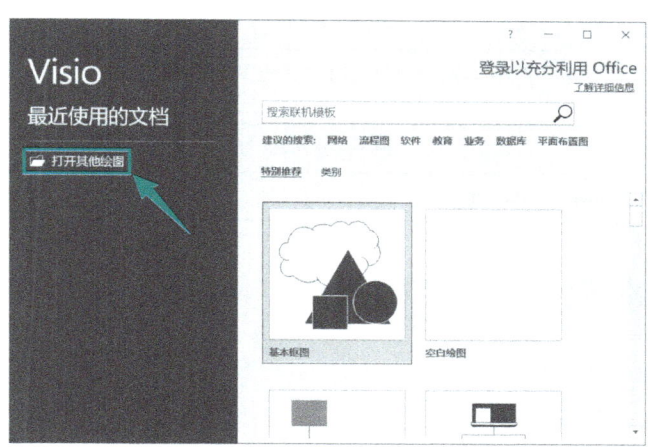

图 2-4　Visio 工作界面

2) 单击左侧的"账户"选项，打开图 2-5 所示的"账户"界面。

3) 在右侧的"产品信息"选项区域中可以查看 Visio 是否被激活。这里显示"激活的产品"说明安装成功。

4. 任务完成情况检查

任务 2.2 的完成情况按表 2-7 进行记录。

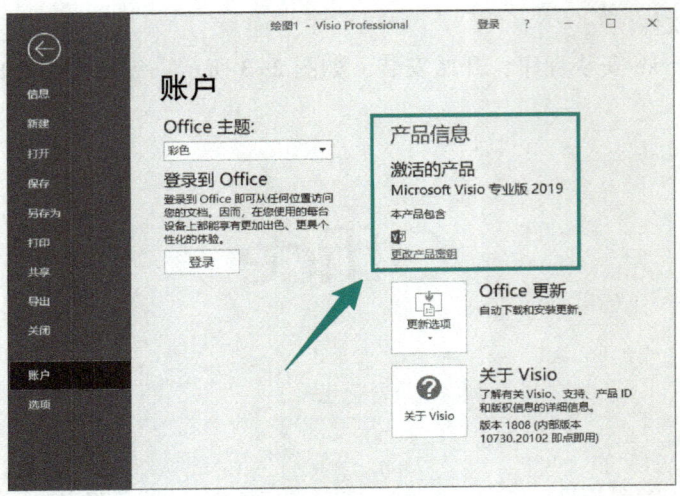

图 2-5 "账户"界面

表 2-7 任务 2.2 的完成情况记录表

任务编号	002-2	任务名称	安装 Visio 绘图工具软件	计划工时	90 min
目标完成度					
(1) 查看"开始"菜单中是否有 Visio 项,或者桌面上是否有 Visio 快捷启动方式 (2) 查看是否激活该产品					
操作注意事项					
记录在操作过程中遇到的问题和解决办法					

任务 2.3 绘制网络拓扑结构图

1. 工具准备

任务 2.3 的工具准备见表 2-8。

表 2-8 任务 2.3 的工具准备

工具/材料名称	数量与单位	说　　明
计算机	1 台/人	已安装好操作系统和 Visio Pro 2019 软件
网络		通畅

2. 任务卡

任务 2.3 的任务卡见表 2-9。

表2-9 任务2.3的任务卡

任务编号	002-3	任务名称	绘制网络拓扑结构图	计划工时	90 min
任务目标					
（1）熟悉绘图工具界面 （2）参照拍摄的"网络中心拓扑结构图"绘制该结构 （3）熟悉网络中的设备名称、作用 （4）分析网络拓扑结构类型					
操作任务分析					
绘制网络拓扑结构图，按要求命名					

3. 操作步骤

（1）选择绘图类型"网络"

单击左上角的返回图案按钮 ⬅ 回到初始界面，在搜索框下方"建议的搜索"中选择"网络"，如图2-6所示。

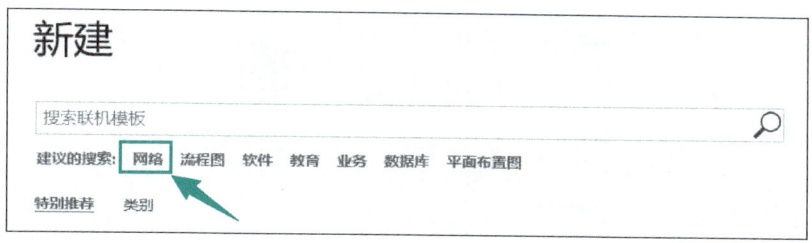

图2-6 选择绘图类型"网络"

（2）选择"详细网络图"模板

在"网络"绘图类型的模板中选择"详细网络图"模板，单击图2-7所示界面右边窗格中的"创建"按钮。

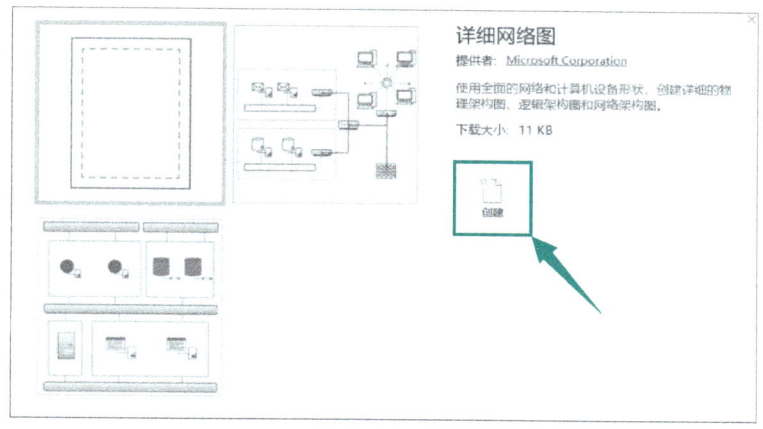

图2-7 "详细网络图"模板

(3) 添加设备到绘图区

单击"形状"任务窗格中的某形状选项,如单击"计算机和显示器"形状选项,显示该形状的所有图片,然后选中其中的 PC 图片,按住鼠标左键将其拖动到绘图区,然后松开鼠标左键则可将该设备添加到绘图区,如图 2-8 所示。

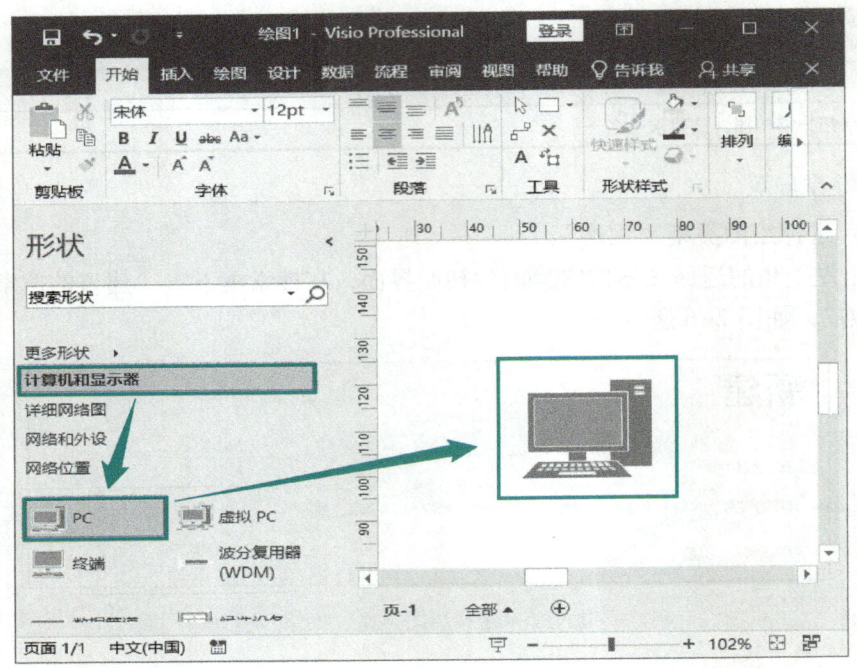

图 2-8　添加 PC 到绘图区

(4) 调整形状

调整形状符号为 。

- 大小调整:选中添加的设备,拖动周围的八个圆形控点。
- 角度变换:选中添加的设备,按住上方旋转符号调整设备角度。
- 文本标注位置:移动下方的黄色控点调整文本标注的位置。
- 快速放置:指针悬停在设备上会出现 4 个小箭头,指向它可以预览放置设备的位置,该设备是左侧选项卡中的前四个,并且两台设备自动用连接线相连,单击即可快速放置。

(5) 设备互连

单击"开始"选项卡,在"工具"选项组中单击连接线 连接线,然后指针会发生变化,变为 ,将指针移至设备的中心,待出现小的绿色空心图标(见图 2-9)后,按住鼠标左键,将连接线拉到另一台设备,出现小的绿色空心图标后松开鼠标左键，这样两台设备就连接完成了。

如果需要删除连接线，则选中连接线，然后按<Delete>键即可。

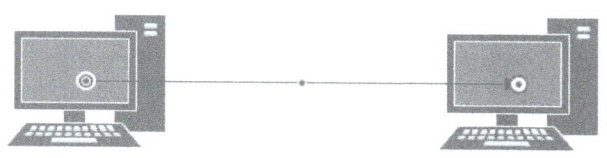

图 2-9　使用连接线连接两台设备

（6）标注设备

为了更清晰地明确设备，在图中要给设备做好标识，主要方式如下。

方式一：单击 指针工具，然后单击设备，直接输入文字即可。上下拖动黄色控点可改变文本标注垂直方向的位置。

方式二：单击"开始"选项卡，单击 A 文本按钮，待出现文本框后在文本框中输入文字即可。

4. 保存文件

（1）将绘制的网络拓扑结构图存放到 Word 文档中

按<Ctrl+A>组合键选中网络拓扑结构图，右击，选择"复制"命令，然后将其粘贴到 Word 文档中即可。

 为了保证全部绘图形状位置和大小不发生改变，建议将全部绘图形状组合为一个图形。右击选中的图形，选择"形状"→"组合"命令。组合后整个图形无论怎么移动都不会发生变化。

（2）将绘制的网络拓扑结构图另存为"＊.vsd"文档

网络拓扑结构图绘制完成后，选择"文件"→"另存为"→"浏览"命令，打开图 2-10 所示的"另存为"对话框。选择合适的存储位置，给文件命名后，单击"保存"按钮即可。

5. 任务完成情况检查

 如文件是系统默认的文件名，则当选择"文件"→"保存"命令时会出现"另存为"对话框。

任务 2.3 的完成情况按表 2-10 进行记录。

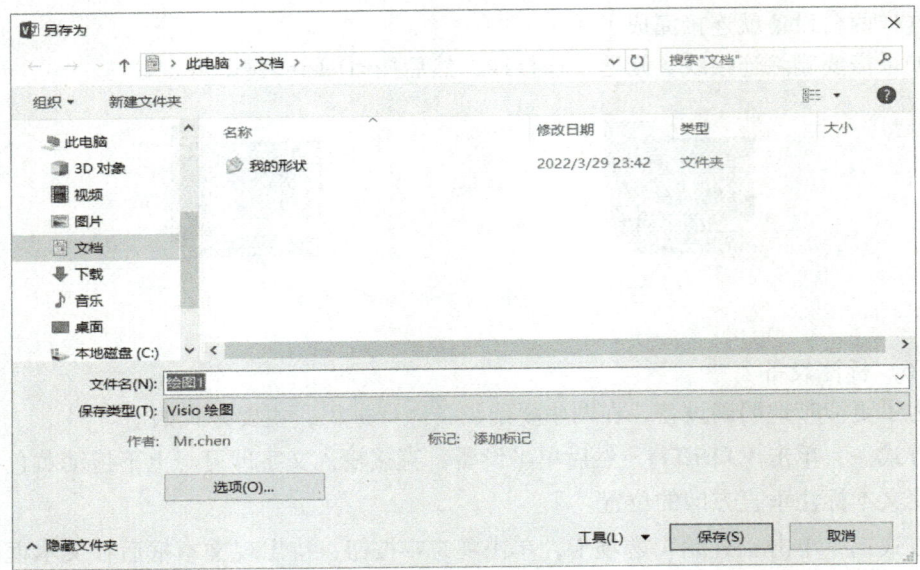

图 2-10 "另存为"对话框

表 2-10 任务 2.3 的完成情况记录表

任务编号	002-3	任务名称	绘制网络拓扑结构图	计划工时	90 min
完成人姓名		提交文件名称		完成时间	
目标完成情况					
(1) 检查网络拓扑结构图是否有错误，与拍摄的网络拓扑结构的相似度 (2) 是否正常关机 (3) 绘图工具软件使用是否熟练 (4) 作品命名是否规范 (5) 作品是否美观					
操作注意事项					
记录在操作过程中遇到的问题和解决办法					

任务 2.4 制作网线

1. 工具准备

任务 2.4 的工具准备见表 2-11。

表 2-11 任务 2.4 的工具准备

工具/材料名称	数量与单位	说明
五类双绞线	2 根/人	1.5 m 左右
压线钳	1 把/人	

（续）

工具/材料名称	数量与单位	说　　明
测线仪	1个/组（4~5人）	电池能正常工作
水晶头	4个/人	
网线制作标准	1份/人	TIA/EIA 568A 和 TIA/EIA 568B
剥线刀	1把/人	用于剥线

2. 任务卡

任务 2.4 的任务卡见表 2-12。

表 2-12　任务 2.4 任务卡

任务编号	002-4	任务名称	制作网线	计划工时	30 min
任务目标					
（1）会识别网线，记录双绞线的标识；确定当前双绞线的长度信息 （2）规范使用工具，保护自身安全 （3）正确测试网线					
操作任务分析					
（1）正确识别双绞线、了解制作标准 （2）制作直通电缆和交叉电缆各1根 （3）测试电缆的通畅性，记录测试结果和存在的问题					

3. 操作步骤

（1）制作直通电缆

连接不同设备一般使用直通电缆，如图 2-11 所示。

图 2-11　直通电缆接线标准

直通电缆的具体制作步骤如下。

1）剥线。

方式一：用压线钳剥线。

用压线钳把五类双绞线的一端剪齐，然后插入压线钳用于剥线的缺口中，直到顶

55

住压线钳后面的挡位,稍微握紧压线钳慢慢旋转一圈,让刀口划开双绞线的保护胶皮,拔下胶皮(也可用专门的剥线工具来剥皮)。剥线长度为 12~15 mm,如图 2-12 所示。

方式二:用剥线钳剥线。

用剥线钳剥除双绞线外皮,如图 2-13 所示,双绞线从头部开始将外部套层去掉 20 mm 左右。

将剥了外皮的双绞线线芯按线对分开,如图 2-14 所示,但先不要把所有线对都拆开,防止弄错线对颜色。

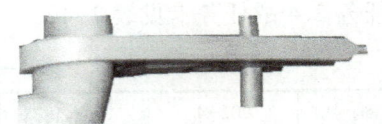

图 2-13 用剥线钳剥线

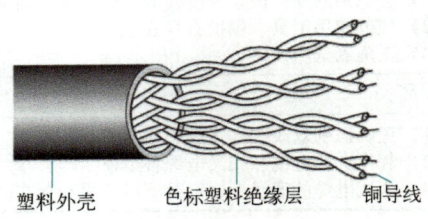

图 2-14 线对

图 2-12 用压线钳剥线

 压线钳挡位离剥线刀口长度通常恰好为水晶头长度,能有效避免剥线过长或过短。如果剥线过长,一方面不美观,另一方面网线不能被水晶头卡住,容易松动。如果剥线过短,因有外皮存在,太厚,则不能完全插到水晶头的底部,致使水晶头插针不能与线芯完好接触,网线就制作不成功,此时,显示网络连接的状况为未连接状态。

2) 理线。先把 4 对芯线一字型并排排列,然后再把每对芯线分开(注意不跨线排列,也就是说每对芯线都相邻排列),并按统一的排列顺序(如左边统一为主颜色芯线,右边统一为相应颜色的花白芯线)排列线序。

 每条芯线都要拉直,然后呈一字型排开,不要重叠。

3) 剪线。4 对线都捋直并按顺序排列好后,手压紧,不要松。使用压线钳的剪线口剪掉多余的部分,并将线剪齐,如图 2-15 所示。

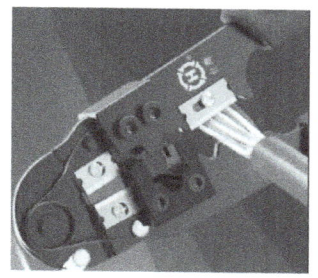

图 2-15 剪线

 压线钳的剪线刀口应垂直于芯线。一定要剪齐，否则有的线芯会与水晶头的金属片接触不良，导致信号不通。

4）插线。用手水平握住水晶头（有弹片一侧向下），然后把剪齐、并列排列的 8 条芯线对准水晶头开口并排插入水晶头中。注意：一定要使各条芯线都插到水晶头的底部，不能弯曲。

5）压线。确认所有芯线都插到水晶头底部后，即可将插入网线的水晶头直接放入压线钳 8P 压线口槽（见图 2-16）中，水晶头放好后，使劲压下压线钳手柄，使水晶头的插针都能插入到线芯中，与之接触良好。然后，用手轻轻拉一下网线与水晶头，看是否压紧。最好多压几次，最重要的是要注意所压位置一定要正确。

6）检测网线。把网线两端的 RJ-45 接口插入电缆测试仪后，打开电源，可以看到测试仪上两组指示灯按同样的顺序闪动，如图 2-17 所示。

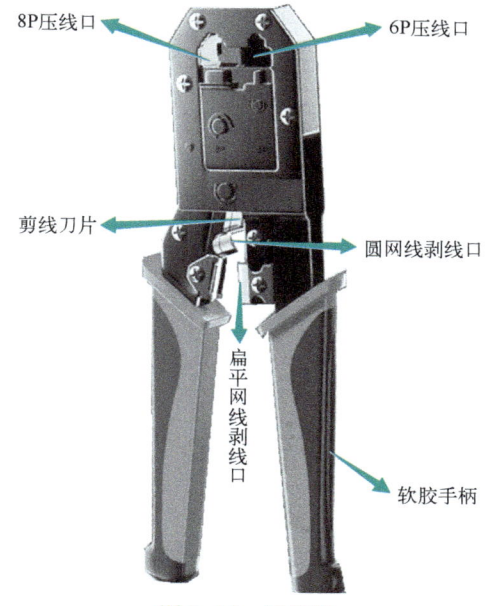

图 2-16 压线钳

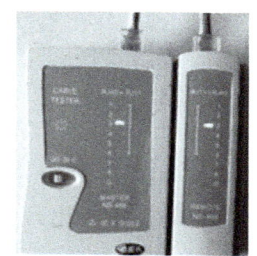

图 2-17 测线仪

如一端的灯亮，而另一端却没有任何灯亮起，则可能是导线中间断了，或是两端至少有一个金属片未接触该条芯线。

（2）制作交叉电缆

连接相同设备一般采用交叉电缆，交叉电缆的接线标准如图 2-18 所示。交叉电缆的一端制作与直通线相同，另一端的线序则是 1 和 3 的线序交换、2 和 6 的线序交换。

图 2-18　交叉电缆接线标准

使用电缆测试仪进行检测时，其中一端按 1、2、3、4、5、6、7、8 的顺序闪动绿灯，而另外一端则会按 3、6、1、4、5、2、7、8 的顺序闪动绿灯。这表示网线制作成功，可以进行数据的发送和接收了。

1）确定线序。把水晶头有塑料弹簧片的一面向下，有针脚的一侧向上，有方形孔的一端对着自己。此时，最左边的是第 1 脚，最右边的是第 8 脚，其余按照 1~8 的顺序依次排列，如图 2-19 所示。

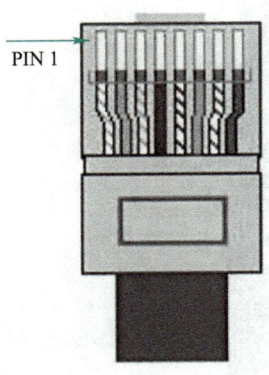

图 2-19　线序

2）排除故障。如果出现红灯或黄灯，说明存在接触不良等现象。此时，最好先用压线钳压一下两端水晶头，然后重新测试。如果故障依旧存在，就检查芯线的排列顺序是否正确。如仍显示红色灯或黄色灯，则表明其中肯定存在对应芯线接触不好的情况，此时就需要重做了。

4. 任务完成情况检查

任务 2.4 的完成情况按表 2-13 进行记录。

表 2-13　任务 2.4 的完成情况记录表

任务编号	002-4	任务名称	制作网线	计划工时	30 min
完成人姓名		提交打标签的网线		完成时间	
目标完成度					
（1）能正确应用标准，制作通畅的网线 （2）会正确测试网线 （3）能快速、准确地解决实际问题 （4）整理工作台，清除垃圾，归还工具					
操作注意事项					
记录在操作过程中遇到的问题和解决办法					
问题		解决办法			
线缆不美观		线序排列时，尽量拉直线缆，避免线芯间出现较大缝隙			
不会查看测试结果		熟悉网线标准，正确确定线序			

任务 2.5　制作信息模块

实训室墙面上布放了信息面板，但出现了故障，需要重新更换。这就是用户接入网络的信息插座，墙里面安装的就是信息模块，属于一个中间连接器，可安装在墙面或桌面上。需要使用时，只需用一条直通网线即可与信息模块另一端通过网线所连接的设备连接。同时，也美化了整个网络布线环境。

1. 工具准备

任务 2.5 的工具准备见表 2-14。

表 2-14　任务 2.5 的工具准备

工具/材料名称	数量与单位	说明
信息面板	1 个/人	86 型双口面板
底盒	1 个/人	
信息模块	1 个/人	色标清晰
打线工具	1 把/人	
双绞线	1 根/人	

2. 任务卡

任务 2.5 的任务卡见表 2-15。

表 2-15 任务 2.5 的任务卡

任务编号	002-5	任务名称	制作信息模块	计划工时	30 min
任务目标					
（1）了解信息模块的作用 （2）识别信息模块色标 （3）制作信息模块					
操作任务分析					
制作信息模块					

3. 操作步骤

（1）认识材料与工具

1）信息模块。信息模块的正面、反面、引脚口如图 2-20～图 2-22 所示。

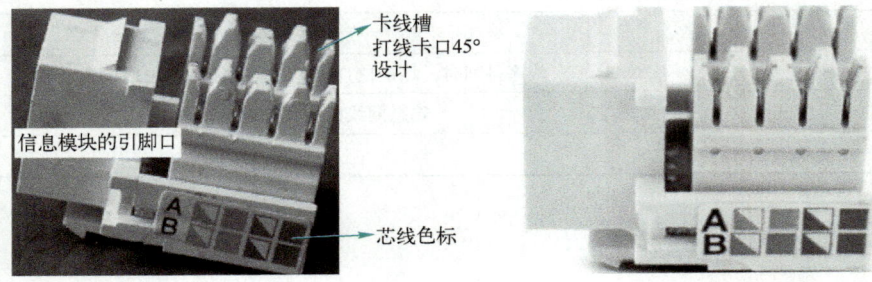

图 2-20 信息模块正面

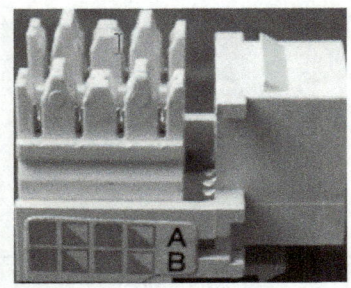

图 2-21 信息模块反面

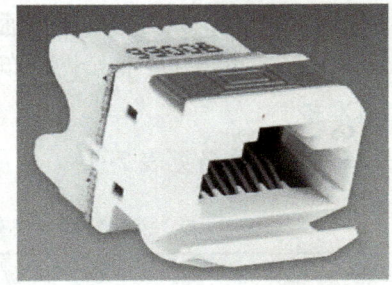

图 2-22 信息模块引脚口

2）信息面板。信息面板由遮罩板和面板两部分组成。遮罩板主要是为了美观，用来遮住固定用的螺钉位置，如图 2-23 所示。信息面板的正面如图 2-24 所示，信息面板的背面如图 2-25 所示。

 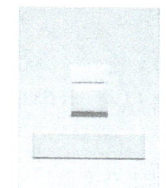 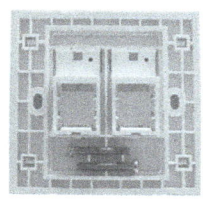

图 2-23　遮罩板　　　图 2-24　单口面板的正面　　　图 2-25　双口面板的背面

3）底盒。信息模块的底盒如图 2-26 所示。

4）打线工具。网线要连接到信息模块上，需用一种专用的卡线工具，称之为"打线钳"。打线钳分单线打线钳和多对打线钳。多对打线钳通常用于配线架网线芯线的安装。单线打线钳如图 2-27 所示，多对打线钳如图 2-28 所示。

图 2-26　信息模块底盒　　　图 2-27　单线打线钳　　　图 2-28　多对打线钳

5）打线保护装置。因为把网线的 4 对芯线卡入到信息模块的过程比较费劲，且信息模块容易划伤手，于是有公司专门开发了一种打线保护装置。一方面方便把网线卡入到信息模块中；另一方面可起到隔离手掌，保护手的作用。图 2-29 所示的是西蒙的掌上防护装置（注意：上面嵌套的是信息模块，下面部分才是保护装置）。

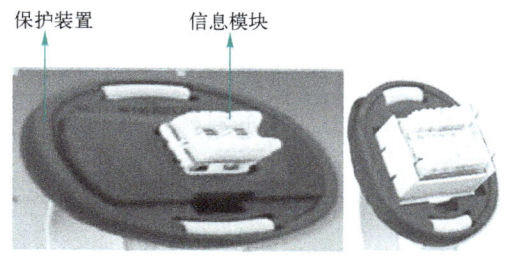

图 2-29　打线保护装置

（2）制作和安装信息模块

1）剥线。用剥线钳将双绞线从头部开始的外部套层去掉 20 mm 左右，并将剥了外皮的双绞线线芯按线对分开，但先不要把所有线对拆开，防止弄错线对颜色。

2）制作信息模块。
- 查看信息模块外面和里面的芯线色标，双绞线颜色与模块颜色匹配。
- 把剥除了外皮的双绞线放入信息模块中间的空位，将剥皮处与模块后端面平行，两手稍旋拆开绞线对。
- 对照芯线色标的标识将双绞线用手卡入卡线槽，卡稳。
- 全部线对都压入各槽位后，就用打线钳将一根根线芯进一步压入线槽中。

打线钳的使用方法：切线刀口永远朝向模块的处侧，打线钳如图2-30所示垂直插入槽位，垂直用力冲击，听到"咔嗒"一声，说明打线钳的凹槽已经将线芯压到位，线芯已经嵌入金属夹子里，金属夹子咬合铜线芯形成通路。

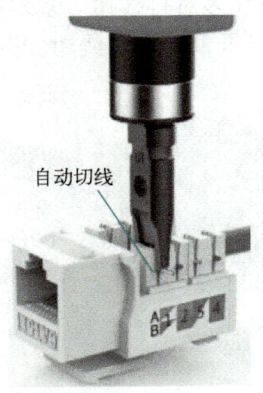

图2-30　打线钳与信息模块的位置关系

（1）刀口向外：若忘记而变成向内，压入的同时也切断了本来应该连接的铜线。
　　（2）垂直插入：打斜了的话，将使金属夹子的口撑开，再也没法咬合，并且打线柱也会歪掉，难以修复，这个模块就报废了。

在双绞线压接处不能拧、撕，防止有断线的伤痕。使用压线工具压接时，要压实，不能有松动。在一个布线系统中最好统一只采用一种线序模式，否则接乱了，网络不通则很难查找原因。

- 全部打完后检查一下压线是否与色标标识相符，是否已全部卡到底。
- 有问题的线可用打线钳再处理，直至全通为止。检测无误后，用切线刀切除信息模块卡槽两侧多余的芯线。制作好的信息模块如图2-31所示。
- 将信息模块卡入信息面板背面的模块扣位中，如图2-32所示。
- 测试。用一根已制作好的网线，插入信息面板的RJ-45口，连接如图2-33所示。首先，看是否能插入，能合适插入说明物理接口能正确连接。然后，观察测线仪指示灯的闪烁情况，通则表明正确。也可以用万用表或其他方式测试。

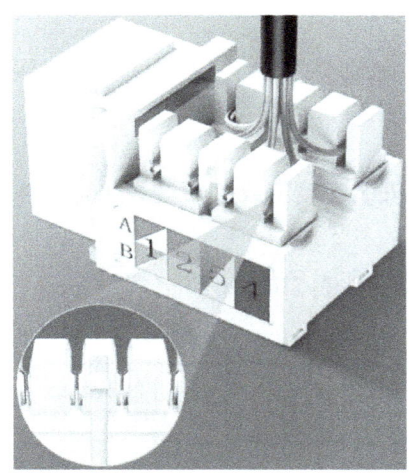

图 2-31　制作好的信息模块

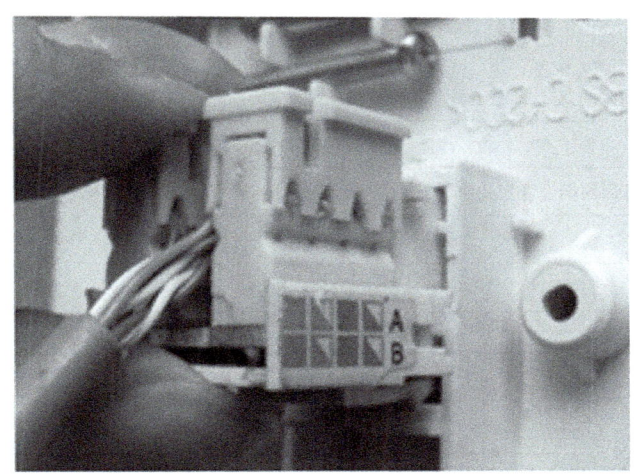

图 2-32　将信息模块卡入面板

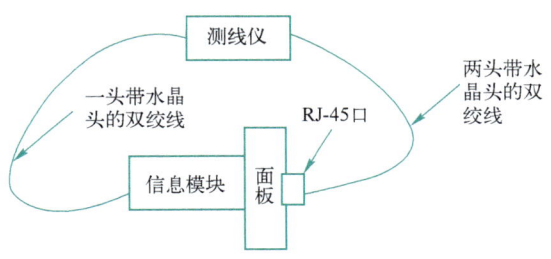

图 2-33　测试连接

3）面板与底盒的固定。
- 将制作好的网线一头从底盒的穿线孔中穿过，把面板的遮罩板取下来，把面板与底盒的孔位对齐，用螺钉把底盒与面板紧固好。
- 盖上遮罩板。

4）安装。把信息模块安装在墙上或桌面上。此时，整个信息模块制作完毕。

4. 任务完成情况检查

任务2.5的任务完成情况按表2-16进行记录。

表2-16 任务2.5的完成情况记录表

任务编号	002-5	任务名称	制作信息模块	计划工时	30 min
完成人姓名		提交标记的信息模块		完成时间	
目标完成度					
（1）8根芯线与模块色标对应正确 （2）打线正确，无线外露于模块 （3）会测试模块安装成功与否 （4）整理工作台，清除垃圾，归还工具					
操作注意事项					
记录在操作过程中遇到的问题和解决办法					
问题	解决办法				
线芯被打断	剔除所有打入的线对，重新打线，注意角度和力度				

【实施与评价】

项目任务	任务1（50分）	任务2（10分）	任务3（40分）
任务得分			
项目2得分			
教师评语 （为了加强对过程性考核，建议对每个任务进行评价）			
教师签名			

任务1：参观实训室或网络中心，绘制网络拓扑结构图。（50分）

（1）在技术人员和老师的带领下，实地参观考察学校（公司）的网络中心、实训室，了解并熟悉网络的组成情况、使用状态、建设和维护成本。（5分）

（续）

（2）与学校或公司网络管理员沟通，了解并记录网络管理员的主要工作职责、工作态度及需要具备的知识和技能等。（10分）

（3）安装 Visio 工具软件，截取安装过程图和快捷启动图标。（15分）

（4）绘制网络拓扑结构图，并将绘制结果截图。（15分）

（5）记录遇到的问题和解决办法、经验、小技巧。（5分）

任务2：制作网线。（10分）
5 min 内制作一根通畅的网线，记录遇到的问题和解决办法、经验、小技巧。

任务3：制作信息模块。（15分）
（1）实地观察信息模块，拍摄图片。
（2）制作一个可用的信息模块。记录遇到的问题和解决办法、经验、小技巧。

项目 3 检测网络故障

【项目描述】

实训室网络规划、实施完成后,要多次、反复检测网络是否存在问题,并及时采取措施进行排除,然后再提交验收。

1) 测试单台计算机的连接是否通畅。
2) 测试多台计算机的连接是否通畅。
3) 检测过程中发现:

- 某台计算机只要接入,就会导致整个实训室网速下降。
- 有一排计算机不能访问外部网络,但在实训室内可以连通其他计算机。
- 有台计算机无法连接教师机。

【项目实施】

任务 3.1 测试单台计算机的连通性

测试中发现,实训室里的一台计算机无法访问外网,怎么办?应逐步测试连通性,定位网络故障的位置。

1. 工具准备

任务 3.1 的工具准备见表 3-1。

表 3-1 任务 3.1 的工具准备

工具/材料名称	数量与单位	说明
计算机	1 台/人	用于连通性测试
ping、ipconfig、tracert 命令使用语法	1 份/人	参考资料
网络		通畅

2. 任务卡

任务 3.1 的任务卡见表 3-2。

表 3-2　任务 3.1 的任务卡

任务编号	003-1	任务名称	测试单台计算机的连通性	计划工时	90 min
任务目标					
(1) 学会使用 ping 命令一对一地进行连通性测试，保证实训室内每台计算机都能连通该局域网 (2) 学会获取本地计算机的 IP 地址 (3) 熟悉 ping 命令的语法格式，理解该命令的主要参数 (4) 形成高度的责任感和良好的分析与解决问题的能力					
操作任务分析					
测试单台计算机的连通性					

3. 操作步骤

（1）使用命令采集本台计算机的相关信息

通过 ipconfig 命令可查看当前主机的 IP 地址、子网掩码和默认网关等信息，如图 3-1 所示。在 Linux 系统中，使用 ifconfig 命令实现类似的功能。

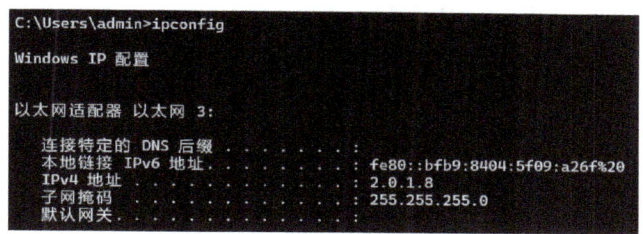

图 3-1　使用 ipconfig 命令获取本机信息

如安装了虚拟机、使用无线网络等，则会显示虚拟网卡、无线网卡获取到的地址，要认真辨别你所需要的到底是哪个网卡的 IP 地址。

ipconfig 命令的常用参数见表 3-3。

表 3-3　ipconfig 命令常用参数分析

命令与参数	功能描述
ipconfig/all	显示已配置且所要使用的附加信息，如 IP 地址、本地网卡物理（MAC）地址等。如 IP 地址是从 DHCP 服务器租用的，则会显示 DHCP 服务器的 IP 地址和租用地址预计失效的时间
ipconfig/release	将租用的 IP 地址归还给 DHCP 服务器，即释放本机的网卡配置信息
ipconfig /renew	从 DHCP 服务器获取新的 IP 地址，或者理解为更新本地连接的 IP 配置信息
ipconfig /?	获取该命令的使用方法

（2）使用 ping 命令测试本台计算机的状态

了解 ping 命令的语法格式和各参数的含义，具体如图 3-2 所示。

图 3-2　ping 命令的语法格式及各参数的含义

（3）测试网卡工作状态

若使用 ipconfig 命令获取不到 IP 地址信息，则首先需要测试网卡的工作状态。可输入"ping localhost"或"ping 127.0.0.1"命令，二者具有同样的效果。若结果如图 3-3 所示，说明网卡工作正常；如果不能 ping 通，说明本地机 TCP/IP 工作不正常，请重新配置 TCP/IP。

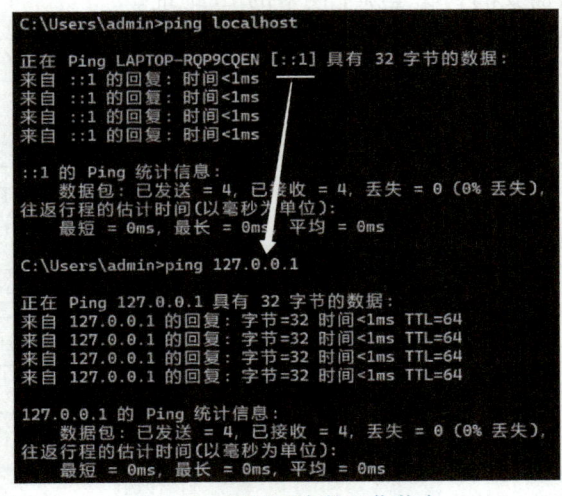

图 3-3　测试网卡的工作状态

（4）测试与网关的连通性

在 ping 命令后写入通过 ipconfig 获取到的网关 IP 地址（192.168.0.1）信息，然后持续测试 1~2 min 再停止（按<Ctrl+C>组合键），测试网络的稳定性。若结果如图 3-4 所示，则说明与网关的连通性好。

```
C:\Users\admin>ping -t 192.168.0.1

正在 Ping 192.168.0.1 具有 32 字节的数据:
来自 192.168.0.1 的回复: 字节=32 时间=4ms TTL=64
来自 192.168.0.1 的回复: 字节=32 时间=5ms TTL=64
来自 192.168.0.1 的回复: 字节=32 时间=7ms TTL=64
来自 192.168.0.1 的回复: 字节=32 时间=5ms TTL=64
来自 192.168.0.1 的回复: 字节=32 时间=5ms TTL=64
来自 192.168.0.1 的回复: 字节=32 时间=5ms TTL=64
来自 192.168.0.1 的回复: 字节=32 时间=5ms TTL=64

192.168.0.1 的 Ping 统计信息:
    数据包: 已发送 = 7, 已接收 = 7, 丢失 = 0 (0% 丢失),
往返行程的估计时间(以毫秒为单位):
    最短 = 4ms, 最长 = 7ms, 平均 = 5ms
Control-C
^C
```

图 3-4　持续测试与网关的连通性

连续畅通，说明内网没问题。若 ping 不通，可以 ping 局域网内另一台计算机的地址；若还 ping 不通，则可能是线路问题或者是网关设备的问题。

（5）测试与外网的连通性

在 ping 命令后写入网站域名（如 www.baidu.com）进行测试。若结果如图 3-5 所示，说明与外网连通性好。同时，采用-a 参数解析出了域名对应的 IP 地址。

```
C:\Users\admin>ping -a www.baidu.com

正在 Ping www.a.shifen.com [183.2.172.42] 具有 32 字节的数据:
来自 183.2.172.42 的回复: 字节=32 时间=19ms TTL=52
来自 183.2.172.42 的回复: 字节=32 时间=20ms TTL=52
来自 183.2.172.42 的回复: 字节=32 时间=19ms TTL=52
来自 183.2.172.42 的回复: 字节=32 时间=17ms TTL=52

183.2.172.42 的 Ping 统计信息:
    数据包: 已发送 = 4, 已接收 = 4, 丢失 = 0 (0% 丢失),
往返行程的估计时间(以毫秒为单位):
    最短 = 17ms, 最长 = 20ms, 平均 = 18ms
```

图 3-5　测试与外网的连通性

如果测试不连通，则可换台计算机测试，如果另一台计算机能连通，则说明问题出在本计算机上，可查看物理端口、网线的连接、网线本身等方面的问题。

1）如果与外网不能连通，则可利用 tracert 命令来确认是否路由中的某个节点出现了问题，如图 3-6 所示。其中的“请求超时”可能是线路不通，也可能是路由器禁止 ping 入，或者是 TTL 超时而被丢弃等。

其中，-d 参数是为了加速显示 tracert 的结果，不将中间路由器的 IP 地址解析为它们的计算机名。如果按前面所述进行测试不能正常访问网站，可考虑是不是子网掩码设置错误或者是 DNS 服务器存在故障。

```
C:\Users\admin>tracert -d www.baidu.com

通过最多 30 个跃点跟踪
到 www.[illegible]shifen.com [183.2.172.185] 的路由:

  1     1 ms     1 ms     1 ms  192.168.[illegible]1
  2     4 ms     2 ms     1 ms  192.168.[illegible]
  3    16 ms    11 ms     6 ms  100.71.128.1
  4    10 ms     5 ms     5 ms  220.170.39.129
  5     *       12 ms     *     61.137.13.77
  6     *        *        *     请求超时。
  7     *        *        *     请求超时。
  8     *        *        *     请求超时。
  9    26 ms    25 ms    27 ms  14.29.117.178
 10     *        *        *     请求超时。
 11     *        *        *     请求超时。
 12     *        *        *     请求超时。
 13     *        *        *     请求超时。
 14    28 ms    29 ms    29 ms  183.2.172.185

跟踪完成。
```

图 3-6　路由追踪

2）使用 nslookup 命令检查域名解析的问题。若结果如图 3-7 所示，说明解析正常，与域名服务器无关，需要寻找其他故障，逐步解决。

```
C:\Users\admin>nslookup www.baidu.com
服务器:  UnKnown
Address:  fd00:f[illegible]:8dba:df2e:f6[illegible]:8dff:feba:df2e

非权威应答:
名称:    www.[illegible]shifen.com
Addresses:  240e:ff:e020:9[illegible]:0:ff:b042:f296
          240e:[illegible]:e020:9ae:0:ff:b014:8e8b
          183.2.172.42
          183.2.172.185
Aliases:  www.baidu.com
```

图 3-7　域名解析

4. 任务完成情况检查

任务 3.1 的任务完成情况按表 3-4 进行记录。

表 3-4　任务 3.1 完成情况记录表

任务编号	003-1	任务名称	测试单台计算机的连通性	计划工时	90 min
完成人姓名		提交文件名称		完成时间	
目标完成度					
（1）掌握测试命令的使用方法 （2）理解测试命令参数的含义 （3）排除故障，实现实训室计算机内部连通且能访问外网					
操作注意事项					
记录在操作过程中遇到的问题和解决办法					

任务 3.2 测试多台计算机的连通性

每名实训室管理员管理的实训室比较多,一个实训室内一般有 40~50 台计算机,那么需要测试的计算机也多,逐台测试会花费很多的精力去做重复的动作,浪费时间和精力,那怎么办?有没有便捷的方式依次就可以把整个实训内所有计算机的连通性测试完呢?

1. 工具准备

任务 3.2 的工具准备见表 3-5。

表 3-5 任务 3.2 的工具准备

工具/材料名称	数量与单位	说 明
计算机	6 台/组	连通性测试
成批 IP 连通性测试命令的语法	1 份/人	参考资料
IP 地址范围与列表	1 份/组	

2. 任务卡

任务 3.2 的任务卡见表 3-6。

表 3-6 任务 3.2 的任务卡

任务编号	003-2	任务名称	测试多台计算机的连通性	计划工时	90 min
任务目标					
(1)学会使用批测试命令成批测试连通性,降低测试强度 (2)学会创建 IP.txt 文件、查看 1.txt 文件的内容 (3)熟悉批处理测试连通性命令的语法格式,理解该命令的主要参数 (4)形成高度的责任感和良好的分析与解决问题的能力					
操作任务分析					
一次测试多台计算机的连通性					

3. 操作步骤

1)**测试一段 IP 地址范围内的计算机的连通性**。在命令提示符下输入图 3-8 所示的命令。

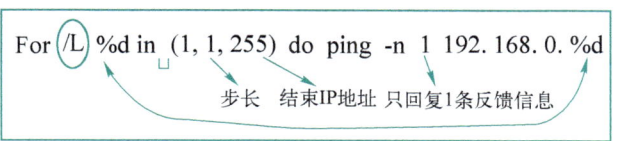

图 3-8 成批测试连通性的命令

（1）in 后有空格

（2）-n 参数为返回回复信息的条数

（3）该语句的含义是：对从 192.168.0.1 开始到 192.168.0.255 范围内的计算机进行逐台测试。如果只测试序号为奇数的，则应为（1,2,255），中间的数值代表步长

具体执行结果如图 3-9 所示，其中本地计算机向 192.168.0.102~104 的计算机进行连通性测试，每个测试只返回 1 条响应信息，以提高检测速度。

图 3-9 整体测试

2）如果测试范围较广，屏幕上会显示许多条响应信息，逐条查看很费劲。可以把这些返回的结果存放到文件中，排版后再查看，一目了然，如图 3-10 所示。

图 3-10 将测试结果存入文档中

到当前目录下找到 1.txt 文件，打开该文件，如图 3-11 所示，与图 3-9 所示的测试结果一致。

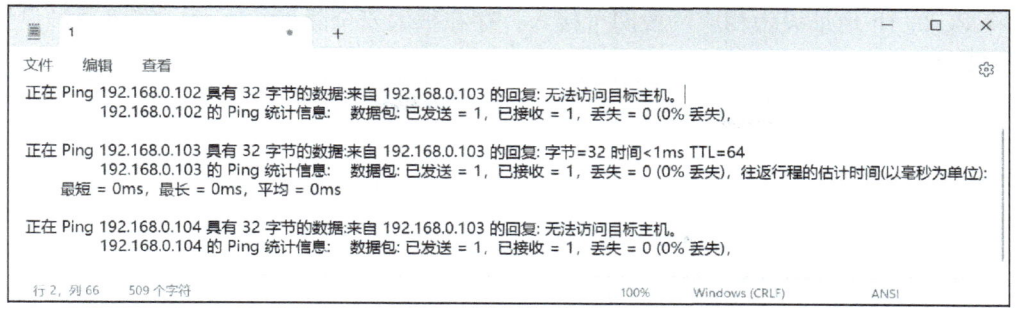

图 3-11 测试结果文档内容

3）对无规律计算机 IP 地址的连通性测试，可以将这些 IP 地址写入文件，如 ip.txt，然后通过文件进行测试，如图 3-12 所示。可以到 1.txt 文件中查看 ip.txt 文档中 IP 地址的连通性。

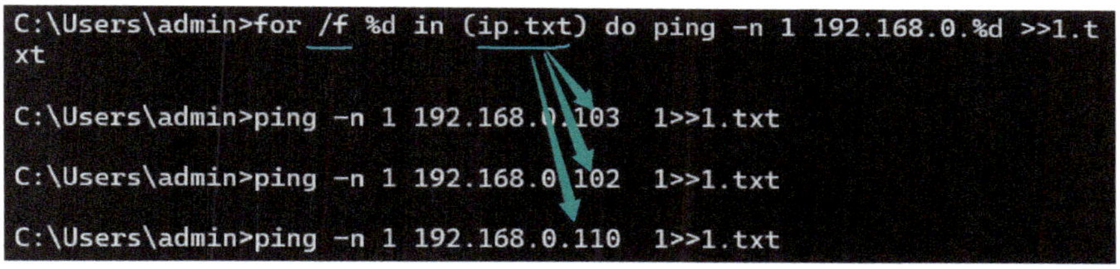

图 3-12 无规律 IP 连通性测试

4. 任务完成情况检查

任务 3.2 的任务完成情况按表 3-7 进行记录。

表 3-7 任务 3.2 的完成情况记录表

任务编号	003-2	任务名称	测试多台计算机的连通性	计划工时	90 min
完成人姓名		提交文件名称		完成时间	
目标完成度					
（1）掌握规定范围内成批计算机 IP 地址的连通性测试，降低复杂度；掌握成批不规律 IP 地址的计算机连通性测试 （2）理解测试命令参数的含义 （3）排除故障，实现实训室内部计算机连通性测试					
操作注意事项					
记录在操作过程中遇到的问题和解决办法					

任务 3.3　实现 MAC 地址过滤

由于目前网络管理比较松散，IP 管理不够完善，客户端可以任意接入，外单位人员将 PC 的 IP 地址设为相应网段即可接入，存在很大安全隐患。因此，需要通过设置完成如下目标。

- 为了预防有意蹭网，提高安全性，只允许本单位员工接入，且不能随意更改 IP 地址。
- 防范主机遭 ARP 地址欺骗，感染 ARP 病毒，可以快速判断病毒机器的位置。
- 防止恶意伪造合法 IP 地址，仿冒合法主机访问网络或攻击网络。

简单解决办法是将客户端 IP 与 MAC 绑定，未绑定的客户端不能接入网络。

1. 工具准备

任务 3.3 的工具准备见表 3-8。

表 3-8　任务 3.3 的工具准备

工具/材料名称	数量与单位	说　明
计算机	1 台/人	连通性测试
arp、netstat 命令的用法	1 份/人	参考资料

2. 任务卡

任务 3.3 的任务卡见表 3-9。

表 3-9　任务 3.3 的任务卡

任务编号	003-3	任务名称	实现 MAC 地址过滤	计划工时	45 min
任务目标					
(1) 学会查看计算机的 MAC 地址和 IP 地址 (2) 学会使用命令绑定 IP 地址和 MAC 地址，避免 IP 地址被盗用 (3) 学会全面分析问题并解决问题					
操作任务分析					
(1) 获取 IP、MAC 地址及端口信息 (2) 绑定 IP、MAC、端口 (3) 测试绑定是否成功					

3. 操作步骤

（1）查看 IP 地址和 MAC 地址

使用 arp 命令获取计算机的 IP 地址（逻辑地址）与 MAC 地址（物理地址），如图 3-13 所示。从操作结果可以发现，有动态和静态两种类型，其中静态是不发生变化的，动态是未进行绑定的，容易被盗用。

（2）绑定 IP 与 MAC 地址

使用 arp -s 命令绑定 IP 与 MAC 地址，如图 3-14 所示。但按<Enter>键后发现操作未成功，说明权限不够，需提升权限。

单击"开始"按钮，在搜索框中输入 cmd 命令，单击"搜索"按钮，打开图 3-15

所示的“搜索”。

```
C:\Users\admin>arp -a
接口: 192.168.0.103 --- 0x16
  Internet 地址          物理地址              类型
  192.168.0.1            f4-84-8d-ba-df-2e     动态
  192.168.0.101          f2-6b-12-7a-f3-dc     动态
  192.168.0.102          56-cc-db-35-17-32     动态
  192.168.0.255          ff-ff-ff-ff-ff-ff     静态
```

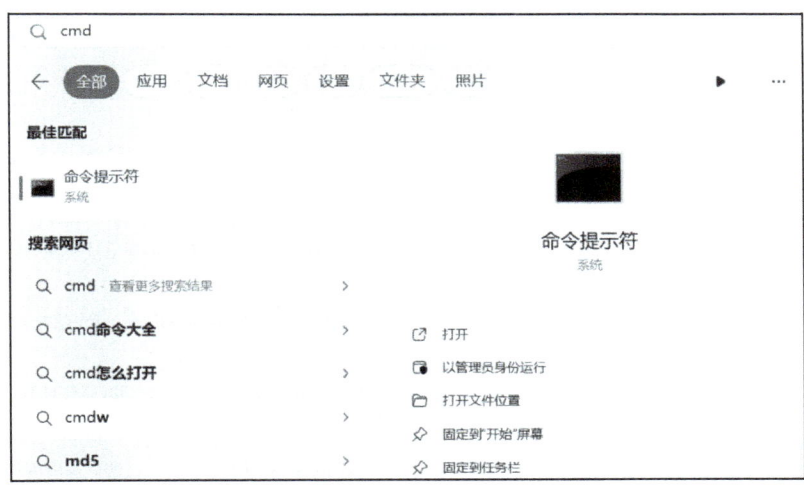

图 3-13　用 arp -a 命令查看 IP 地址和 MAC 地址

```
C:\Users\admin>arp -s 192.168.0.1 f4-84-8d-ba-df-2e
ARP 项添加失败: 请求的操作需要提升。
```

图 3-14　绑定 IP 与 MAC 地址不成功

图 3-15　“搜索”界面

单击“以管理员身份运行”项，打开图 3-16 所示的“管理员：命令提示符”窗口。在命令提示符下输入绑定命令，按<Enter>键，没有出现任何错误信息，说明 IP 地址与 MAC 地址已绑定。

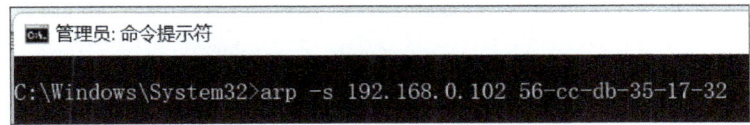

图 3-16　IP 地址与 MAC 地址绑定成功

这样，就不会出现 IP 地址被盗用而不能正常使用网络的情况，有效保证用户使用网络安全。

 该命令只针对静态地址起作用，对于动态获取的 IP 地址不适用。

（3）IP、MAC、端口绑定

简单绑定 IP 和 MAC 地址还是不能完全解决 IP 被盗用的问题。网络供应商为了彻底解决该问题，布线时把用户墙上的接线盒和交换机端口一一对应，并做好登记，然后把用户 MAC 地址填入对应的交换机端口，再和 IP 一起绑定，实现"IP＋MAC＋PORT"三者绑定，从物理通道上隔离，从根本上解决被盗用的可能。

MAC 地址与端口绑定，内部计算机从绑定端口任意插入到另一个端口，该计算机将被阻断，如果接回原来的绑定端口可继续使用。这样，可有效避免人为随意调换交换机端口。

图 3-17 所示为在华为路由器上绑定 IP 与 MAC 地址的操作步骤。

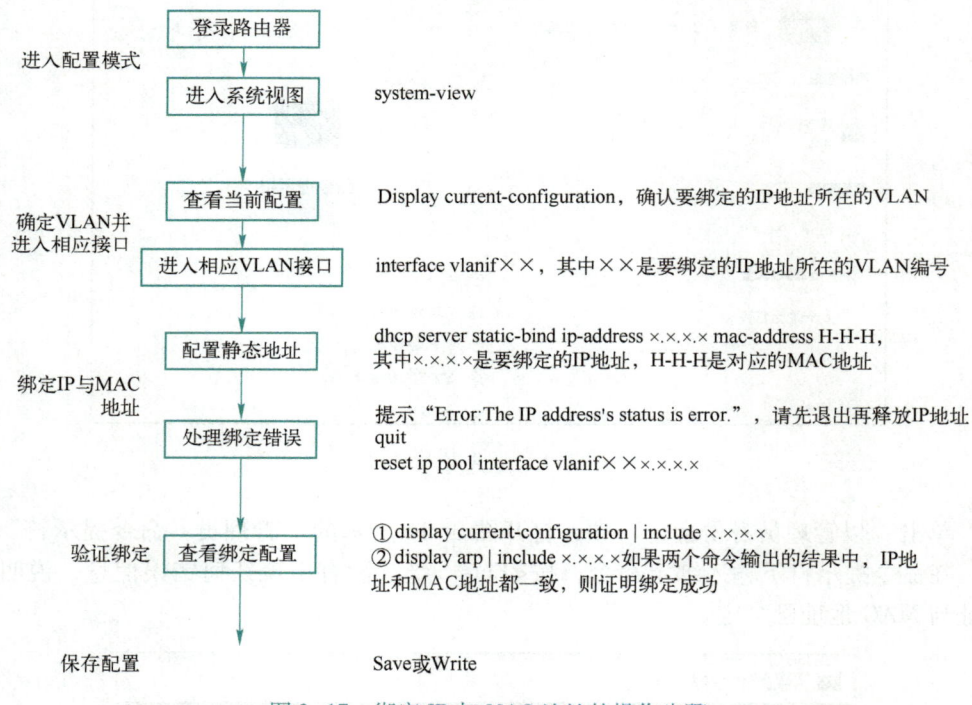

图 3-17　绑定 IP 与 MAC 地址的操作步骤

4. 任务完成情况检查

任务 3.3 的任务完成情况按表 3-10 进行记录。

表 3-10　任务 3.3 的完成情况记录表

任务编号	003-3	任务名称	实现 MAC 地址过滤	计划工时	45 min
完成人姓名		提交文件名称		完成时间	
目标完成度					
(1) 了解 IP 地址与 MAC 地址的区别 (2) 学会使用 arp 命令绑定 IP 地址与 MAC 地址 (3) 理解为什么要实现 IP、MAC 与端口的绑定					
操作注意事项					
记录在操作过程中遇到的问题和解决办法					

【实施与评价】

项目任务	任务 1（50 分）	任务 2（10 分）	任务 3（40 分）	
			任务 3-1	任务 3-2
任务得分				
项目得分				
教师评语 （为了加强对过程性考核，建议对每个任务进行评价）				
教师签名				

任务 1：获取计算机的基本信息，截图说明。(50 分)

(1) 获取本机 IP 地址、MAC 地址、子网掩码、网关地址信息。(16 分)

(2) 查看本机有无无线网卡，说明测试过程。(4 分)

(3) 本机连接的网络是否开启了 DHCP 服务，说明测试过程。(4 分)

(4) 测试网卡的工作状态，说明测试过程。(8 分)

(5) 测试本机与网关的连通性，说明测试过程。(4 分)

(6) 测试本机与外网的连通性，说明测试过程。(4 分)

(7) 跟踪数据包到达目标 IP 地址的路径信息，查看本机到达外网目标经过了多少个节点。(10 分)

(续)

记录遇到的问题和解决办法、经验、小技巧。

任务 2：测试实训室内计算机的连通性，并将结果保存到以自己名字全拼命名的 .txt 文件中，如 xxx.txt，并将内容截图保存。(10 分)

记录遇到的问题和解决办法、经验、小技巧。

任务 3	
任务 3-1：读取或修改当前主机或另一台计算机的 ARP 高速缓存中的信息，截图说明。(20 分) （1）显示当前计算机 ARP 表。(5 分) （2）说明各参数的含义。(5 分) （3）查看本机 IP 地址与 MAC 地址是否绑定。如果未绑定，则完成绑定。(5 分) （4）如果执行绑定操作过程中提示权限不够，说明解决办法并完成操作。(5 分)	**任务 3-2**：netstat 命令的使用。(20 分) 帮助计算机用户详细了解计算机网络的整体使用情况，能显示出与 IP、TCP、UDP 和 ICMP 协议相关的统计数据。 （1）查看当前计算机所有连接和侦听端口。(5 分) （2）以数字形式查看 IP 地址和端口号。(5 分) （3）分别查看 TCP、UDP 协议连接。(5 分) （4）参数综合应用。(5 分)

记录遇到的问题和解决办法、经验、小技巧。

3. 某公司网络汇聚层交换机地址配置见下表。根据表内参数规划完成对应配置，在(1)~(6)内填入合适的参数。(2012 年上半年网络工程师考试下午真题)

表　部分网络设备参数规划

设备名称	接口	IP 地址	网关地址	VLAN 号
核心交换机	G2/1			Trunk
接入交换机 1	F1/2	192.168.90.0/24	192.168.90.254	VLAN90
接入交换机 2	F1/3	192.168.100.0/24	192.168.100.254	VLAN100
管理地址		192.168.1.10/24	192.168.1.254	VLAN1

Switch（config）#interface vlan 90
Switch（config-if）#ip address 192.168.90.254　255.255.255.0
Switch（config-if）#no shutdown
Switch（config-if）#exit

Switch（config）#interface vlan 100
Switch（config-if）#ip address　(1)　(2)
Switch（config-if）#no shutdown
Switch（config-if）#exit
Switch（config）#interface f1/2
Switch（config-if）#switchport mode　(3)
Switch（config-if）#switchport access vlan　(4)
Switch（config-if）#exit

Switch（config）#interface g2/1
Switch（config-if）#switchport mode　(5)
switch（config-if）#exit

Switch（config）#interface vlan 1
Switch（config-if）#ip address 192.168.1.254 255.255.255.0
Switch（config-if）#no shutdown
Switch（config-if）#exit
Switch（config）#ip default-gateway　(6)

4. 某办公网络中的一台计算机在没有执行文件读写操作的情况下，硬盘灯却突然闪烁不停，系统反应变慢。请判断故障原因并提出解决办法。

参考文献

[1] 谢希仁. 计算机网络 [M]. 7版. 北京：电子工业出版社，2023.
[2] 朱迅，赵陇. 计算机网络基础：基于案例与实训 [M]. 3版. 北京：机械工业出版社，2024.
[3] 徐红，曲文尧. 计算机网络技术基础 [M]. 3版. 北京：高等教育出版社，2021.
[4] 龙佳. 论搜索引擎的特点与发展态势 [J]. 电脑知识与技术，2019，15（1）：200—201.
[5] 李观金，林龙健，李磊. 基于工作过程的计算机网络基础 [M]. 北京：机械工业出版社，2023.
[6] 高军，陈君，唐秀明，等. 深入浅出计算机网络 [M]. 北京：清华大学出版社，2022.
[7] 吴献文. 局域网组建与维护 [M]. 4版. 北京：高等教育出版社，2023.
[8] 吴献文，肖忠良. 网络安全防护项目教程 [M]. 西安：西安电子科技大学出版社，2021.
[9] 吴献文，李文. 边做边学信息安全：基础知识基本技能与职业导引 [M]. 北京：人民邮电出版社，2017.